电工技术基础与技能项目教程
（含工作页）

庄汉清　编著

電子工業出版社
Publishing House of Electronics Industry
北京 · BEIJING

内 容 简 介

本书依据教育部颁布的《职业院校电工技术基础与技能教学大纲》、《职业院校专业教学标准》，同时参考了有关的职业资格标准或行业职业技能鉴定标准编写而成。

本书设置了直流电路、单相交流电路、三相交流电路、磁路与变压器、电动机与控制电路五个模块，共 15 个任务。本书主要内容包括直流电路的基本概念、基本定律和简单电路的计算，单相交流电路的探究、日光灯线路的工作原理分析、谐振电路的探究，三相交流电源的概念及三相负载的简单计算，小型变压器的制作与主要参数的测试，三相异步电动机的结构与工作原理、电动机控制电路的安装与调试等。

本书编写体例新颖，图文并茂，充分体现项目引领、任务驱动、做学教一体的教学新理念。本书可作为职业院校电工电子大类专业及相关专业教材，也可作为维修电工等级考核培训教材使用。

为了便于教学，本书随书配有工作页。

图书在版编目（CIP）数据

电工技术基础与技能项目教程 / 庄汉清编著. —北京：电子工业出版社，2017.1
ISBN 978-7-121-30639-6

I. ①电… II. ①庄… III. ①电工技术－中等专业学校－教材 IV. ①TM

中国版本图书馆 CIP 数据核字（2016）第 305977 号

策划编辑：白　楠
责任编辑：白　楠　　特约编辑：王　纲
印　　刷：三河市鑫金马印装有限公司
装　　订：三河市鑫金马印装有限公司
出版发行：电子工业出版社
　　　　　北京市海淀区万寿路 173 信箱　　邮编：100036
开　　本：787×1 092　1/16　印张：21.25　字数：544 千字
版　　次：2017 年 1 月第 1 版
印　　次：2024 年 7 月第 8 次印刷
定　　价：39.00 元

凡所购买电子工业出版社图书有缺损问题，请向购买书店调换。若书店售缺，请与本社发行部联系，联系及邮购电话：（010）88254888，88258888。

质量投诉请发邮件至 zlts@phei.com.cn，盗版侵权举报请发邮件至 dbqq@phei.com.cn。

本书咨询联系方式：（010）88254592，bain@phei.com.cn。

本书编审委员会

前　言

在中国共产党第二十次全国代表大会的报告中指出，坚持把发展经济的着力点放在实体经济上，推进新型工业化，加快建设制造强国、质量强国、航天强国、交通强国、网络强国、数字中国。推动战略性新兴产业融合集群发展，构建新一代信息技术、人工智能、生物技术、新能源、新材料、高端装备、绿色环保等一批新的增长引擎。现代化产业体系的建设，需要大量的具有电类专业知识和技能的人才。电工技术基础与技能是电类专业的一门基础课程。

本书是根据教育部颁布的《职业院校电工技术基础与技能教学大纲》、《职业院校专业教学标准》编写的，同时还参考了相关行业的职业技能鉴定规范及中级技术工人等级考核标准，可供职业院校各专业学生使用。根据新教学大纲和新专业教学标准的要求，本书编写时力争做到：使学生掌握电工技术基础知识与基本技能，具有分析和初步解决生产实际中一般电工问题的能力，为后续专业课程的学习，以及获得相应的职业资格证书打下坚实基础。同时注重培养学生的综合素质和职业能力，以适应电工技术快速发展带来的职业岗位变化，为学生的可持续发展奠定基础。

本书以技能操作为主，以基础知识扎实为原则，以提高学生综合素质能力和服务终身发展为目标，每个任务采用了“工作任务－相关知识－完成工作任务指导－工作任务评价表－思考与练习”的编写模式。本书具有以下特色。

（1）以新教学大纲和教学标准为依据，突显职业教育的特色

在教材中充分体现了新大纲和新标准在教学内容和教学模式的改革思路，突出实践能力培养，将理论与实践一体化，形成职业教育的特色。

（2）体现以就业为导向的职业教育办学理念

本书根据中等职业学校的教学实际，在基础知识点不减少的情况下降低了理论要求，突出电工技术的通用性、针对性和实用性。为此，本书所设置的工作任务，不仅要传授电工基础知识，更为重要的是要教会学生如何应用所学的知识去解决实际问题，力求在工程应用方面突显特色。

（3）在教学设计上体现新的教学模式

在每个项目（模块）开端就提出了知识目标和技能目标，使学生对本项目的知识点和主要技能一目了然；以“相关知识”为基础，然后进行“完成工作任务指导”，指导学生如何应用电工理论知识完成给定的工作任务，培养学生动手能力；每个任务后均有“工作任务评价表”和“思考与练习”，一方面用于检查学生学习效果，另一方面用于学生巩固所学知识。

（4）强化学生实践能力和技术应用能力的培养

坚持“做中学、做中教”，理论和实践相结合，使电工技术基本理论的学习、基本技能的

训练与生产生活中的实际应用相结合。引导学生通过学习过程的体验或典型电工产品的制作等，提高学习兴趣，激发学习动力，掌握相应的知识和技能。

在探究实验中，除了验证性实验外，还通过 EWB 仿真实验、技能训练等进行研究性学习，培养学生开放思维和创新意识。

教材中的“阅读资料”拓展学生的知识面，给学生带来了新知识、新技术、新材料、新工艺的学习与应用。

本课程建议教学总学时为 64~86 学时，各学校可根据教学实际灵活安排。各部分内容学时分配参考建议如下。

<table>
<tr><th>模块</th><th>教学内容</th><th>课时分配</th></tr>
<tr><td>模块一</td><td>直流电路</td><td>12~16</td></tr>
<tr><td>模块二</td><td>单相交流电路</td><td>24~28</td></tr>
<tr><td>模块三</td><td>三相交流电路</td><td>6~8</td></tr>
<tr><td>模块四</td><td>磁路与变压器</td><td>8~12</td></tr>
<tr><td>模块五</td><td>电动机与控制电路（选学）</td><td>8~12</td></tr>
<tr><td rowspan="4">附录</td><td>电路仿真 EWB 简介</td><td rowspan="4">6~10</td></tr>
<tr><td>非正弦周期波</td></tr>
<tr><td>万用表的组装与调试</td></tr>
<tr><td>认识电工实训（实验）室与用电安全教育</td></tr>
<tr><td colspan="2">合计</td><td>64~86</td></tr>
</table>

本书由庄汉清编著，参与编写工作的还有赵宇明、陈紫晗、杜鹭鹭、张乙鹏、钟伟、王文兴、江连和、石路妹、陈文泉老师。在本书的编写过程中，还得到了浙江亚龙教育装备股份有限公司、厦门汇浩电子科技有限公司、厦门市各职业院校的支持与协助，得到了本书编审委员会中各位专家的指导与帮助，在此一并表示衷心感谢！

编写中参考了相关文献和资料，在此也对作者表示衷心感谢！

由于编者水平和经验有限，书中难免存在错误和不当之处，敬请广大读者批评指正，以便及时修订。

编　者

目　录

模块一

直流电路

每当夜幕降临，道路两旁路灯亮起来了，建筑物外墙上的夜景灯点缀着整个城市；在工厂车间里，各种机器在运行着。这一切，都离不开“电”，它已经渗透到现代社会人们学习、生活和工作的各个领域中。为了探究“电”，我们就先从直流电路模块开始学习吧。

通过完成欧姆定律的探究、电阻电路的连接与及测试、基尔霍夫定律的探究、戴维南定理的探究、电位的测量等工作任务，了解电路的基本组成，学会识读基本的电气符号和简单的电路图；加深理解电路中的常用物理量的含义；掌握电阻元件的串并联接法；理解电路基本定律及其应用；学会用万用表测量电流、电压和电阻的基本方法。

任务 1-1 欧姆定律的探究

工作任务

欧姆定律的探究实验直流电路如图 1-1-1 所示。请你完成以下工作任务：

① 用专用导线将电路中 $X1$-$X2$、$X3$-$X4$ 两点间连接起来，构成闭合电路Ⅰ:A-B-E-F-A；将开关 S_1 打向上接通电源 U_1。

② 分别选取 U_1=8V、16V。测量不同电源电压下，图中电压 U_{AF}、电流 I_1，并将测量数据填入表 1-1-6 中。

③ 用专用导线将电路中 $X1$-$X2$、$X5$-$X6$ 两点间连接起来，并将开关 S_2 向下打，构成闭合电路Ⅱ：A-B-C-D-E-F-A。选取 U_1=20V，并保持不变。测量相同电源电压下，不同回路（电阻）时，电路中电压 U_{AF}、电流 I_1，并将测量数据填入表 1-1-7 中。

④ 计算 U_{AF}/I_1 比值，在不同 U_1 的情况下“比值”是否有变化？计算 $I_1R_{回路}$乘积，在不同回路下“乘积”是否变化？

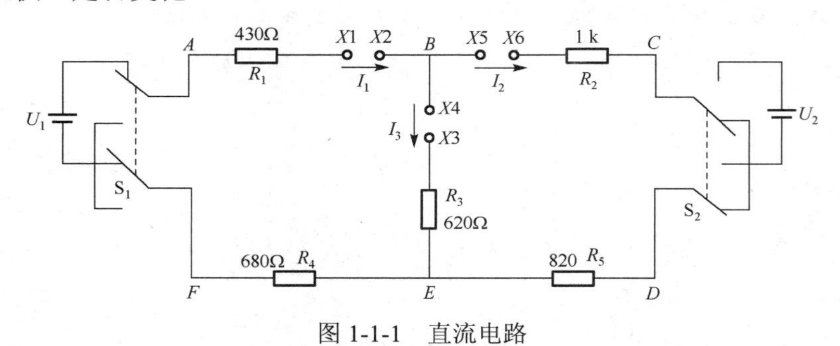

图 1-1-1　直流电路

相关知识

一、电路

电路就是指电流的流通路径，它是由一些电气设备或元器件按一定形式连接而成的。电路也称网络，分为直流电路和交流电路两种典型电路。

1．电路的组成

电路的组成形式不同，其功能和作用也不同。电路的一种作用是实现电能的传输和转换，如电力系统；电路的另一种作用是实现信号的传递和处理，如常见的收音机、电视机的调谐电路及放大电路。

尽管电路的组成形式多种多样，但它们一般都是由电源、负载、导线和控制器四个部分构成的。电路中提供电能或信号的器件，称为电源；电路中吸收电能或转换信号的器件，称为负载；在电源和负载之间起连接和控制作用的导线和开关等称为控制器，或称为电路的中间环节。

图 1-1-2 所示为日常生活中用的手电筒电路，它由干电池、灯泡、导线和开关四个部分

组成。其中，干电池是电源，将化学能转化为电能；灯泡是负载，将电能转化为光和热；导线是金属外壳，起连接电路作用；开关是控制器，起接通和断开作用。

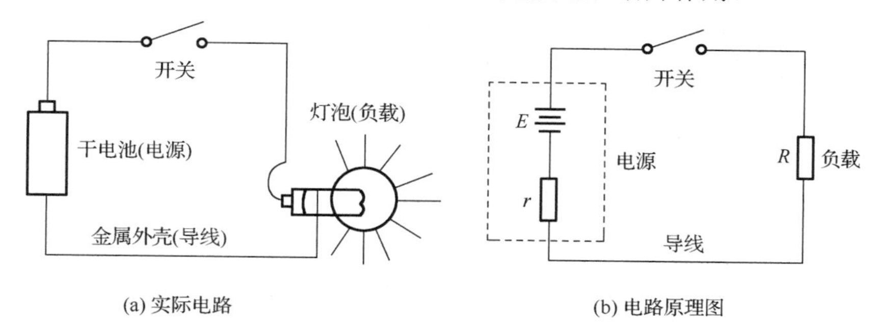

图 1-1-2 手电筒电路的组成

2. 理想电路元件及电路图

为了便于对实际电路进行分析和用数学描述，将实际元件理想化，即在一定条件下只考虑起主要作用的某些电磁现象，而忽略其次要现象，把它近似地看成理想电路元件，并且用特定的图形符号及文字符号表示。在理想电路元件中主要有电阻元件、电感元件、电容元件和电源元件等。将实际电路用理想元件符号绘制出来的图就称为电路图。各理想电路元件的图形符号及文字符号如图 1-1-3 所示。

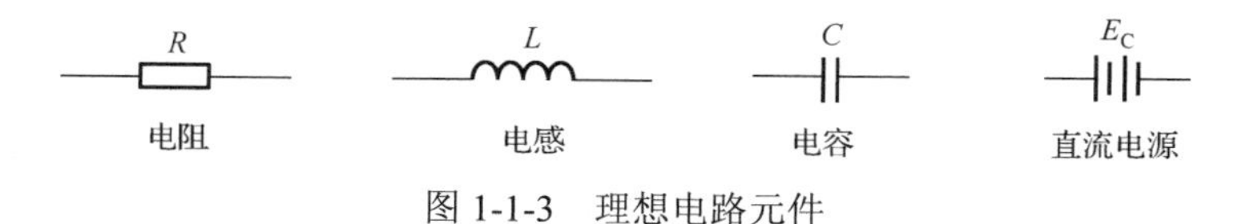

图 1-1-3 理想电路元件

3. 电路的三种状态

电路有三种工作状态，即开路、有载和短路状态，如图 1-1-4 所示。

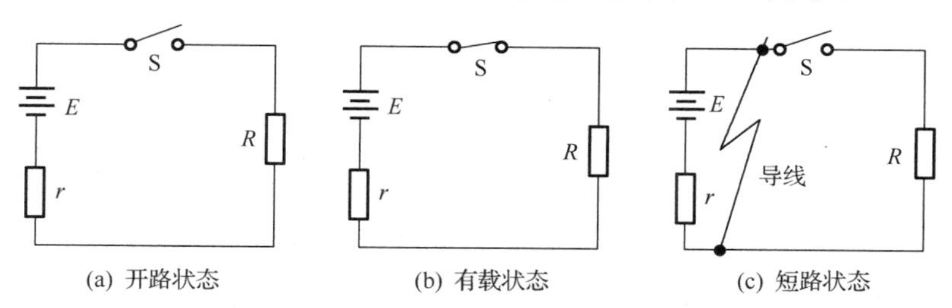

图 1-1-4 电路的三种状态

（1）开路

开路，又叫断路，是指电源与负载之间未接成闭合电路，即电路中没有电流流过。一般情况下，可通过开关断开使电路切断，这属于正常的开路状态；另一种是开关闭合后，电路还是不能正常工作，这说明电路存在故障性开路。

（2）有载

有载是指电源与负载之间接成闭合电路，即电路中有电流流过，负载能正常工作。

（3）短路

短路是指电源不经负载直接被导线连接。此时，电源提供的电流比正常有载状态时的电流高出许多倍，会导致电源因过热而损坏。严重时，会烧毁电源或用电设备，甚至引发线路火灾。因而，要绝对避免发生电源短路现象。

二、电路的基本物理量

电路的基本物理量包括电流 I、电压 U 与电位 V、电动势 E、电能 W 与电功率 P 等。

1. 电流

电流是电荷有规则地定向移动形成的。电流在数值上等于单位时间内通过一导体横截面积的电荷量，可用下列公式表示。

$$I=\frac{q}{t} \tag{1-1-1}$$

式中的 q 表示电量，单位为库仑（C）；t 表示时间，单位为秒（s）；I 表示电流，国际单位为安培（A），常用的单位还有毫安（mA）、微安（μA）。换算关系：$1\text{A}=10^3\text{mA}=10^6\mu\text{A}$。

我们习惯上规定正电荷运动的方向为电流的正方向，也就是电子运动的相反方向。为此，在分析与计算电路时，常常事先假设一个电流方向作为参考方向，并用箭头在电路图中标明。如果计算结果电流为正值，那么电流的实际方向与参考方向一致；反之，当电流为负值时，电流的实际方向与参考方向相反。

2. 电压

引入电压，是为了衡量电场力对移动电荷做功的能力，即电路中 a、b 两点间的电压 U_{ab} 在数值上等于电场力把单位正电荷从 a 点移到 b 点所做的功，也就是单位正电荷从 a 点（高电位）移到 b 点（低电位）所消耗的电能，可用下列公式表示：

$$U_{ab}=\frac{W}{q} \tag{1-1-2}$$

式中的 W 表示功，单位为焦耳（J）；q 表示电量，单位为库仑（C）；U_{ab} 表示电压，国际单位为伏特（V），常用的单位还有千伏（kV）、毫伏（mV）、微伏（μV）。换算关系：$1\text{kV}=10^3\text{V}$，$1\text{V}=10^3\text{mV}=10^6\mu\text{V}$。

电压的实际方向是从高电位点指向低电位点，用箭头或正负极性符号表示。箭头指向低电位，正极性表示高电位，负极性表示低电位。

3. 电位

在电场力的作用下，正电荷从电路中 a 点移至 b 点消耗了电能，说明正电荷在 a 点和 b 点就具有一定的电能，可记为 qV_a、qV_b。那么，电路中某一点的电位就可定义为单位正电荷在该点处所具有的电能，也称电势能。此时，电压就可以用两点间的电位差来表示，即

$$U_{ab}=V_a-V_b \tag{1-1-3}$$

电路选择基准点或参考点，并规定参考点的电位为零后，电路中的每一点也都有电位了。

令式（1-1-3）中 $V_b=0$，则 $V_a=U_{ab}+V_b=U_{ab}$，说明电路中某一点 a 的电位 V_a 等于该点 a 与参考点 b（零电位）之间的电压 U_{ab}。

通常选大地作为零电位参考点，在电子仪器和设备中又常把金属外壳或电路的公共接点定为零电位点。零电位的符号："⏚"表示接大地；"⊥"表示接机壳或公共点。

电位的符号用带下标的字母 V 表示，如 V_a 表示 a 点的电位。电位的基本单位也是伏特（V），与电压相同。

4．电动势

我们用电动势这个物理量衡量"电源力"对电荷做功的能力，即电源的电动势在数值上等于"电源力"把单位正电荷从电源的低电位端经电源内部移到高电位端所做的功，也就是单位正电荷从低电位移到高电位所获得的电能，用下列公式表示：

$$E=\frac{W}{q} \tag{1-1-4}$$

式中的 W 表示功，单位为焦耳（J）；q 表示电量，单位为库仑（C）；E 表示电动势，基本单位为伏特（V），与电压相同。

电动势的正方向规定从电源负极指向电源正极。用箭头或正负极性符号表示。箭头指向高电位，正极性表示高电位，负极性表示低电位。

5．电能

在电场力作用下，电荷定向移动形成的电流所做的功称为电能。电流做功的过程即为电能转换的过程。电能的符号用字母 W 表示。

由式（1-1-1）和式（1-1-2）得

$$W=qU=UIt \tag{1-1-5}$$

此式表明，电流在一段电路上所做的功，与这段电路的电压、电流及通电时间成正比。电能的国际单位是焦耳（J），在实际应用中常以"千瓦时"（俗称度）作为电能的单位。换算关系：1 度=$1\text{kW}\cdot\text{h}=3.6\times10^6\text{J}$。

6．电功率

电功率是描述电流做功快慢的物理量。电流在单位时间内所做的功叫做电功率。用下列公式表示：

$$P=\frac{W}{t}=\frac{UIt}{t}=UI \tag{1-1-6}$$

此式表明，电流在一段电路上所消耗的功率，与这段电路的电压及通过电流成正比。电功率的国际单位是瓦特（W），常用单位还有千瓦（kW）。换算关系：$1\text{kW}=10^3\text{W}$。

三、电阻及欧姆定律

1．电阻

金属导体能导电，但同时对电流通过又起一定的阻碍作用，称为电阻，用 R 表示。电阻的国际单位为欧姆（Ω），常用的单位还有千欧（kΩ）、兆欧（MΩ）。换算关系：$1\text{k}\Omega=10^3\Omega$，$1\text{M}\Omega=10^6\Omega$。

（1）电阻定律

在温度不变时，一定材料导体的电阻与它的长度成正比，与它的横截面积成反比。这个规律叫做电阻定律。用公式表示为

$$R=\rho\frac{L}{S} \tag{1-1-7}$$

式中，R 表示电阻，单位是欧姆（Ω）；ρ 表示电阻率，与材料有关，是反映导体导电能力的物理量，单位是欧姆米（Ω·m）；L 表示导体的长度，单位是米（m）；S 表示导体的横截面积，单位是平方米（m^2）。常用材料的电阻率见表 1-1-1。

表 1-1-1　常用导电材料的电阻率和电阻温度系数（t_1=200℃）

材料名称	电阻率ρ（Ω·m）（20℃）	电阻温度系数α（1/℃）	材料名称	电阻率ρ（Ω·m）（20℃）	电阻温度系数α（1/℃）
银	1.6×10^{-8}	3.6×10^{-3}	铂	1.05×10^{-7}	4.0×10^{-3}
铜	1.7×10^{-8}	4.1×10^{-3}	锡	1.14×10^{-7}	4.4×10^{-3}
铝	2.8×10^{-8}	4.2×10^{-3}	锰铜	4.2×10^{-7}	0.6×10^{-5}
钨	5.5×10^{-8}	4.4×10^{-3}	康铜	4.4×10^{-7}	0.5×10^{-5}
镍	7.3×10^{-8}	6.2×10^{-3}	镍铬铁	1.0×10^{-6}	1.3×10^{-4}
铁	9.8×10^{-8}	6.2×10^{-3}	碳	1.0×10^{-5}	-0.5×10^{-3}

设温度 t_1 、t_2 对应的电阻值分别是 R_1、 R_2 ，则表中电阻温度系数为

$$\alpha=\frac{R_2-R_1}{R_1(t_2-t_1)} \tag{1-1-8}$$

从表 1-1-1 可以看出，不同的材料有不同的电阻率。电阻率越大，材料的导电性能越差。通常将电阻率小于 10^{-6}Ω·m 的材料称为导体，电阻率大于 10^{7}Ω·m 的材料称为绝缘体，而电阻率介于导体和绝缘体之间的材料，称为半导体。

从表 1-1-1 还可以看出，导电材料受温度的影响。一般材料，温度越高，导电性能越差。根据金属导体的温度特性，可制成各种温度传感器，如电阻温度计。

少数合金材料，因几乎不受温度的影响而制成标准电阻器。有些金属或其合金材料在接近于绝对零度时，电阻会突然变为零，这种现象称为超导现象。

（2）电阻器的种类

电阻器是一种常用的电气元件。电阻器的种类可从制作材料、电阻值能否变化、用途等进行分类。

按制作材料的不同，电阻可分为碳膜电阻、金属膜电阻、线绕电阻、水泥电阻等；按电阻值能否变化，电阻又可分为固定电阻、微调电阻、电位器等；按电阻的用途来分，电阻还可分为普通电阻、压敏电阻、光敏电阻、热敏电阻等。常见电阻器及外形如图 1-1-5 所示。

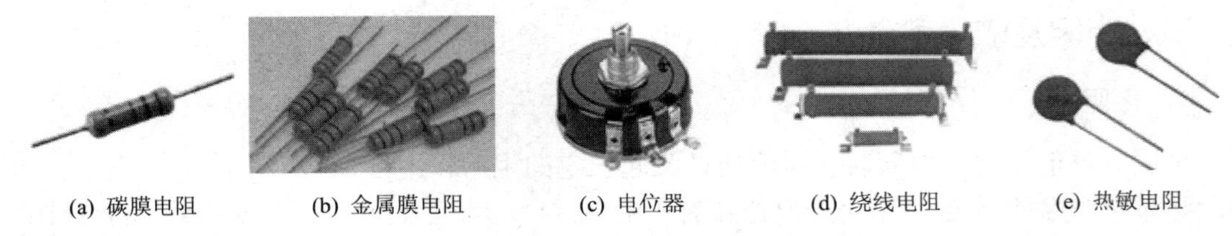

(a) 碳膜电阻　(b) 金属膜电阻　(c) 电位器　(d) 绕线电阻　(e) 热敏电阻

图 1-1-5　电阻器的种类

（3）电阻器的标志识别

由于电阻的体积很小，一般只在其表面标注阻值、精度、材料和功率等几项，其中小功率（1/8～1/2W）的电阻通常只标注阻值和精度。电阻参数标注的方法有文字直接标注法和色环标注法两种。

文字直接标注法：就是直接在电阻器表面上印出电阻值来，如 1.5kΩ的电阻器上印有“1.5k”或“1k5”字样。另外，通过电阻上所标的字母还可以判断电阻的制作材料，见表 1-1-2。

表 1-1-2 电阻字母与制作材料的对应关系

符号	T	J	X	H	Y	C	S	I	N
材料	碳膜	金属膜	线绕	合成膜	氧化膜	沉积膜	有机实心	玻璃釉膜	无机实心

色环标注法：小功率电阻，特别是 1/2W 以下的碳膜电阻和金属膜电阻多用表面色环表示标称电阻值。电阻阻值的色环有三色环、四色环和五色环 3 种，其含义如图 1-1-6 所示。

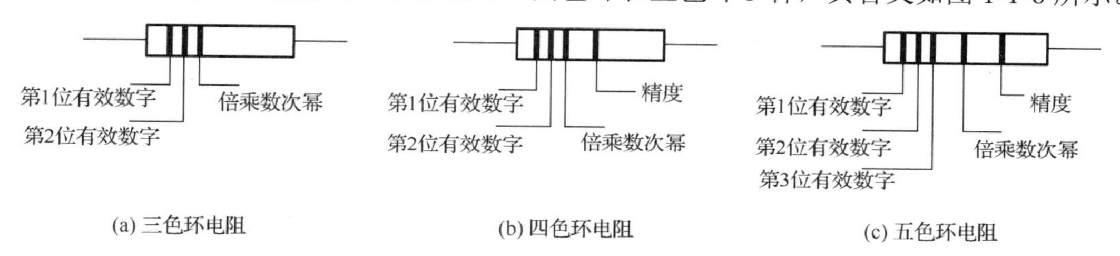

图 1-1-6 色环电阻标志含义

色环中的每一种颜色代表一个有效数字、倍乘数或精度含义，见表 1-1-3。

表 1-1-3 色环电阻色环颜色与数字的对应关系

色环颜色	有效数字	倍乘数	精度
黑	0	$\times10^0$	
棕	1	$\times10^1$	±1%
红	2	$\times10^2$	±2%
橙	3	$\times10^3$	
黄	4	$\times10^4$	
绿	5	$\times10^5$	±0.5%
蓝	6	$\times10^6$	±0.25%
紫	7	$\times10^7$	±0.1%
灰	8	$\times10^8$	
白	9	$\times10^9$	
金		$\times10^{-1}$	±5%
银		$\times10^{-2}$	±10%
无色			±20%

2. 欧姆定律

欧姆定律探究的是电路中电流、电压、电阻之间的变化规律，在实际生产工作中有着广泛的应用，它是电工技术中的一个最基本的定律。

（1）部分电路欧姆定律

实验表明：通过一段不含电源只有电阻电路的电流与电路两端的电压成正比，与该段电

路的电阻成反比，该规律叫欧姆定律。部分电路欧姆定律可表示为

$$I=\frac{U}{R} \tag{1-1-9}$$

式中，电压 U 的单位是伏特（V），电阻 R 的单位是欧姆（Ω），电流 I 的单位是安培（A）。

（2）全电路欧姆定律

一个含有电源的闭合电路称为全电路，如图 1-1-7(a)所示。实验表明：在全电路中，通过电路的电流与电源电动势成正比，与电路的总电阻成反比，这个规律叫全电路欧姆定律。用公式表示为

$$I=\frac{E}{R+r} \tag{1-1-10}$$

式中，电动势 E 的单位是伏特（V）；总电阻为负载电阻 R 和电源内阻 r 之和，以欧姆（Ω）为单位；电流 I 的单位是安培（A）。

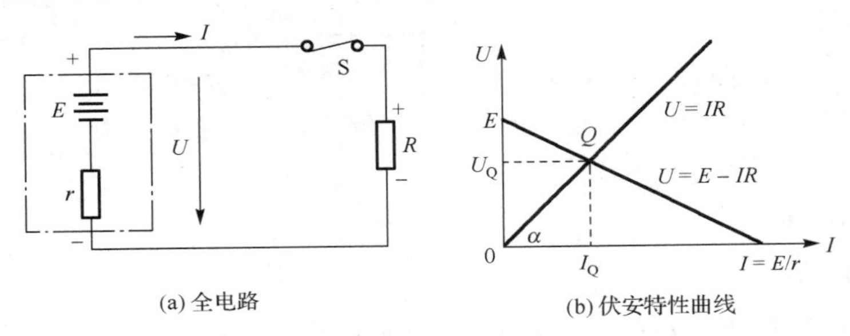

(a) 全电路　　(b) 伏安特性曲线

图 1-1-7　全电路及伏安特性曲线

（3）伏安特性曲线

表示一个元器件电压与电流之间关系的图形称为元器件的伏安特性曲线。对于线性电阻 R 的阻值是一常数，在 U-I 坐标中是一条过原点的直线，如图 1-1-7(b)所示。倾斜角 α 的大小取决于电阻 R 的大小，即 R 越大，α 角越大；R 越小，α 角越小。

由公式（1-1-10）移项，得 $E=I(R+r)=IR+Ir=U+Ir$，导出全电路中的路端电压 U 为

$$U=E-Ir \tag{1-1-11}$$

此式反映了电源外部伏安特性：路端电压 U 随电路中电流的减小而上升，当外电路开路时，$U=E$；相反，路端电压 U 随电路中电流的增大而下降，当外电路短路时，U=0。表示电源外部的伏安特性曲线如图 1-1-7(b)所示。

（4）平衡方程

经公式（1-1-10）变换，得电压、功率、电能平衡方程为

$$\left.\begin{aligned} E&=IR+Ir \\ IE&=I^2R+I^2r \\ IEt&=I^2Rt+I^2rt \end{aligned}\right\} \tag{1-1-12}$$

式中，IR、I^2R、I^2Rt 分别表示外电路电阻 R 的分压、功率和电能，Ir、I^2r、I^2rt 分别表示内电路电阻 r 的分压、功率和电能，E、IE、IEt 分别表示电源的总电压、总功率和总电能。

例题 1-1-1 有一直流电源，其额定功率 240W，额定电压 60V，内阻 1.0Ω，负载电阻可以调节，电路如图 1-1-7(a)所示。试求

① 额定工作状态下的电流及负载电阻；

② 开路状态下的电源端电压；

③ 短路状态下的电流。

解：已知 $P_N = 240\ \text{W}$，$U_N = 60\ \text{V}$，$r = 1.0\ \Omega$

① 根据 $P_N = U_N I_N$，额定电流为 $I_N = P_N / U_N = 240/60 = 4\ \text{A}$，根据 $I = U/R$，负载电阻 $R = U_N / I_N = 60/4 = 15\ \Omega$

② 开路状态：电源端电压 $U_0 = E = I(R + r) = 4 \times (15 + 1.0) = 64\ \text{V}$

③ 短路状态：短路电流 $I_s = E / r = 64/1.0 = 64\ \text{A}$

【阅读材料】

电工测量基础知识

电路中各个物理量，如电流、电压、功率、电能及电路参数等的大小，除用分析与计算的方法求得外，还常用实验方法，也就是用电工测量仪表去测量。

1. 常用电工仪表的分类

电工测量仪表的种类很多，分类的方法也很多。按结构和用途的不同，主要分为以下几种。

（1）指示仪表

指示仪表，就是将被测量转换为仪表指针的机械偏转角，并通过指示器直接指示出被测量大小的电工测量仪表。指示仪表也称直读式仪表，常见的指针式万用表、电流表和电压表就属于指示仪表。

指示仪表的规格品种很多，按工作原理分为磁电系仪表、电磁系仪表、电动系仪表、感应系仪表；按使用方法分为安装式、便携式；按准确度等级分为 0.1、0.2、0.5、1.0、1.5、2.5、5.0 七级，数字越小，准确度等级越高；按被测物理量分为电流表、电压表、功率表、电能表、频率表、相位表、万用表等；按仪表适用的环境温度和相对温度条件分为 A、B、C 三组类型的仪表。

（2）比较仪表

比较仪表，就是在测量过程中，通过被测量与同类标准量进行比较，再根据比较结果才能确定被测量的大小的仪表。常见的直流电桥就属于直流比较仪表，交流电桥就属于交流比较仪表。

（3）数字仪表

数字仪表，就是采用数字测量技术，并以数码的形式在屏幕上直接显示出测量的数值的仪表，如常用的数字式电压表、数字式万用表等。

（4）智能仪表

智能仪表，就是指仪器内部安装有微处理器或微型计算机的仪表。这种仪表具有远程控制、存储、自动校正、自诊断故障、数据处理与分析运算等功能，如数字式存储示波器。

2. 常用电工仪表的图形符号

常用的电工仪表的图形符号及其含义见表 1-1-4。

表 1-1-4　常用电工仪表的图形符号

图形符号	含义	图形符号	含义	图形符号	含义
	磁电系仪表		磁电系比率表		电磁系仪表
	电磁系比率表		电动系仪表		电动系比率表
	感应系仪表		整流系仪表	2	绝缘强度试验电压，如2kV
—	直流	～	交流	$\overline{\sim}$	交直流
1.5	准确度等级	∠60°	标度尺位置与水平面成一定角度，如60°	A	A组仪表

3．指示仪表的误差和准确度

（1）指示仪表的误差

在电工测量中，把测量值与实际值之间的差异叫做误差。根据误差产生的原因，可以将仪表的误差分为基本误差和附加误差两种。

基本误差：由于仪表本身结构的不精确所产生的，如刻度的不准确、弹簧的永久变形、轴与轴承之间的摩擦、零件安装位置的不正确等所造成的误差称为基本误差。任何仪表都存在基本误差。

附加误差：由于外界因素对仪表读数的影响所产生的，例如没有在正常工作条件下使用，或使用方法不当等造成读数不准确的误差称为附加误差。

（2）仪表误差的表示方法

仪表误差的表示方法有三种：绝对误差、相对误差和引用误差。

① 绝对误差：仪表的指示值 A_X 与被测量实际值 A_0 之间的差值，叫做绝对误差。

$$\Delta = A_X - A_0 \qquad (1\text{-}1\text{-}13)$$

式中，A_0 一般指用标准表的测量值代替实际值。在测量同一被测量时，可以用绝对误差的绝对值 $|\Delta|$ 来比较不同仪表的准确度，$|\Delta|$ 越小表示仪表越准确。

② 相对误差：在测量不同大小的被测量时，就不能用绝对误差来比较两次测量中的准确度，只能用相对误差来比较测量结果的准确程度。

相对误差，就是指绝对误差与被测量实际值的百分数，即

$$\gamma = \frac{\Delta}{A_0} \times 100\% \qquad (1\text{-}1\text{-}14)$$

③ 引用误差：绝对误差与仪表量程 A_m 比值的百分数，即

$$\gamma_m = \frac{\Delta}{A_m} \times 100\% \qquad (1\text{-}1\text{-}15)$$

由式（1-1-15）可以看出，引用误差实际上就是仪表在最大读数时的相对误差。对仪表本身而言，绝对误差 Δ 和量程 A_m 基本不变，引用误差也基本上是一个常数，所以引用误差可以用来表示一只仪表的准确度。

（3）仪表的准确度

仪表的准确度定义为最大绝对误差与仪表的最大量程比值的百分数，共分七个等级，分

别是 0.1、0.2、0.5、1.0、1.5、2.5、5.0。准确度的等级与对应的基本误差见表 1-1-5。

表 1-1-5 仪表的准确度等级和基本误差

准确度等级	0.1	0.2	0.5	1.0	1.5	2.5	5.0
基本误差	±0.1%	±0.2%	±0.5%	±1.0%	±1.5%	±2.5%	±5.0%

准确度用 K 表示，即

$$\pm K = \frac{\Delta_m}{A_m} \times 100\% \tag{1-1-16}$$

例题 1-1-2 已知甲表测量 220V 电压时 $\Delta_1 = +2V$，乙表测量 12V 电压时 $\Delta_2 = +0.5V$，试比较这两只表的相对误差，并比较两只表测量结果的准确度。

解： 甲表相对误差为 $\gamma_1 = \frac{\Delta_1}{A_{01}} \times 100\% = \frac{+2}{220} \times 100\% = +0.9\%$

乙表相对误差为 $\gamma_2 = \frac{\Delta_1}{A_{02}} \times 100\% = \frac{+0.5}{12} \times 100\% = +4.2\%$

由上述结果可以看出 $\gamma_1 < \gamma_2$，所以甲表测量结果的准确度高。

例题 1-1-3 用准确度等级为 2.5、量程为 500V 的电压表，分别测量 20V 和 450V 的电压。其相对误差各为多少？

解： 先计算该电压表可能产生的最大基本误差，即最大绝对误差

$$\Delta_m = \frac{\pm K \times A_m}{100} = \frac{\pm 2.5 \times 500}{100} = \pm 12.5\ V$$

测量 20V 电压时产生的相对误差为 $\gamma_1 = \frac{\Delta_1}{A_{01}} \times 100\% = \frac{\pm 12.5}{20} \times 100\% = \pm 62.5\%$

测量 450V 电压时产生的相对误差为 $\gamma_2 = \frac{\Delta_1}{A_{02}} \times 100\% = \frac{\pm 12.5}{450} \times 100\% = \pm 2.8\%$

结果表明：同一只电压表测量不同测量值时产生的相对误差不一样，也就是说测量结果的准确度不一样。测量值越接近电压表量程，其误差越小，准确度越高。

例题 1-1-4 今有两只电压表，已知甲表准确度等级为 0.5、量程为 200V；乙表准确度等级为 2.5、量程为 10V。现用这两电压表分别测量 8V 的电压。两次测量时的最大绝对误差和最大相对误差各是多少？

解： ① 0.5 级电压表测量时：

最大绝对误差为 $\Delta_{m1} = A_{m1} \times (\pm K\%) = 200 \times (\pm 0.5\%) = \pm 1.0\ V$

最大相对误差为 $\gamma_{m1} = \frac{\Delta_{m1}}{A_0} \times 100\% = \frac{\pm 1.0}{8} \times 100\% = \pm 12.5\%$

② 2.5 级电压表测量时：

最大绝对误差为 $\Delta_{m2} = A_{m2} \times (\pm K\%) = 10 \times (\pm 2.5\%) = \pm 0.3\ V$

最大相对误差为 $\gamma_{m2} = \frac{\Delta_{m2}}{A_0} \times 100\% = \frac{\pm 0.3}{8} \times 100\% = \pm 3.8\%$

结果表明：2.5 级电压表的最大绝对误差和最大相对误差均为最小，其测量结果的准确度

较高。因此，在选择测量仪表时，一方面要根据要求的场合确定仪表的准确度，另一方面要根据测量值的大小来选择仪表的量程，且测量值最好能使指针在满刻度的2/3处。

完成工作任务指导

一、电工仪表与器材准备

1．电工仪表

数字式万用表、指针式万用表、直流毫安表（DS-C-02）、直流电压表（DS-C06）。

2．器材

DS-IC型电工实验台、直流电源模块、直流电路单元（DS-C-28）、专用导线若干。

二、探究实验的方法与步骤

1．实验电路的连接

① 根据工作任务书上的具体要求，正确选择元器件并检查其质量的好坏。

② 将选择好的元器件放置于合理位置。

③ 根据电路原理图，用专用导线连接电路。

2．实验电路的测量

闭合实验台总电源开关，打开直流电源 U_1 船形开关，旋转“电压调节”旋钮选择直流电源 U_1 电压值。

① 连接电路中 $X1$-$X2$、$X3$-$X4$，将开关 S_1 打向右，接通电源。电源电压分别取 U_1=8V、16V，测量闭合电路Ⅰ：A-B-E-F-A 中电压 U_{AF}、电流 I_1，将测量数据记录于表1-1-6中。

表1-1-6　欧姆定律的探究实验数据　　测试条件：回路电阻不变

序号	测量数据			计算值
	U_1(V)	U_{AF}(V)	I_1(mA)	$\frac{U_{AF}}{I_1}$
1	8.0	8.0	4.6	1.7
2	16.0	16.0	9.0	1.7

② 取 U_1=20V，测量闭合电路Ⅰ中电压 U_{AF}、电流 I_1，将测量数据记录于表1-1-7中。

表1-1-7　欧姆定律的探究实验数据　　测试条件：电源电压不变（U1=16V）

序号	回路	测量数据			计算值
		U_{AF}(V)	I_1(mA)	$R_{回路}$(kΩ)	$I_1R_{回路}$
1	回路Ⅰ	20.0	11.6	1.7	19.7
2	回路Ⅱ	20.0	6.9	2.9	20.0

③ 保持电源电压 U_1=20V不变，将 $X3$-$X4$ 连接导线取下，$X5$-$X6$ 连接起来，测量闭合电路Ⅱ：A-B-C-D-E-F-A 中电压 U_{AF}、电流 I_1，将测量数据记录于表1-1-7中。

电路的连接与测量过程如图1-1-8所示。

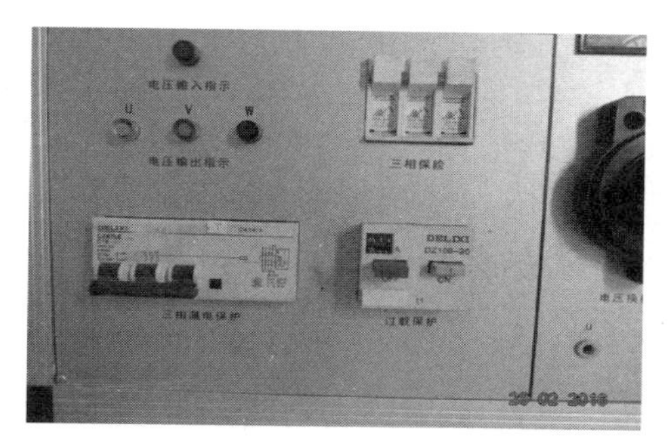

(a) 确定电源总开关是断开的

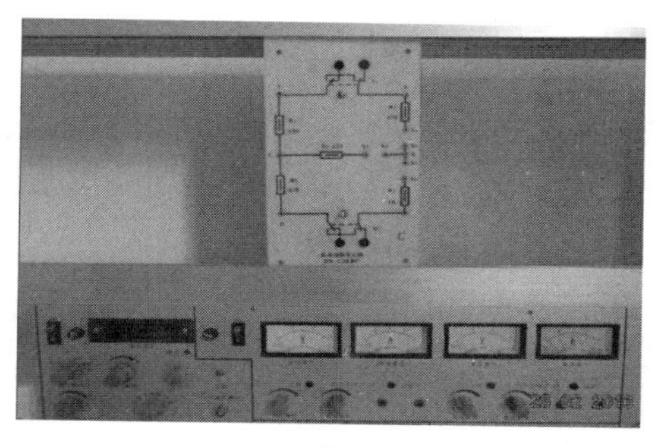

(b) 放置器件

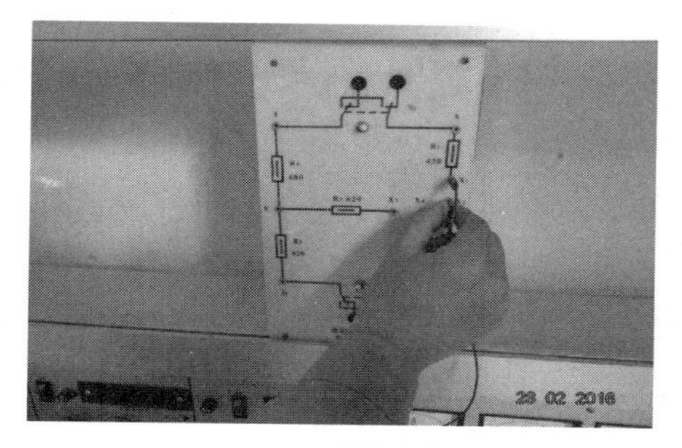

(c) 连接电路

(d) 打开电源开关

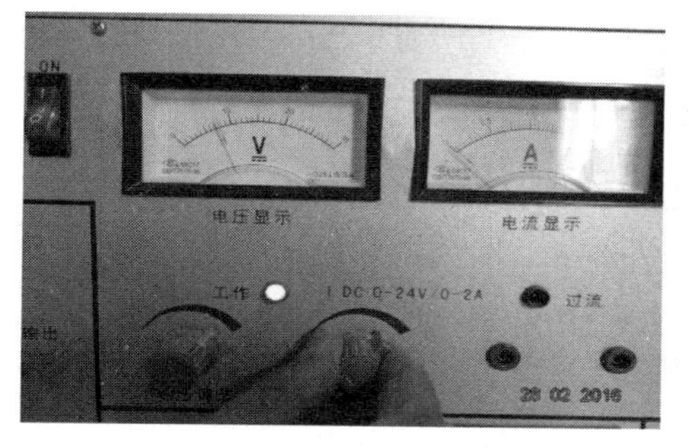

(e) 调节电源电压

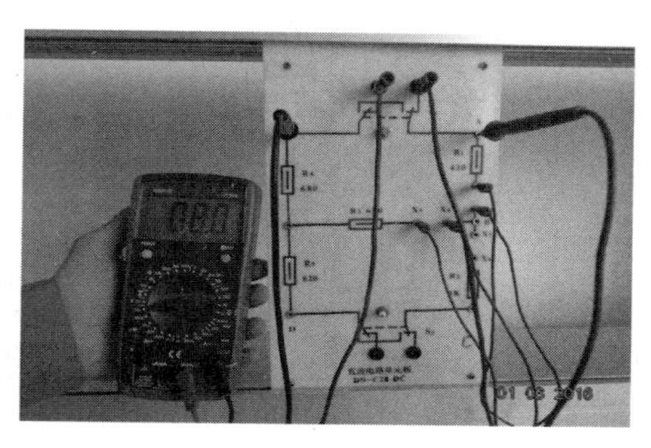

(f) 测量电压

(g) 测量电流

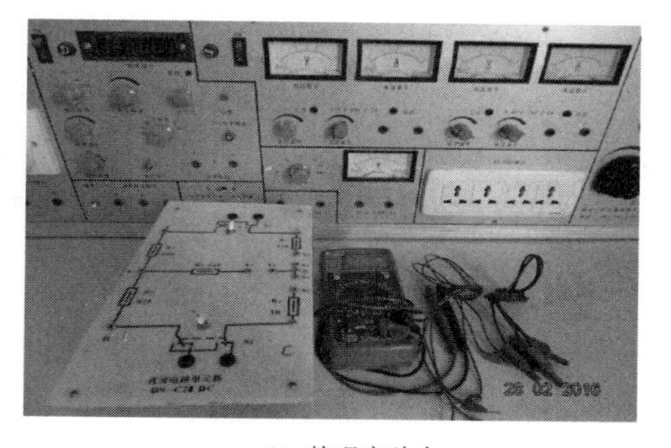

(h) 整理实验台

图 1-1-8 电路的连接与测量过程

3. 整理实验台

整理实验台上的仪表和器材。

4．实验数据分析

表 1-1-6 数据表明：电阻 $R_{1\text{回路I}}$ 一定，U_{AF}/I_1 比值基本不变，说明电路中的电流与电路两端的电压成正比；表 1-1-7 数据表明：电压 U_1 一定，$I_1R_{\text{回路}}$ 乘积基本不变，说明电路中的电流与该段电路的电阻成反比。

安全提示：

在完成工作任务过程中，严格遵守实验室的安全操作规程。在完成电路接线后，必须经指导教师检查确认无误后，才允许通电试验。测量过程中若有异常现象，应及时切断实验台电源总开关，同时报告指导教师。只有在排除故障原因后才能申请再次通电试验。

搭建实验电路、更改电路或测量完毕后拆卸电路，都必须在断开电源的情况下进行。

正确使用仪器仪表，保护设备及连接导线的绝缘，避免短路或触电事故发生！

三、工作任务评价表

请你填写欧姆定律的探究工作任务评价（表 1-1-8）。

表 1-1-8　欧姆定律的探究工作任务评价表

序号	评价内容	配分	评价细则	自我评价	教师评价
1	选用工具、仪表及器件	10	① 工具、仪表少选或错选，扣 2 分/个 ② 电路单元模块选错型号和规格，扣 2 分/个 ③ 单元模块放置位置不合理，扣 1 分/个		
2	器件检查	10	④ 电气元件漏检或错检，扣 2 分/处		
3	仪表的使用	10	⑤ 仪表基本会使用，但操作不规范，扣 1 分/次 ⑥ 仪表使用不熟悉，但经过提示能正确使用，扣 2 分/次 ⑦ 检测过程中损坏仪表，扣 10 分		
4	电路连接	20	⑧ 连接导线少接或错接，扣 2 分/条 ⑨ 电路接点连接不牢固或松动，扣 1 分/个 ⑩ 连接导线垂放不合理，存在安全隐患，扣 2 分/条 ⑪ 不按电路图连接导线，扣 10 分		
5	电路参数测量	20	⑫ 电路参数少测或错测，扣 2 分/个 ⑬ 不按步骤进行测量，扣 1 分/个 ⑭ 测量方法错误，扣 2 分/次		
6	数据记录与分析	20	⑮ 不按步骤记录数据，扣 2 分/次 ⑯ 记录表数据不完整或错记录，扣 2 分/个 ⑰ 测量数据分析不完整，扣 5 分/处 ⑱ 测量数据分析不正确，扣 10 分/处		
7	安全文明操作	10	⑲ 未经教师允许，擅自通电，扣 5 分/次 ⑳ 未断开电源总开关，直接连接、更改或拆除电路，扣 5 分 ㉑ 实验结束未及时整理器材，清洁实验台及场所，扣 2 分 ㉒ 测量过程中发生实验台电源总开关跳闸现象，扣 10 分 ㉓ 操作不当，出现触电事故，扣 10 分，并立即予以终止作业		
合计		100			

思考与练习

一、填空题

1．电路的作用是实现电能的________和________，信号的________和________。

2．电路通常分________电路和________电路。

3．一个完整的电路，一般由________、________、________和________四个部分组成。

4．在日常生活中的手电筒，________是电源，________是负载。

5．电路有三种工作状态，即________、________和________状态。

6．电路中某一点的电位等于该点与________之间的电压。

7．电压的实际方向由________指向________，电动势的方向由________指向________。

8．在温度不变时，一定材料导体的电阻与它的________成正比，与它的________成反比，这个规律叫做电阻定律。

9．电阻是一种常用的电气元件，其种类很多。按制作材料进行分类，电阻可分为________电阻、________电阻、________电阻、________电阻等。

10．实验表明，在一个含有电源的闭合电路中，通过电路的电流与________成正比，与电路的________成反比，这个规律叫全电路欧姆定律。

二、简答题

1．在完成欧姆定律的探究工作任务中，请你说一说怎样用万用表测量电流和电压？

2．根据你测量的实验数据，计算同一回路在不同电源电压 U_1 时，U_{AF}/I_1 比值是否变化？为什么？

3．根据你测量的实验数据，计算同一电源电压 U_1 不同回路时，$I_1R_{回路}$乘积是否变化？为什么？

4．在实际应用中常以“度”作为电能的单位，它与焦耳的换算关系是什么？

5．电阻元件的参数可用色环标注法表示，请你说一说色环中的每一种颜色所代表的含义是什么？

6．根据日常观察，电灯在深夜要比黄昏时亮一些，为什么？

7．为什么不能说仪表的准确度越高，测量结果一定越准确？为保证测量结果的准确度，测量中应注意哪些问题？

三、计算题

1．某电动机绕组在室温（25℃）时测得电阻为10Ω，电动机运行一段时间后测量得绕组电阻为12Ω。已知电动机绕组材料为铜芯线，计算此时电动机绕组的温度是多少？

2．某电阻器的色环依次为黄紫黑棕棕，该电阻器的标称值及精度各是多少？当通过电流为14.5mA时，电阻消耗的功率是多少？

3．如图1-1-9所示电路，如果当开关断开时，电压表的读数为9V；当开关闭合时，电流表的读数为0.40A，电压表的读数为8.8V。试求电源的电动势 E 和内阻 r。

4．用量程为30V的电压表，测量实际值是16V的电压，测量结果为如图1-1-10所示读数，试求绝对误差和相对误差各为多少？若求得的绝对误差被视为最大绝对误差，试确定该表的准确度等级。

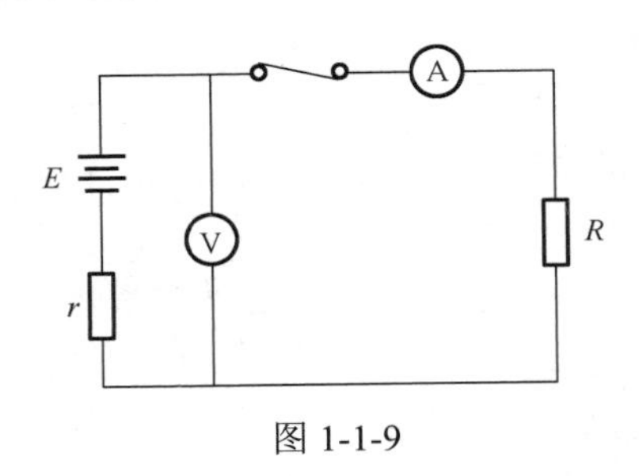

图 1-1-9

图 1-1-10

5. 用准确度等级为 1.5、量程为 250V 的电压表，分别测量 200V 和 100V 的电压，其相对误差各为多少？

任务 1–2 电阻电路的连接与测试

工作任务

根据如图 1-2-1 所示的电阻电路，请你完成以下工作任务。

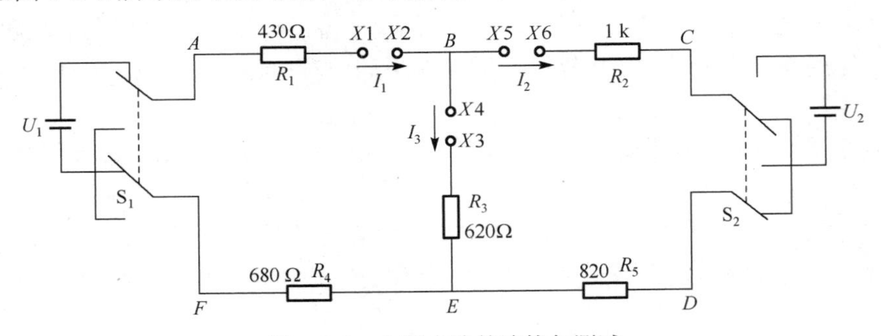

图 1-2-1　电阻电路的连接与测试

1. 电阻电路的连接

用专用连接导线将图中 $X1$-$X2$、$X3$-$X4$、$X5$-$X6$ 两点间连接，开关 S_2 打向下，开关 S_1 向上打接通电源 U_1。

2. 电路的测试

① 探究电阻串联特点的测试。

② 探究电阻并联特点的测试。

③ 探究混联电路等效电阻的测试。

3. 实验数据分析

根据实验数据，分析等效电阻与各电阻之间关系、串联电阻的分压作用和并联电阻的分流作用。

一、电阻串联电路及其特点

1. 电阻串联电路

把两个或两个以上的电阻依次连接，使电流只有一条通路的电路，称为电阻串联电路。由两个电阻组成的串联电路及其等效电路如图 1-2-2 所示。

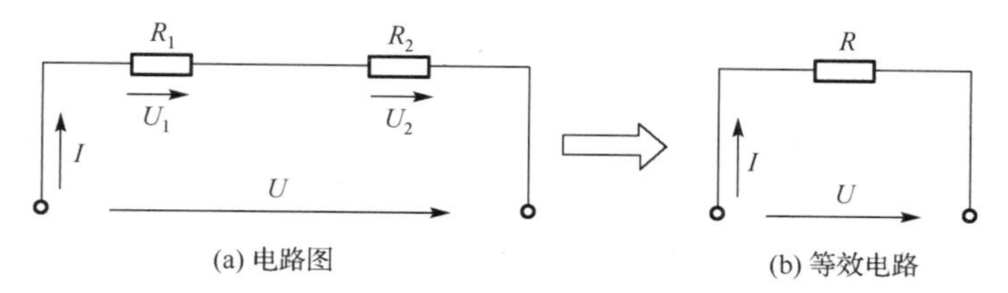

图 1-2-2 电阻串联电路

2. 电阻串联电路的特点

① 电路中各处的电流相等，即

$$I = I_1 = I_2 = \cdots = I_n \tag{1-2-1}$$

② 电路两端的总电压等于各电阻上分电压之和，即

$$U = U_1 + U_2 + \cdots + U_n \tag{1-2-2}$$

③ 串联电路的总电阻或称等效电阻，等于各分电阻之和，即

$$R = R_1 + R_2 + \cdots + R_n \tag{1-2-3}$$

④ 串联电路中各电阻分得的电压与其阻值成正比，即

$$\frac{U_1}{R_1} = \frac{U_2}{R_2} = \cdots = \frac{U_n}{R_n} = I \tag{1-2-4}$$

由式（1-2-4）得，两个电阻 R_1、R_2 串联时的分压公式为

$$\begin{cases} U_1 = \dfrac{R_1}{R_1 + R_2}U \\ U_2 = \dfrac{R_2}{R_1 + R_2}U \end{cases} \tag{1-2-5}$$

⑤ 串联电路的总功率等于各电阻的分功率之和，即

$$P = P_1 + P_2 + \cdots + P_n \tag{1-2-6}$$

3. 电阻串联电路的典型应用

电阻串联电路的应用十分广泛。利用串联电阻的分压原理，高压分压器用于电力系统现场高压测量；利用串联电阻的方法还可以起到限流作用，如电动机利用串联电阻分压起到降压启动目的。

利用串联电阻的分压原理，可以将微安表或毫安表改装成电压表。

例题 1-2-1 假设有一个微安表，表头电阻 R_g=1kΩ，满偏电流 I_g=100μA，要把它改装成量程是 30V 的电压表，应该串联多大的电阻？

解： 已知 R_g=1kΩ，I_g=100μA，U=30V。

① 计算表头的分压 $U_g = I_g R_g = 100\times10^{-6}\times10^3 = 0.1\,\text{V}$

② 计算分压电阻 $R = \dfrac{U - U_g}{I_g} = \dfrac{30-0.1}{100\times10^{-6}} = 299\,\text{k}\Omega$

二、电阻并联电路及其特点

1. 电阻并联电路

把两个或两个以上的电阻的首端、尾端分别连在相同两点之间，使电阻两端承受同一电压的电路，称为电阻并联电路。由两个电阻组成的并联电路及其等效电路如图 1-2-3 所示。

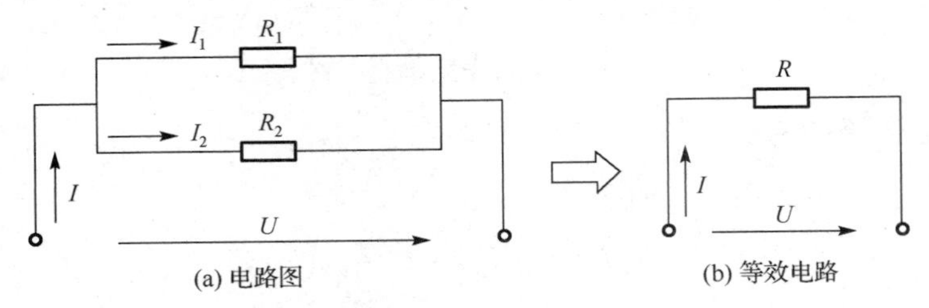

图 1-2-3 电阻并联电路

2. 电阻并联电路的特点

① 电路中各并联电阻两端的电压相等，即

$$U = U_1 = U_2 = \cdots = U_n \tag{1-2-7}$$

② 并联电路的总电源等于各电阻上分电流之和，即

$$I = I_1 + I_2 + \cdots + I_n \tag{1-2-8}$$

③ 并联电路的总电阻或称等效电阻的倒数，等于各分电阻的倒数之和，即

$$\frac{1}{R} = \frac{1}{R_1} + \frac{1}{R_2} + \cdots + \frac{1}{R_n} \tag{1-2-9}$$

④ 并联电路中各电阻分得的电流与其阻值成反比，即

$$I_1R_1 = I_2R_2 = \cdots = I_nR_n = U \tag{1-2-10}$$

由式（1-2-10）得，两个电阻 R_1、R_2 并联时的分流公式为

$$\begin{cases} I_1 = \dfrac{R_2}{R_1+R_2}I \\ I_2 = \dfrac{R_1}{R_1+R_2}I \end{cases} \tag{1-2-11}$$

⑤ 并联电路的总功率等于各电阻的分功率之和，即

$$P = P_1 + P_2 + \cdots + P_n \tag{1-2-12}$$

3. 电阻串联电路的典型应用

电阻串联电路的应用十分广泛。利用并联电阻的分流原理，可以将微安表或毫安表改装成电流表。

例题 1-2-2 假设有一只微安表，表头电阻 R_g=1kΩ，满偏电流 I_g=100μA，现要把它改装成量程是 100mA 的电流表，应该并联多大的电阻？

解： 已知 R_g=1kΩ，I_g=100μA，I=100mA。

① 计算表头的电压 $U_g = I_g R_g = 100\times10^{-6}\times10^3 = 0.1\,\text{V}$

② 计算分流电阻 $R = \dfrac{U_g}{I - I_g} = \dfrac{0.1}{100\times10^{-3} - 100\times10^{-6}} \approx 1\Omega$

三、电阻混联电路

在实际电路中，既有电阻串联又有电阻并联的电路称为电阻的混联电路。对于混联电路，必须首先分析哪些电阻构成串联连接，哪些电阻构成并联连接，然后将串联或并联支路的等效电阻计算出来，再求总等效电阻。

例题 1-2-3 如图 1-2-4(a)所示，已知每一个电阻的阻值均为 R=10Ω，求电路中的总等效电阻？

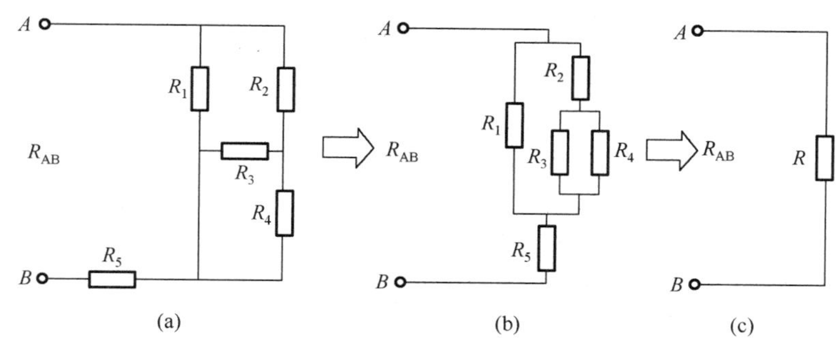

图 1-2-4 例题 1-2-3 图

解： 已知 R_1=R_2=R_3=R_4=R_5=10Ω。

① 利用电流的流向及电流的分、合，电路中各等电位点分析电路，不难画出等效电路图，如图 1-2-4(b)所示。

② 计算各支路的等效电阻及总等效电阻。

电阻 R_3、R_4 先并联，等效电阻 $R_{34} = \dfrac{R_3 R_4}{R_3 + R} = \dfrac{10\times10}{10+10} = 5\,(\Omega)$

电阻 R_3、R_4 并联后，再与电阻 R_2 串联，等效电阻 $R_{234} = R_2 + R_{34} = 10+5=15(\Omega)$

再与电阻 R_1 并联，等效电阻 $R_{1234} = \dfrac{R_1 R_{234}}{R_1 + R_{234}} = \dfrac{10\times15}{10+15} = 6(\Omega)$

最后与电阻 R_5 串联，总等效电阻 $R = R_5 + R_{1234} = 10+6=16(\Omega)$

※四、电阻Y形连接与△形连接的等效变换

如图 1-2-5 所示电路，图 1-2-5(a)为三个电阻的星形连接；图 1-2-5(b)为三个电阻的三角

形连接。根据等效网络的定义：一个二端网络的端口电压、电源关系和另一个二端网络的端口电压、电流关系对应相同，这两个网络就可以进行等效变换。

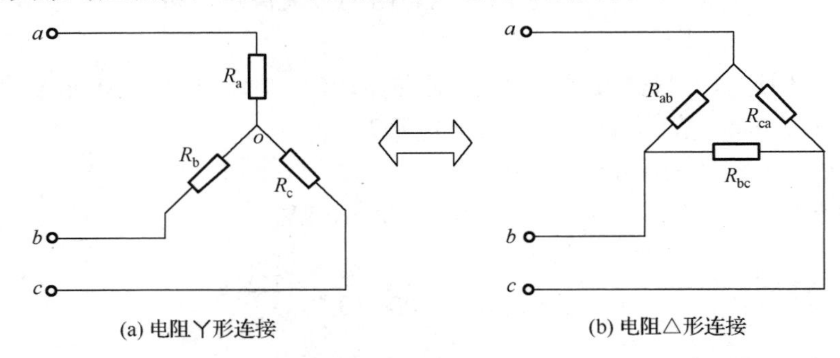

(a) 电阻Y形连接　　(b) 电阻△形连接

图 1-2-5　电阻Y-△形连接的等效变换

根据串、并联电路的计算，有

$$R_a + R_b = \frac{R_{ab}(R_{bc}+R_{ca})}{R_{ab}+R_{bc}+R_{ca}}$$

$$R_b + R_c = \frac{R_{bc}(R_{ca}+R_{ab})}{R_{ab}+R_{bc}+R_{ca}}$$

$$R_c + R_a = \frac{R_{ca}(R_{ab}+R_{bc})}{R_{ab}+R_{bc}+R_{ca}}$$

解以上三式，可得：

① Y形连接等效变换为△形连接时的各等效电阻为

$$\begin{cases} R_{ab} = \dfrac{R_aR_b+R_bR_c+R_cR_a}{R_c} \\ R_{bc} = \dfrac{R_aR_b+R_bR_c+R_cR_a}{R_a} \\ R_{ca} = \dfrac{R_aR_b+R_bR_c+R_cR_a}{R_b} \end{cases} \tag{1-2-13}$$

② △形连接等效变换为Y形连接时的各等效电阻为

$$\begin{cases} R_a = \dfrac{R_{ab}R_{ca}}{R_{ab}+R_{bc}+R_{ca}} \\ R_b = \dfrac{R_{bc}R_{ab}}{R_{ab}+R_{bc}+R_{ca}} \\ R_c = \dfrac{R_{ca}R_{bc}}{R_{ab}+R_{bc}+R_{ca}} \end{cases} \tag{1-2-14}$$

例题 1-2-4　桥式电阻电路如图 1-2-6(a)所示，已知 R_{da}=14Ω，R_{db}=9Ω，R_{ab}= R_{bc}= R_{ca}=6Ω，求桥式电阻电路的等效电阻 R_{AB}。

解：已知 R_{da}=14 Ω，R_{db}=9 Ω，R_{ab}=R_{bc}=R_{ca}=3 Ω。

将图 1-2-6(a)依次变换为图 1-2-6(b)和(c)，因为 $R_{ab}=R_{bc}=R_{ca}$，根据△形连接等效变换为Y形连接的公式（1-2-14），得 $R_a=R_b=R_c=\dfrac{1}{3}R_{ab}=2\,\Omega$。

在图 1-2-6(c)中，$R_{dao}=R_{da}+R_a=14+1=15\,\Omega$，$R_{dbo}=R_{db}+R_b=9+1=10\,\Omega$

总等效电阻 $R_{AB}=R_{dao}//R_{dbo}+R_c=8\,\Omega$

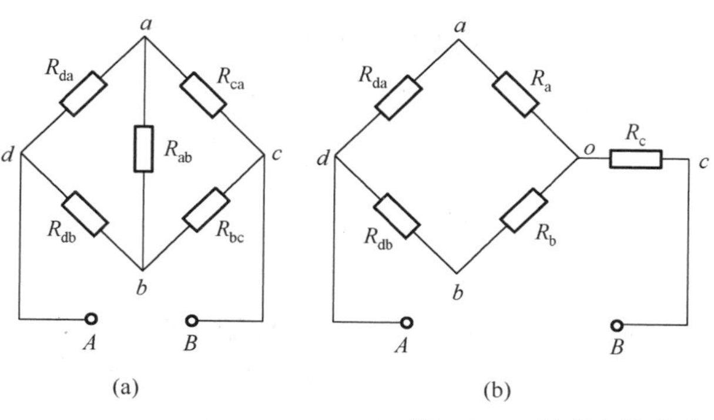

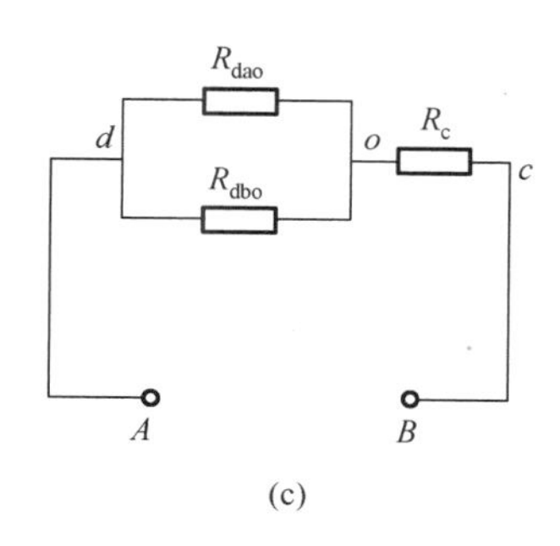

图 1-2-6 桥式电阻电路

【阅读材料】

电阻测量仪表

测量电阻的方法很多，除了用万用表电阻挡直接测量外，还常用伏安法和惠斯通电桥法等。

一、万用表

(a) 数字式　　(b) 指针式

图 1-2-7 万用表的外形

万用表是一种多功能、多量程、便携式仪表，常用的有指针式万用表和电子显示的数字式万用表，如图 1-2-7 所示。指针式万用表主要由表头、测量线路、转换开关和外壳等部分组成，表头选用高灵敏度的磁电式电流表。在工作实际中，除了用万用表测量电流、电压外，还用来测量电阻器的电阻值、检测电路的通断情况或判断电子元器件的好坏等。

使用万用表时，需要注意以下几点：

① 根据被测量的性质选用万用表的测量挡。

② 选择合适的量程，以让指针偏摆满量程的 1/2～2/3 之间为好。

③ 绝对禁止用电流挡、电阻挡去测电压，否则很容易损坏万用表。

④ 平常不应随意将万用表扳到电阻挡而让两表笔相碰，这样会使表内的电池很快放电完而失效。

⑤ 为了使测量尽量准确，每次测量前应调节零位螺钉使指针指零位，每次测量电阻之前还要调节电阻零值指示。

⑥ 用 $R\times10$k 挡测量电阻时，不要让手指接触表笔和电阻，否则人体电阻会给测量带来很大误差。

⑦ 万用表使用完毕后，应将功能转换开关置于“OFF”，或交流电压挡的最大量程处。

二、伏安法测量电阻

根据欧姆定律 $U=IR$，只要用伏特表测量出电阻两端的电压，用安倍表测量出通过电阻的电流，就可以求出电阻值 $R=U/I$，这就是测量电阻的伏安法。

伏安法测量电阻的方法按电表接法的不同，可分为电流表外接法和电流表内接法两种，如图 1-2-8 所示。

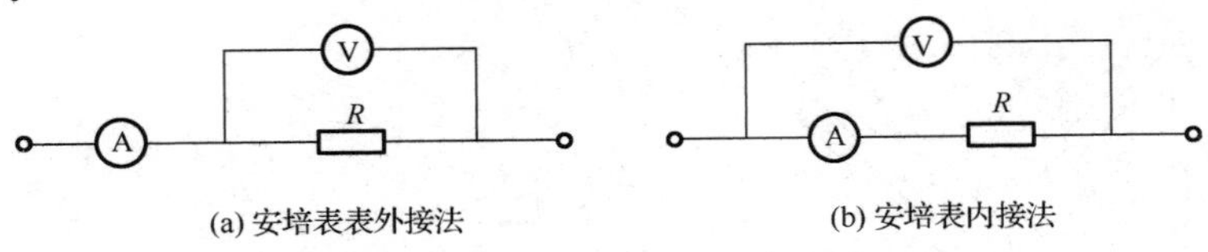

(a) 安培表表外接法　　(b) 安培表内接法

图 1-2-8　伏安法测量电阻

1. 电流表外接法

采用电流表外接法时，电压表直接测量电阻两端电压，而电流表测得的电流为电压表与电阻并联时的总电流，比通过电阻的实际电流大一些，这样计算出的电阻值就要比实际值要小些。为了尽量减小测量误差，电流表外接法适合测量被测量电阻的阻值比伏特表的内阻小得多的情况。

2. 电流表内接法

采用电流表内接法时，电流表直接测量通过电阻的电流，而电压表测得的电压为电流表与电阻串联时的总电压，比电阻两端的实际电压大一些，这样计算出的电阻值就要比实际值要大些。为了尽量减小测量误差，电流表内接法适合测量被测量电阻的阻值比安倍表的内阻大得多的情况。

伏安法测量电阻的方法简单，但测量误差较大。

三、惠斯通电桥

QJ23 型单臂电桥为携带式惠斯通电桥，外形如图 1-2-9 所示。可供各种导体电阻的精密测量，适合于教学实验或实训环节使用。

电桥的结构主要由比率臂、比较臂、检流计及电池组等组合而成。比较臂为 4 个九进位盘组合，最大可调阻值为 9999 欧，最小步进值为 1 欧。内部电阻全部采用高稳定锰铜线以无感式绕于瓷管上。经过人工老化及浸渍处理，故阻值稳定准确。

1. 工作原理

直流单臂电桥原理图如图 1-2-10 所示。在电桥平衡时，相对桥臂上电阻的乘积等于另外相对桥臂电阻的乘积。根据这一关系，在已知三个桥臂电阻的情况下可以确定另外一个桥臂的被测电阻的电阻值。即 $R_X R_b = R_a R$，移项得

$$R_X = \frac{R_a}{R_b} R \quad (1\text{-}2\text{-}15)$$

式中 $\frac{R_a}{R_b}$ 为比率臂比值，R 为比较臂示值，R_X 为被测电阻阻值。

2. 使用与维护

（1）使用

① 使用内附检流计时，用短路片将外接检流计接线柱短路，然后调整零位调节器，使指针停在零线上。

图 1-2-9 QJ23 型单臂电桥

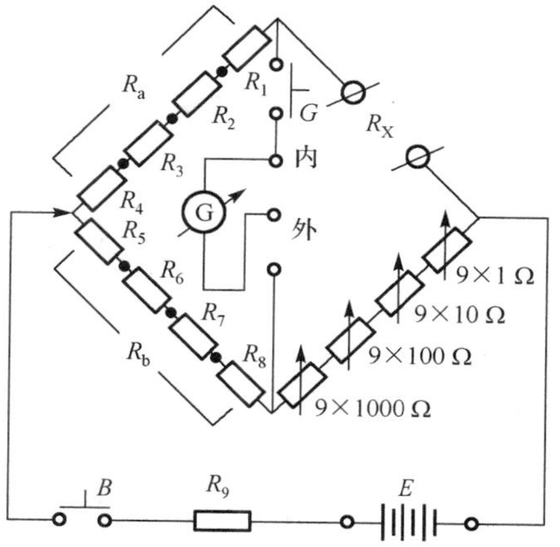

R_1、R_8=0.999Ω R_2、R_7=8.909Ω R_3、R_6=81.009Ω R_4、R_5=409.09Ω R_9=10Ω

图 1-2-10 直流单臂电桥原理图

② 将被测电阻接在 R_X 接线柱上，估计被测电阻的近似值，适当调节比率臂、比较臂的位置，使按钮 B 和 G 闭合，检流计指零时，则 R_X=比率臂比值×比较臂示值。

若无法估计被测电阻的阻值，在一般情况下，比率臂放在×1 上，比较臂放在 1000Ω上，按下按钮 B，然后轻按检流计按钮 G。

这时指针如往表盘“+”一边摆动，说明被测电阻 R_X 大于 1000Ω，可把比率臂放在×10 上，再次按 B 和 G 按钮，如果指针仍在“+”的一边，可把比率臂放在×100 或×1000 上。

相反，如果指针向“–”的一边摆动，则被测电阻小于 1000Ω，可把比率臂放在×0.1 或×0.01 上，指针就会移到“+”的一方。

至此可得 R_X 的大约值，然后从表 1-2-1 中选定一个比率臂比值，再次调节四个比较臂读数盘，使检流计处于平衡。

表 1-2-1 倍率与测量范围

倍 率	测量范围	检流计
$\times10^{-3}$	1～9.999Ω	外附
$\times10^{-2}$	10～99.99Ω	
$\times10^{-1}$	100～999.9Ω	
×1	1000～9999Ω	
×10	10^4～4×10^4Ω	
	5×10^4～99990Ω	内附
×100	10^5～999900Ω	
×1000	10^6～9999000Ω	

R_X 值超过 100kΩ或在测量中转动比较臂最后一挡读数盘很难分辨检流计读数时，为保证电桥的准确度，须外接高灵敏度的检流计于接线柱上，并短接内附检流计。

③ B 和 G 按钮分别为接通电源和检流计用，按顺时针方向旋转时可锁住，不用时按钮应松开。

在测量电感电路的电阻（如电动机、变压器等）时，必须先按 B 按钮后再按 G 按钮，断开时应先放 G 再放 B 按钮。

（2）维护

① 电桥长期不使用时，应将电池取出。为提高灵敏度而外接高于 4.5 伏特的电源时，应将内附电池取出。

② 携带或不使用时应将检流计短路片放在内接位置上使检流计短路。

③ 电桥应放在周围空气+10～+40℃，相对湿度低于 80%，不含有腐蚀气体的室内。

四、兆欧表

兆欧表又称摇表、高阻表，它的读数以兆欧（MΩ）为单位，是一种专门检查电动机、电器及线路的绝缘情况和测量高值电阻的便携式仪表。兆欧表的外形如图 1-2-11 所示。

兆欧表的常用规格有 250V、500V、1000V、2500V、5000V 等挡级，通常 500V 以下的电气设备和线路选用 500～1000V 的兆欧表。

1. 工作原理

兆欧表的结构如图 1-2-12 所示。它主要由一台小容量高电压输出的手摇直流发电机、一只磁电式流比计、3 个接线柱组成。这 3 个接线柱分别是线（L）、地（E）、屏蔽（G）。

图 1-2-11　兆欧表的外形

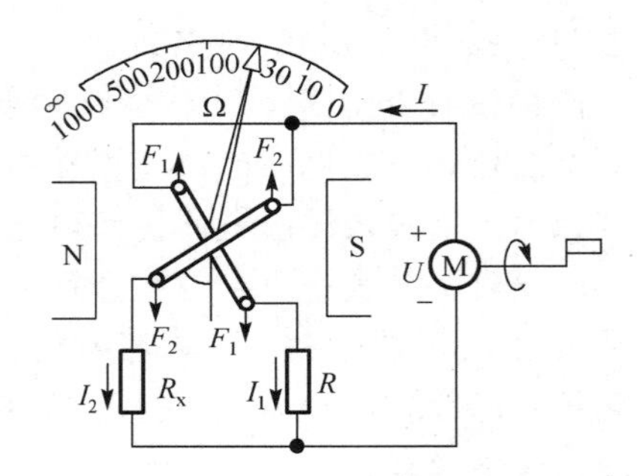

图 1-2-12　兆欧表的结构

在永久磁铁的磁极间放置着固定在同一轴上且相互垂直的两个线圈，其中一个线圈与电阻 R 串联，另一个线圈与被测电阻 R_X 串联，然后将两者并联于直流电源中，电源端电压为 U。

在测量时两个线圈中通过的电流分别为 $I_1=\dfrac{U}{R_1+R}$ 和 $I_2=\dfrac{U}{R_2+R_X}$，两个通电线圈因受磁场的作用产生两个方向相反的电磁转矩分别为 $T_1=k_1I_1f_1(\alpha)$ 和 $T_2=k_2I_2f_2(\alpha)$。仪表的可动部分在转矩的作用下发生偏转，直到两个线圈产生的转矩相平衡 T_1=T_2 为止。不难推得

$$\frac{I_1}{I_2}=\frac{k_2f_2(\alpha)}{k_1f_1(\alpha)}=f_3(\alpha)$$

又因为 $\dfrac{I_1}{I_2}=\dfrac{R_2+R_X}{R_1+R}$，所以

$$\frac{R_2+R_X}{R_1+R}=f_3(\alpha)$$

或写成

$$\alpha=f(R_X) \tag{1-2-16}$$

上式表明，偏转角 α 与被测量电阻 R_X 有一定的函数关系。因此，仪表的刻度尺就可以直接按电阻来分度，且为刻度不均匀的反向标度尺。这种仪表的读数与电源电压 U 无关，所以

手摇发电机转动的快慢不影响读数。兆欧表的转动部分没有游丝，当流比计中没有电流时，指针可以停留在标度尺的任意位置。

2. 兆欧表的使用

（1）准备工作

① 检查被测电路或电气设备，保证已全部切断电源。

② 被测物表面要清洁，减少接触电阻，确保测量结果的准确性。

③ 检查兆欧表的性能，即将兆欧表水平放稳，空摇兆欧表（约 120rpm），指针应指到“∞”处；再慢慢摇动，使 L 和 E 两接线柱输出线瞬时短接，指针应迅速指“0”处。不使用时仪表指针位置是随意的。

（2）测量线缆的绝缘电阻

① 兆欧表 L 端接线缆的铜芯，E 端接线缆的绝缘外套，G 端接线缆的金属丝屏蔽层，如图 1-2-13(a)所示。

② 均匀摇动兆欧表手柄，逐渐加速到 120rpm 左右，待指针稳定后读取线缆的绝缘电阻值。注意，兆欧表与被测电阻之间要用单股导线连接，不得使用双股线或绞合线。

（3）测量电动机绕组的绝缘电阻

① 打开电动机绕组接线盒，取下绕组连接片，将 3 个定子绕组相互之间完全断开。

② 兆欧表 L 端接定子绕组 U 相引线端，E 端接电动机金属外壳，如图 1-2-13(b)所示。

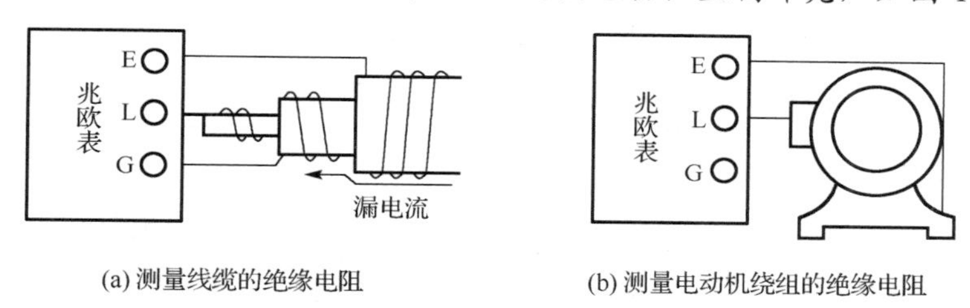

(a) 测量线缆的绝缘电阻　　(b) 测量电动机绕组的绝缘电阻

图 1-2-13　兆欧表的接线

③ 均匀摇动兆欧表手柄，逐渐加速到 120rpm 左右，待指针稳定后读取绕组 U 相对机壳的绝缘电阻值。

④ 将兆欧表 L 端分别改接到电动机的定子绕组的 V、W 相引线端，按步骤③的方法再测量其余两相绕组对机壳的绝缘电阻值。

⑤ 将兆欧表 L 端、E 端分别接到电动机的其中两相定子绕组引线端中，如 U 与 V、V 与 W 或 W 与 U 之中。按步骤③的方法，测量电动机定子绕组之间的绝缘电阻值。

（4）注意事项

① 摇动手柄由慢到快，一般维持在 120rpm 左右（允许±20%的变化），大约 1min，待指针稳定后再读数。若发现指针指零，说明被测对象有短路现象，应立即停止摇动，防止过电流烧坏流比计线圈。

② 在测量含有电容器的线路时，应持续摇动一段时间，待电容器充电完毕指针稳定后再读数。

③ 禁止在雷电时或附近有高压导体的设备上测量绝缘电阻。

④ 兆欧表未停止转动前，切勿用手触及设备的测量部分或摇表接线端（柱）。

⑤ 测量完毕时，应对设备充分放电后再拆除兆欧表的接线，避免触电事故发生。

完成工作任务指导

一、电工仪表与器材准备

1．电工仪表

数字式万用表、指针式万用表、直流毫安表（DS-C-02）、直流电压表（DS-C06）。

2．器材

DS-IC 型电工实验台、直流电源模块、直流电路单元（DS-C-28）、专用导线若干。

二、探究实验的方法与步骤

根据工作任务书上的具体要求，正确选择元器件并检查其质量的好坏。将选择好的元器件放置于合理位置。

1．测量直流电路单元中各电阻的电阻值

用万用表合适量程，测量 R_1～R_5 各电阻的电阻值，将测量数据记录于表 1-2-2 中。

表 1-2-2　直流电路单元电阻的测量

电阻	R_1/Ω	R_2/Ω	R_3/Ω	R_4/Ω	R_5/Ω
标称值	430	1k	620	680	820
测量值	452	990	618	680	813

2．探究电阻串联电路的特点

① 将开关 S_2 向下打（左），用专用导线连接图中 $X5$-$X6$，构成 R_2、R_5 电阻串联电路。测量串联电路 BE 间的电阻值 $R_{BE}=R_2+R_5$，并将数据记录于表 1-2-3 中。

表 1-2-3　探究串联电路特点实验测量数据

序号	R_2/Ω	R_5/Ω	R_2+R_5/Ω	I_2/mA	U_{BE}/V	U_{BC}/V	U_{DE}/V
1	990	813	1805	1.6	2.9	1.6	1.3
2	990	813	1805	3.2	5.8	3.2	2.6

② 连接图中 $X1$-$X2$、$X3$-$X4$。取直流电源 U_1=10V，并再连接至 A(+)、F(−)两点间，将开关 S_1 向上打（右）接通电源，测量电流 I_2；测量电压 U_{BE}、U_{BC}、U_{DE}，将实验数据记录于表 1-2-3 中。

③ 取直流电源 U_1=20V，按以上步骤再次测量电流和电压，将实验数据记录于表 1-2-3 中。

3．探究电阻并联电路的特点

① 将开关 S_1 向下打（左），断开电源。测量 R_3 支路与（R_2+R_5）支路构成的并联电阻电路的总电阻 $R_{BE}=R_3//(R_2+R_5)$，并将数据记录于表 1-2-4 中。

② 取直流电源 U_1=10V，并接通电源，测量通过 $X1$-$X2$、$X3$-$X4$、$X5$-$X6$ 的电流；测量电路中电压 U_{BE}，将实验数据记录于表 1-2-4 中。

③ 取直流电源 U_1=20V，按以上步骤再次测量电流和电压，将实验数据记录于表 1-2-4 中。

表 1-2-4 探究并联电路特点实验测量数据

序号	R_3/Ω	R_2+R_5/Ω	$R_3//(R_2+R_5)/\Omega$	U_{BE}/V	I_1 /mA	I_2/ mA	I_3 /mA
1	618	1805	460	2.7	6.3	1.6	4.7
2	618	1805	460	5.7	12.6	3.2	9.4

4．探究电阻混联电路的特点

① 将开关 S_1 向下打（左），断开电源。测量电阻 R_1～R_5 构成的混联电阻电路的等效电阻 R_{AF}，并将数据记录于表 1-2-5 中。

② 取直流电源 U_1=10V，并接通电源，测量通过 $X1$-$X2$ 的电流；测量电路中电压 U_{AF}，将实验数据记录于表 1-2-5 中。

③ 取直流电源 U_1=20V，按以上步骤再次测量电流和电压，将实验数据记录于表 1-2-5 中。

表 1-2-5 探究混联电路特点实验测量数据

序号	R_{AF}/Ω	I_1/A	U_{AF}/V	计算 U_{AF}/I_1 /Ω
1	1670	6.8	10.0	1470
2	1670	12.5	20.0	1600

5．实验数据分析

① 表 1-2-2 数据表明：各电阻的标称值与万用表的测量值基本相等。

② 表 1-2-3 数据表明：串联电路中，总电阻等于各电阻之和，总电压等于各电阻分电压之和，电阻分电压与各电阻值成正比。

③ 表 1-2-4 数据表明：并联电路中，总电阻的倒数等于各并联支路电阻的倒数之和，总电流等于各支路分电流之和，各支路分电流与支路电阻成反比。

④ 表 1-2-5 数据表明：伏安法测量电阻，计算值与直接用万用表测量的测量值基本相等。

电阻电路的连接与测试的方法及步骤如图 1-2-14 所示。

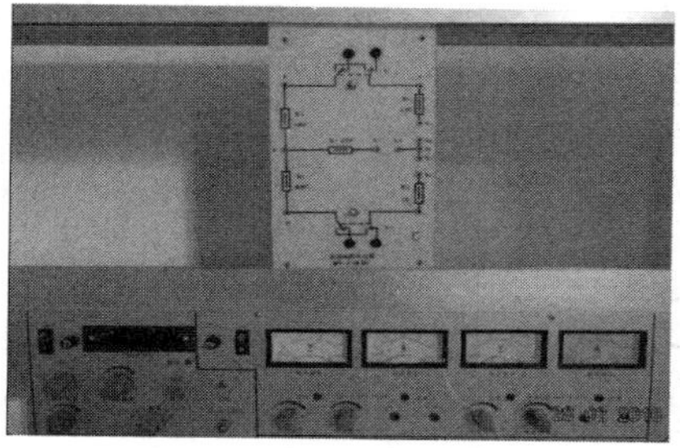

(a) 选择器件并合理放置

(b) 测量电阻值 R_1 等

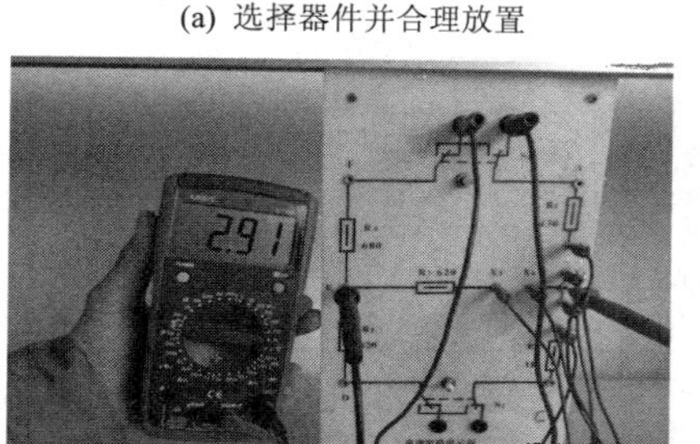

(c) 测量串联电路电压

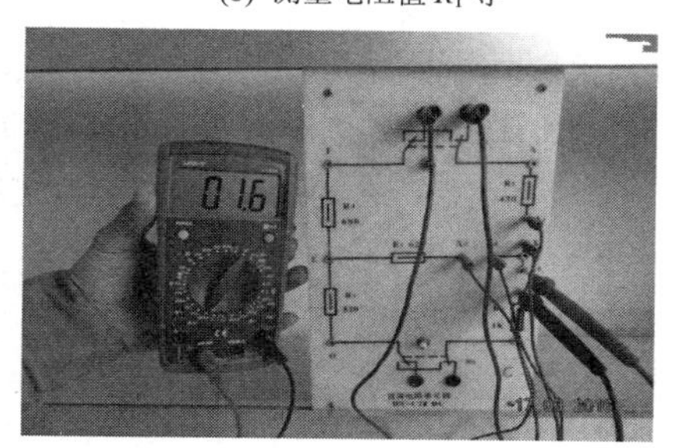

(d) 测量并联电路电流

图 1-2-14 电阻电路的连接与测试过程

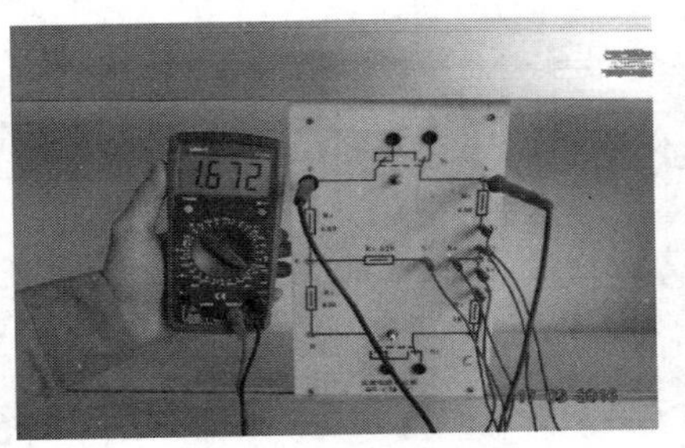

(e) 测量混联电路电阻

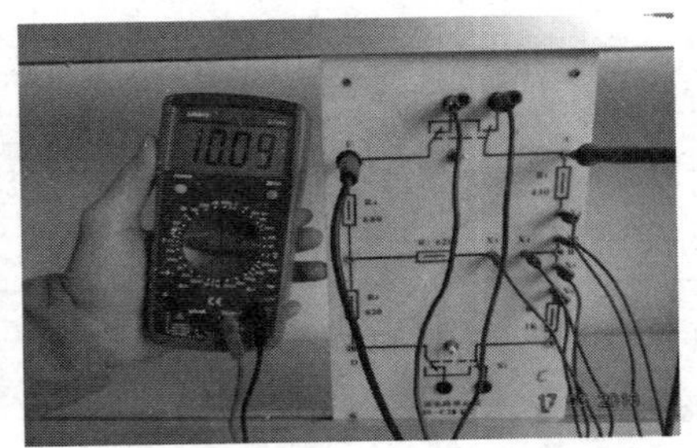

(f) 测量混联电路电压

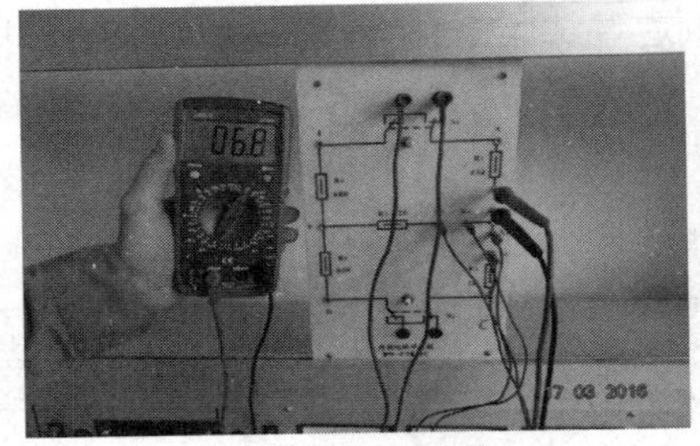

(g) 测量混联电路电流

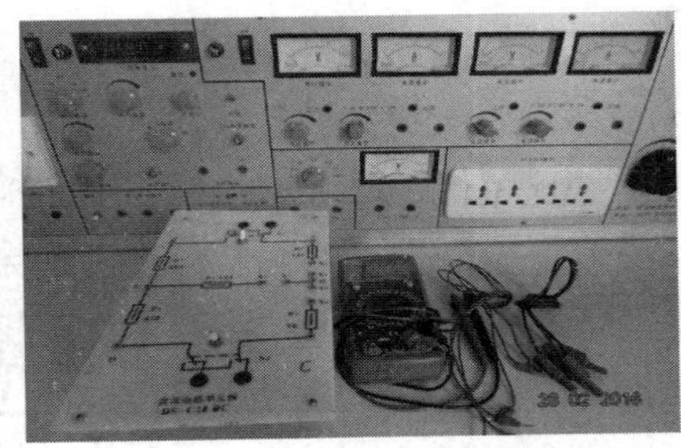

(h) 整理实验台

图 1-2-14　电阻电路的连接与测试过程（续）

安全提示：

在完成工作任务过程中，严格遵守实验室的安全操作规程。在完成电路接线后，必须经指导教师检查确认无误后，才允许通电试验。测量过程中若有异常现象，应及时切断实验台电源总开关，同时报告指导教师。只有在排除故障原因后才能申请再次通电试验。

搭建实验电路、更改电路或测量完毕后拆卸电路，都必须在断开电源的情况下进行。

正确使用仪器仪表，保护设备及连接导线的绝缘，避免短路或触电事故发生！

三、工作任务评价表

请你填写电阻电路的连接与测试工作任务评价表（表 1-2-6）。

表 1-2-6　电阻电路的连接与测试工作任务评价表

序号	评价内容	配分	评价细则	自我评价	教师评价
1	选用工具、仪表及器件	10	① 工具、仪表少选或错选，扣 2 分/个 ② 电路单元模块选错型号和规格，扣 2 分/个 ③ 单元模块放置位置不合理，扣 1 分/个		
2	器件检查	10	④ 电器元件漏检或错检，扣 2 分/处		
3	仪表的使用	10	⑤ 仪表基本会使用，但操作不规范，扣 1 分/次 ⑥ 仪表使用不熟悉，但经过提示能正确使用，扣 2 分/次 ⑦ 检测过程中损坏仪表，扣 10 分		
4	电路连接	20	⑧ 连接导线少接或错接，扣 2 分/条 ⑨ 电路接点连接不牢固或松动，扣 1 分/个 ⑩ 连接导线垂放不合理，存在安全隐患，扣 2 分/条 ⑪ 不按电路图连接导线，扣 10 分		

续表

序号	评价内容	配分	评价细则	自我评价	教师评价
5	电路参数测量	20	⑫ 电路参数少测或错测，扣 2 分/个 ⑬ 不按步骤进行测量，扣 1 分/个 ⑭ 测量方法错误，扣 2 分/次		
6	数据记录与分析	20	⑮ 不按步骤记录数据，扣 2 分/次 ⑯ 记录表数据不完整或错记录，扣 2 分/个 ⑰ 测量数据分析不完整，扣 5 分/处 ⑱ 测量数据分析不正确，扣 10 分/处		
7	安全文明操作	10	⑲ 未经教师允许，擅自通电，扣 5 分/次 ⑳ 未断开电源总开关，直接连接、更改或拆除电路，扣 5 分 ㉑ 实验结束未及时整理器材、清洁实验台及场所，扣 2 分 ㉒ 测量过程中发生实验台电源总开关跳闸现象，扣 10 分 ㉓ 操作不当，出现触电事故，扣 10 分，并立即予以终止作业		
合计		100			

思考与练习

一、填空题

1．用电流表测量电流时，应把电流表________在被测量电路中；用电压表测量电压时，应把电压表________在被测量电路中。

2．有 4 个阻值均为 10Ω的电阻，若把它们串联，等效电阻是________；若把它们并联，等效电阻是________。

3．用伏安法测电阻，若待测电阻比电压表内阻________时，应采用电流表________接法。这样测量出的电阻值要比实际值偏________。

4．用伏安法量电阻，若待测电阻比电流表内阻________时，应采用电流表________接法，这样测量出的电阻值要比实际值偏________。

5．利用串联电阻的________原理可以扩大电压表的量程，利用并联电阻________的原理可以扩大电流表的量程。

6．有两个阻值完全相等的电阻，若并联后的总电阻为 20Ω，则将它们串联的总电阻为________。

7．一只发光二极管发光时要求两端电压是 0.7V，通过的电流是 20mA。如果把这只二极管接入 5V 的电路中，应________连接一个阻值为________的电阻才能可以使电路正常工作，此时这只电阻所消耗的电功率为________。

8．万用表是一种__________、__________、便携式仪表。指针式万用表主要由________、________、________和外壳等部分组成，表头选用高灵敏度的________电流表。

9．惠斯通电桥作为一种导体电阻的________仪器，它主要由________、________、________及电池组等组成。

10．兆欧表是一种专门检查电动机、电器及线路的________情况和测量________电阻的便携式仪表。它主要由一台小容量高电压输出的手摇________、一只磁电式________、3 个接线端（柱）组成。

二、简答题

1．在完成电阻电路的连接与测试工作任务中，请你说一说怎样用万用表测量电阻？

2．电阻的串联电路和并联电路各有什么特点？

3．简述惠斯通电桥的工作原理。

4．兆欧表在使用前要做哪些准备工作？

5．伏安法测量电阻依据什么定律？

三、计算题

1．一个220V、40W的灯泡，要接到380V的电源上使用，为使灯泡安全工作，应串联多大的分压电阻？该电阻所承受的功率应为多大？

2．如图1-2-3所示，已知R_1=10Ω、R_2=20Ω，I=300mA。求电路中I_1、I_2、U。

※3．桥式电阻电路如图1-2-6(a)所示，已知R_{da}=4Ω，R_{db}=6Ω，R_{ab}=10Ω，R_{bc}=7Ω，R_{ca}=8Ω，求桥式电阻电路的等效电阻R_{AB}。

4．图1-2-15所示电路中，求出A、B两点间的等效电阻。

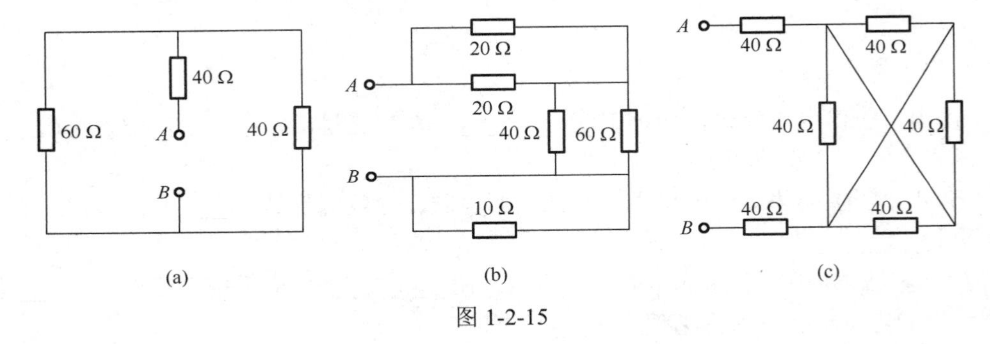

图1-2-15

任务1-3 基尔霍夫定律的探究

工作任务

根据如图1-3-1所示的基尔霍夫定律探究直流电路，请你完成以下工作任务。

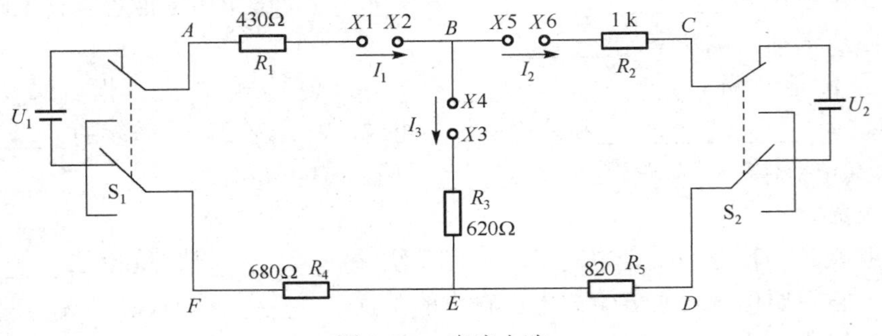

图1-3-1 直流电路

1．直流电路的连接

用专用连接导线将图中 $X1$-$X2$、$X3$-$X4$、$X5$-$X6$ 两点间连接，将开关 S_1、S_2 分别向上打（右），分别接通电源 U_1、U_2。

2．电路的测试

① 探究基尔霍夫电流定律（KCL）的测试。

② 探究基尔霍夫电压定律（KVL）的测试。

3．实验数据分析

根据实验数据，分析电路节点中各支路电流的关系，以及闭合回路中各段电压之间的关系。

相关知识

分析与计算电路的基本定律，除了欧姆定律外，还有基尔霍夫电流定律和电压定律。电流定律应用于电路的节点，电压定律应用于闭合回路。

电路中的每一分支称为支路，一条支路流过一个电流，称为支路电流。那么，电路中三条或三条以上的支路相连接的点称为节点。

闭合回路是由一条或多条支路所组成的闭合电路。如图 1-3-1 所示电路，电路中共有两个节点：B 和 E。电路中共有三个闭合回路，分别是 A-B-E-F-A、B-C-D-E-B、A-B-C-D-E-F-A。

一、基尔霍夫电流定律

基尔霍夫电流定律（KCL）用来确定连接在同一节点上的各支路电流之间的关系。由于电流的连续性，电路中任何一个点，包括节点或闭合面都不能堆积电荷。因此，任一瞬间，流入或流出电路中任一节点的电流的代数和等于零。如图 1-3-1 所示电路中节点 B 的电流关系为 $I_1=I_2+I_3$。

若把流入节点的电流记为正，流出节点的电流记为负，则节点 B 中三条支路的电流关系可表达为

$$\sum I = I_1+(-I_2)+(-I_3)=0 \tag{1-3-1}$$

二、基尔霍夫电压定律

基尔霍夫电压定律（KVL）用来确定闭合回路中各段电压之间的关系。由于电路中各点的电位是确定的，所以从一个闭合电路中的某一点出发，以顺时针或逆时针方向沿回路绕行一周，当回到原出发点时，电位值不变。即在这个方向上的电位升之和应该等于电位降之和。如图 1-3-1 所示电路中其中一个回路 A-B-E-F-A 各段电压的关系为 $I_1R_1+I_3R_3+I_1R_4=U_1$。

若取电压降记为正，电压升记为负，则闭合回路 A-B-E-F-A 各段电压关系可表达为

$$\sum U = I_1R_1+I_3R_3+I_1R_4-U_1=0 \tag{1-3-2}$$

此式表明：在任一瞬间，沿任一回路绕行一周，回路中各段电压的代数和等于零。

根据基尔霍夫定律，请读者自行列出如图 1-3-1 电路中另外两个回路中各段电压之间的关系式。

三、支路电流法

凡是不能用电阻串并联等效变换化简的电路，一般称为复杂电路。在计算复杂电路的各种方法中，支路电流法是最基本的。支路电流法，就是以各条支路电流为未知数，并假定各支路的电流参考方向和回路绕行方向，应用基尔霍夫定律分别对节点和回路列出方程式进行计算，而后解出各支路电流的一种解题方法。

例题 1-3-1 在图 1-3-2 所示的电路中，设 E_1=140V，E_2=90V，r_1=2Ω，r_2=1Ω，R_1=18Ω，R_2=4Ω，R_3=6Ω，试求：

① 各支路电流；

② 电阻 R_3 两端电压 U_{BD} 及其功率 P_3。

解：已知 E_1=140V，E_2=90V，r_1=2Ω，r_2=1Ω，R_1=18Ω，R_2=4Ω，R_3=6Ω。

（1）各支路电流

应用基尔霍夫电流定律列节点 B 的电流方程：$I_1+(-I_2)+(-I_3)=0$

应用基尔霍夫电压定律列回路Ⅰ、Ⅱ的电压方程：$I_1R_1+I_3R_3+I_1r_1-E_1=0$，$I_2R_2+E_2+I_2r_2-I_3R_3=0$，将已知数据代入，即得

$$\begin{cases} I_1 - I_2 - I_3 = 0 \\ 20I_1 + 6I_3 - 140 = 0 \\ 5I_2 - 6I_3 + 90 = 0 \end{cases}$$

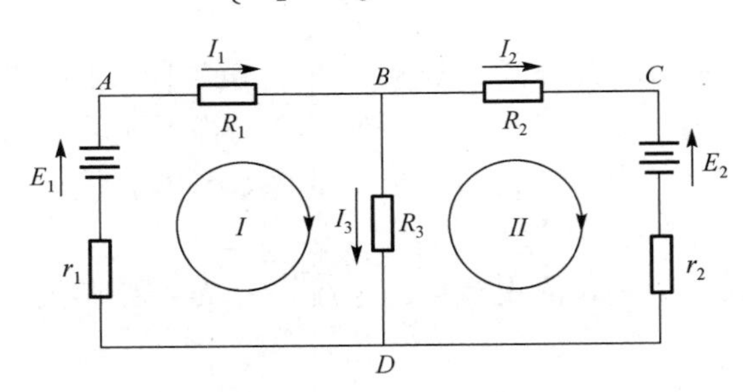

图 1-3-2 例题 1-3-1 图

解之，得 I_1=4A，I_2=−6A，I_3=10A

（2）端电压及其功率

$$U_{BD}=I_3R_3=10\times6=60(\text{V}),\quad P_3=(I_3)^2R_3=10^2\times6=600(\text{W})$$

请读者根据例题的解答过程，归纳总结支路电流法解题的一般步骤。

【阅读材料】

叠加原理

在图 1-3-3 所示电路中有两个电源 E_1、E_2，各支路中的电流就是由这两个电源共同作用产生的。对线性电路而言，任何一条支路的电流或电压，都可以看成由电路中各个电源分别作用时，在此支路中所产生的电流或电压的代数和，这就是叠加原理。

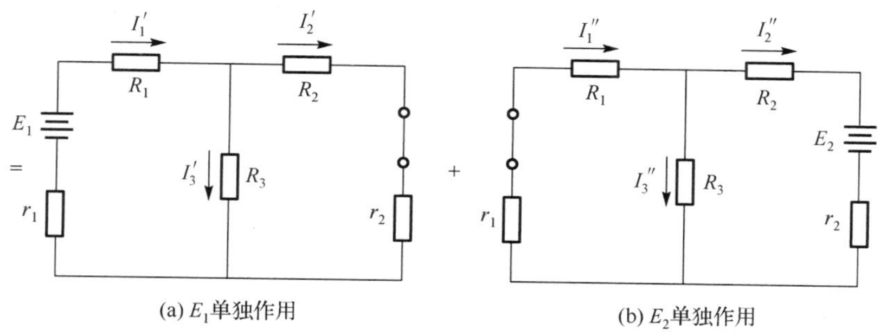

图 1-3-3　叠加原理

以图 1-3-3 所示电路中 R_3 支路电流 I_3 为例，说明叠加原理的正确性。可用支路电流法求出支路电流 I_3，即应用基尔霍夫定律列出方程组：

$$\begin{cases} I_1 - I_2 - I_3 = 0 \\ I_1(R_1 + r_1) + I_3R_3 - E_1 = 0 \\ I_2(R_2 + r_2) - I_3R_3 + E_2 = 0 \end{cases}$$

解之，得

$$I_3 = \frac{R_2'}{R_1'R_2' + R_2R_3 + R_3R_1'}E_1 + \frac{R_1'}{R_1R_2 + R_2R_3 + R_3R_1}E_2$$

式中 $R_1' = R_1 + r_1$， $R_2' = R_2 + r_2$

设 $I_3' = \dfrac{R_2'}{R_1'R_2' + R_2R_3 + R_3R_1'}E_1$， $I_3'' = \dfrac{R_1'}{R_1R_2 + R_2R_3 + R_3R_1}E_2$

于是

$$I_3 = I_3' + I_3''$$

根据全电路欧姆定律，I_3' 正是当电路中只有 E_1 单独作用时，在 R_3 支路中所产生的电流，如图 1-3-3(a)所示。而 I_3'' 正是当电路中只有 E_2 单独作用时，在 R_3 支路中产生的电流，如图 1-3-3(b)所示。

因此，上式表明 R_3 支路中的电流 I_3，等于电源 E_1 单独作用时的电流 I_3' 与电源 E_2 单独作用时的电流 I_3'' 的代数和。

同理，得

$$I_1 = I_1' - I_1''，\quad I_2 = I_2' - I_2''$$

所谓电路中只有一个电源单独作用时，就是指将其余电源均除去（将各个电压源用短接线代替，将各个电流源开路），但是电源的内阻仍然保留。

支路电流或电压都可以用叠加原理来求解，但功率的计算就不能用叠加原理。这是因为电流与功率不成正比，它们之间不是线性关系。

完成工作任务指导

一、电工仪表与器材准备

1. 电工仪表

数字式万用表、指针式万用表、直流毫安表（DS-C-02）、直流电压表（DS-C06）。

2．器材

DS-IC 型电工实验台、直流电源模块、直流电路单元（DS-C-28）、专用导线若干。

二、探究实验的方法与步骤

根据工作任务书上的具体要求，正确选择元器件并检查其质量的好坏，将选择好的元器件放置于合理位置。电路连接及测试过程如图 1-3-4 所示。

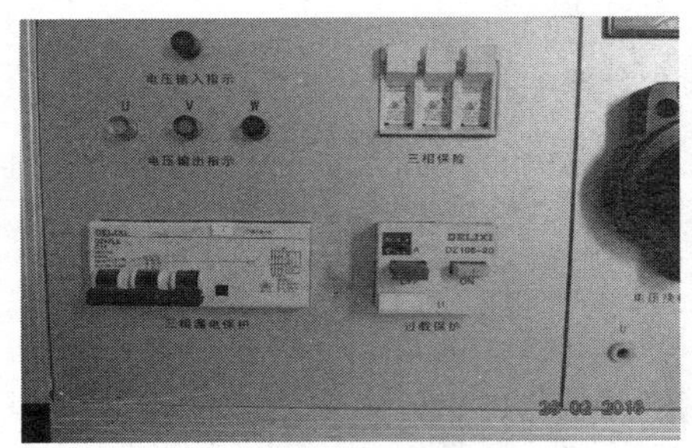

(a) 确定电源总开关是断开的

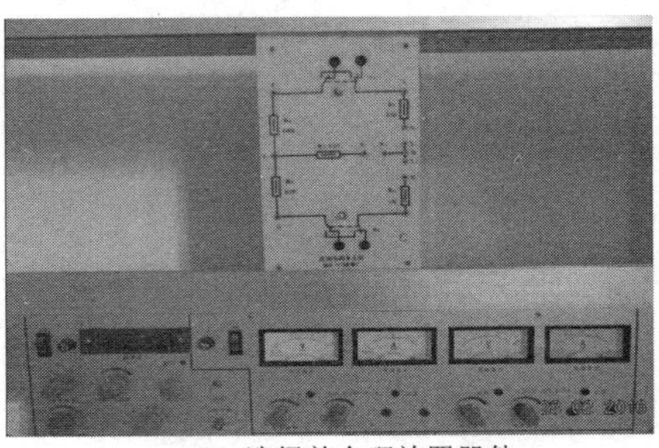
(b) 选择并合理放置器件

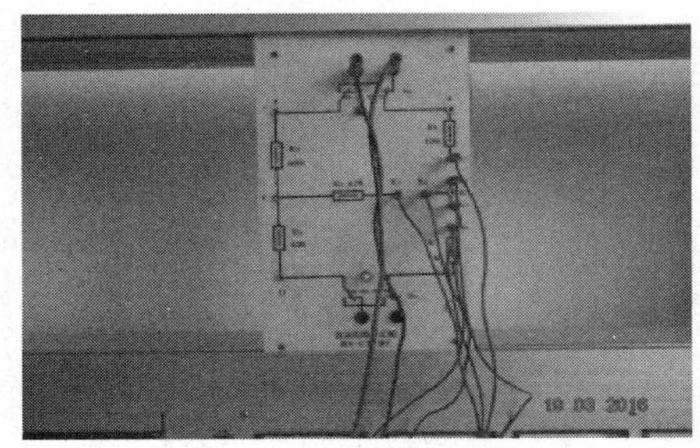
(c) 连接电路

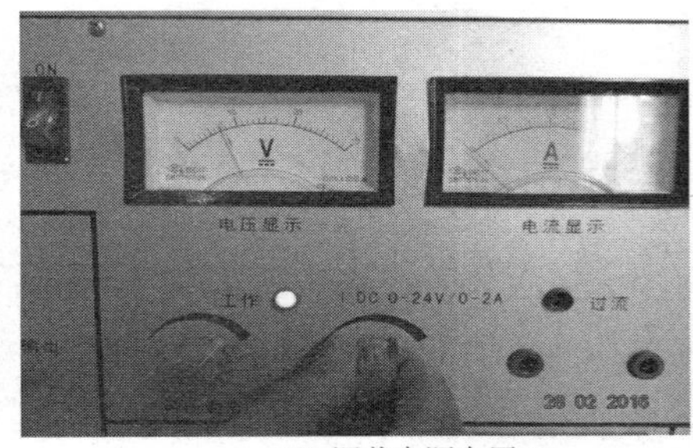

(d) 调节电源电压 U_1

(e) 调节电源电压 U_2

(f) 测量电流

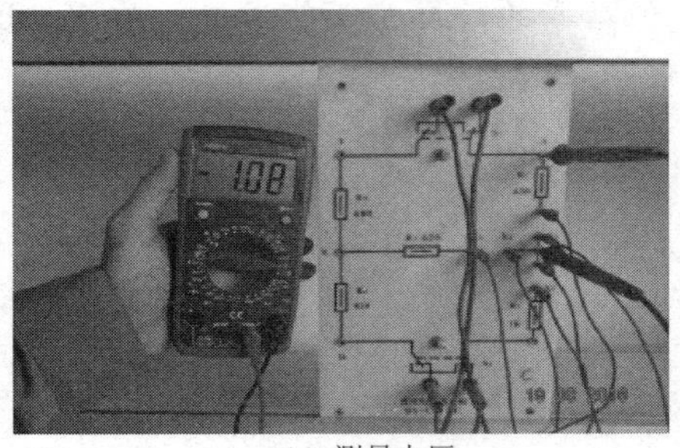

(g) 测量电压

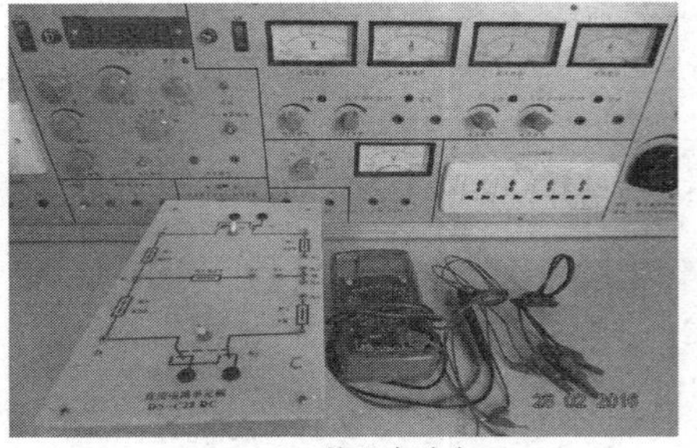
(h) 整理实验台

图 1-3-4　电阻电路的连接与测试过程

1. 直流电路的连接

用专用连接导线将图中 $X1$-$X2$、$X3$-$X4$、$X5$-$X6$ 两点间连接，将开关 S_1、S_2 分别向上打（右），分别接通直流电源 U_1、U_2。

2. 探究基尔霍夫电流定律的测试

① 选取直流电源 U_1=10V，U_2=20V。

② 取下 $X1$-$X2$ 两点间连接导线，万用表选择合适量程后，将红、黑表笔分别插入 $X1$、$X2$ 两孔之中，测量图中 I_1 电流值。

③ 按步骤②，分别测量 I_2、I_3 的电流值，并将测量数据记录于表 1-3-1 中。

④ 重新选取直流电源 U_1=16V，U_2=8V。按步骤②，分别测量 I_1、I_2、I_3 的电流值，并将测量数据记录表 1-3-1 中。表中 $\sum I = I_1 - I_2 - I_3$。

表 1-3-1 基尔霍夫电流定律探究实验数据

序号	U_1/V U_2/V	I_1/mA	I_2/mA	I_3/mA	计算 $\sum$/mA
1	10 20	3.1	−7.3	10.4	0
2	16 8	8.7	−0.8	9.6	−0.1

3. 探究基尔霍夫电压定律的测试

① 选取直流电源 U_1=10V、U_2=20V。

② 选择万用表的合适量程，将红、黑表笔分别插入 A、B 两孔之中，测量图中 AB 之间电压值 U_{AB}。

③ 按步骤②，分别测量图中两点间电压值 U_{BE}、U_{EF}、U_{FA}、U_{BC}、U_{CD}、U_{DE}、U_{EB}，将测量数据记录于表 1-3-2 中。

④ 重新选取直流电源 U_1=16V，U_2=8V。按步骤②，分别测量图中两点间电压值 U_{AB}、U_{BE}、U_{EF}、U_{FA}、U_{BC}、U_{CD}、U_{DE}、U_{EB}，将测量数据记录于表 1-3-2 中。

表 1-3-2 中，$\sum U_{\text{I}} = U_{AB}+U_{BE}+U_{EF}+U_{FA}$，$\sum U_{\text{II}} = U_{BC}+U_{CD}+U_{DE}+U_{EB}$

表 1-3-2 基尔霍夫电压定律探究实验数据

序号	U_1/V U_2/V	U_{AB}/V	U_{BE}/V	U_{EF}/V	U_{FA}/V	U_{BC}/V	U_{CD}/V	U_{DE}/V	U_{EB}/V	计算 $\sum U_{\text{I}}$	计算 $\sum U_{\text{II}}$
1	10 20	1.4	6.4	2.1	−10.0	−7.2	19.4	−5.8	−6.4	−0.1	0
2	16 8	3.8	6.0	5.8	−15.5	−1.0	7.7	−0.8	−6.0	0.1	−0.1

4. 实验数据分析

① 表 1-3-1 数据表明，连接在同一节点上的各支路电流之间的关系为：流入或流出电路中节点的电流的代数和恒等于零。

② 表 1-3-2 数据表明，闭合电路中各段电压之间的关系为：沿任一回路绕行一周，回路中各段电压的代数和恒等于零。

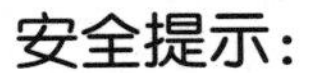

在完成工作任务过程中，严格遵守实验室的安全操作规程。在完成电路接线后，必须经指导教师检查确认无误后，才允许通电试验。测量过程中若有异常现象，应及时切断实验台电源总开关，同时报告指导教师。只有在排除故障原因后才能申请再次通电试验。

搭建实验电路、更改电路或测量完毕后拆卸电路，都必须在断开电源的情况下进行。

正确使用仪器仪表，保护设备及连接导线的绝缘，避免短路或触电事故发生！

三、工作任务评价表

请你填写基尔霍夫定律的探究工作任务评价表（表 1-3-3）。

表 1-3-3　基尔霍夫定律的探究工作任务评价表

序号	评价内容	配分	评价细则	自我评价	教师评价
1	选用工具、仪表及器件	10	① 工具、仪表少选或错选，扣 2 分/个 ② 电路单元模块选错型号和规格，扣 2 分/个 ③ 单元模块放置位置不合理，扣 1 分/个		
2	器件检查	10	④ 电气元件漏检或错检，扣 2 分/处		
3	仪表的使用	10	⑤ 仪表基本会使用，但操作不规范，扣 1 分/次 ⑥ 仪表使用不熟悉，但经过提示能正确使用，扣 2 分/次 ⑦ 检测过程中损坏仪表，扣 10 分		
4	电路连接	20	⑧ 连接导线少接或错接，扣 2 分/条 ⑨ 电路接点连接不牢固或松动，扣 1 分/个 ⑩ 连接导线垂放不合理，存在安全隐患，扣 2 分/条 ⑪ 不按电路图连接导线，扣 10 分		
5	电路参数测量	20	⑫ 电路参数少测或错测，扣 2 分/个 ⑬ 不按步骤进行测量，扣 1 分/个 ⑭ 测量方法错误，扣 2 分/次		
6	数据记录与分析	20	⑮ 不按步骤记录数据，扣 2 分/次 ⑯ 记录表数据不完整或错记录，扣 2 分/个 ⑰ 测量数据分析不完整，扣 5 分/处 ⑱ 测量数据分析不正确，扣 10 分/处		
7	安全文明操作	10	⑲ 未经教师允许，擅自通电，扣 5 分/次 ⑳ 未断开电源总开关，直接连接、更改或拆除电路，扣 5 分 ㉑ 实验结束未及时整理器材、清洁实验台及场所，扣 2 分 ㉒ 测量过程中发生实验台电源总开关跳闸现象，扣 10 分 ㉓ 操作不当，出现触电事故，扣 10 分，并立即予以终止作业		
合计		100			

思考与练习

一、填空题

1．一个具有 m 条支路，n 个节点（$m>n$）的复杂电路，应用基尔霍夫电流定律只能列出________个独立电流方程式；应用基尔霍夫电压定律能列出________个独立电压方程式。因此，应用基尔霍夫定律，一共可列出________个独立方程，所以能解出________个支路电流。

2．在如图 1-3-1 所示电路中，有________节点，________条支路，________个回路。

3．某电路有 4 个节点和 6 条支路，采用支路电流法求解各支路电流时，应列出________个独立电流方程式，________个独立电压方程式。

4．基尔霍夫电流定律的内容是：在任一瞬时，通过电路任一节点的________，其数学表达式为________。

5．基尔霍夫电压定律的内容是：在任一瞬时，沿任一回路绕行一周，回路中________，其数学表达式为________。

6．支路电流法是以________为未知数，应用________列出方程式，联立方程组求解支路电流的一种解题方法。

7．叠加原理的内容是：对于线性电路，任何一条去支路的电流，都可以看成由电路中________时，在此支路中所产生的________。

8．________和________可以应用叠加原理，而________不能用叠加原理求解。

二、简答题

1．用支路电流法解题的一般步骤是什么？

2．在完成基尔霍夫定律的探究工作任务中，怎样使用数字式万用表测量电流和电压？

3．用数字式万用表测量某支路电流的数值为“–2.30”（单位：mA），负号说明什么问题？若用指针式万用表，应该怎样测量？

4．采用叠加原理求解支路电流，何谓“只有一个电源单独作用”？

三、计算题

1．如图 1-3-5 所示为复杂电路的一部分，已知 E_1=12V，E_2=6V，R_1=2Ω，R_2=5Ω，R_3=3Ω，I_1=2A，I_2=1A。求：①R_3 支路电流 I_3；②I_A、I_B、I_C，并说明它们之间的关系。

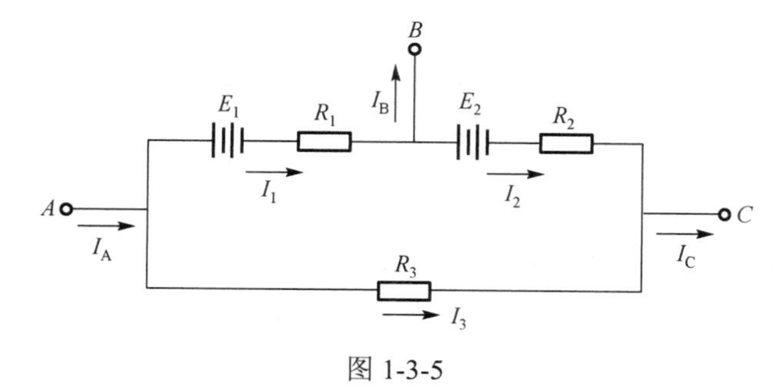

图 1-3-5

2．如图 1-3-6 所示，已知 E_1=12V，E_2=6V，R_1=R_2=2Ω，R_3=8Ω，求电路在以下 3 种情况下电阻 R_3 支路的电流 I_3。①仅开关 S_1 闭合；②仅开关 S_2 闭合；③开关 S_1、S_2 均闭合。

3．如图 1-3-7 所示电路中，已知电源电动势 E_1=48V，E_2=8V，电源内阻均不计，电阻 R_1=12Ω，R_2=4Ω，R_3=6Ω。用叠加原理求各支路电流，并回答：

① 电阻 R_3 两端的电压是多少？极性如何？

② 电源电动势 E_1、E_2 是电源还是负载？

③ 验证电路功率平衡关系。

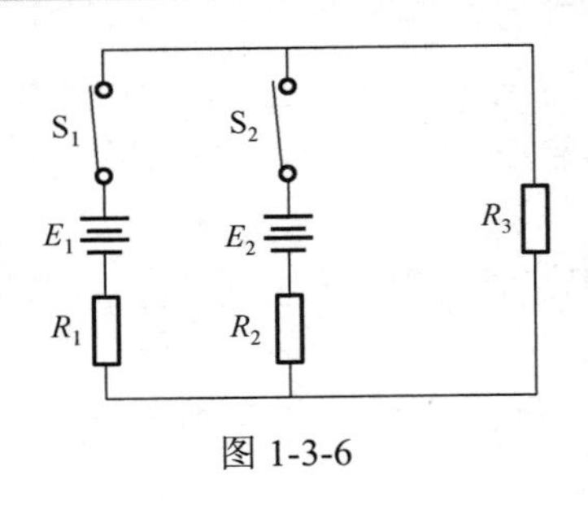

图 1-3-6

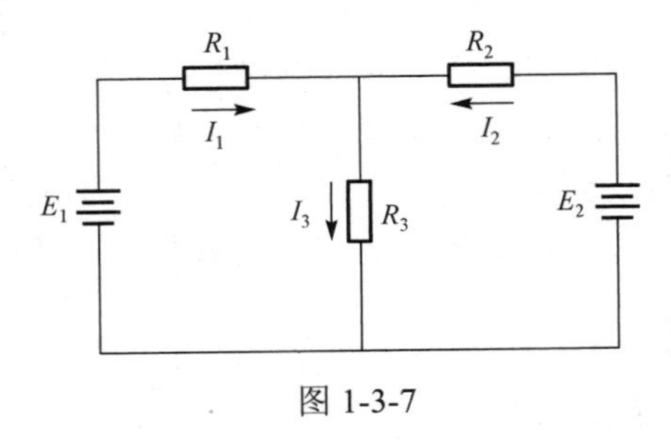

图 1-3-7

任务 1–4　戴维南定理的探究

工作任务

根据如图 1-4-1 所示的探究戴维南定理的电路，请你完成以下工作任务。

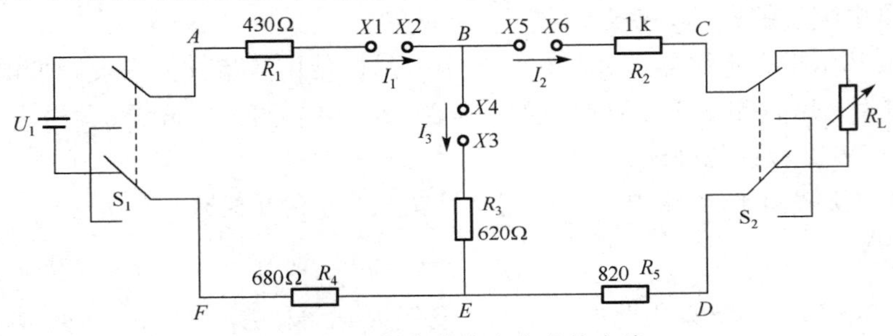

图 1-4-1　探究戴维南定理的电路

1. 直流电路的连接

用专用连接导线将图中 $X1$-$X2$、$X3$-$X4$、$X5$-$X6$ 两点间连接，将开关 S_1 向上打（右）接通电源 U_1，开关 S_2 向上打（右）接通负载 R_L。

2. 电路的测试

① 探究线性有源二端网络的伏安特性的测试。

② 探究戴维南定理的测试。

3. 实验数据分析

根据实验数据，分析线性有源二端网络的伏安特性具有什么特点，验证戴维南定理的内容：任何一个线性有源二端网络都可以用一个电动势为 E 的理想电压源和内阻 R_0 串联的电源来等效代替。

相关知识

一、戴维南定理

在遇到只求解复杂电路中的一个支路电流问题时，我们可以将这个支路以外的其余部分看成一个有源二端网络，如图 1-4-2(a)所示。这个有源二端网络一定可以化简为一个等效电源，如图 1-4-2(b)所示。经过这种等效变换后，支路中的电流 I 及其两端 a、b 电压 U 没有变化。

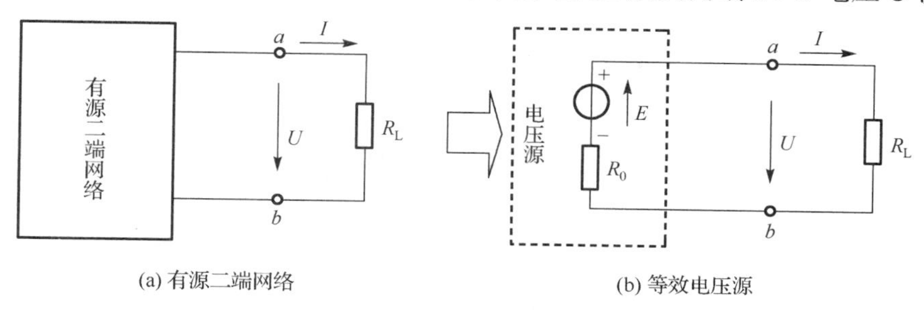

(a) 有源二端网络　　(b) 等效电压源

图 1-4-2　有源二端网络及其等效电压源电路

戴维南定理的内容：任何一个有源二端线性网络都可以用一个电动势为 E 的理想电压源和一个内阻 R_0 串联的电压源来等效变换。这个等效电压源的电动势 E 就是有源二端网络的开路电压 U_{OC}，等效电压源的内阻 R_0 等于有源二端网络去除所有电源（将各个理想电压源短路，将各个理想电流源开路）后所得到的无源网络 a、b 两端之间的等效电阻 R_{ab}。

等效电压源的电动势及内阻可通过实验或计算得出。

例题 1-4-1　在图 1-4-3(a)所示电路中，设 E_1=140V，E_2=90V，R_1=20Ω，R_2=5Ω，R_3=6Ω，用戴维南定理计算图中的支路电流 I。

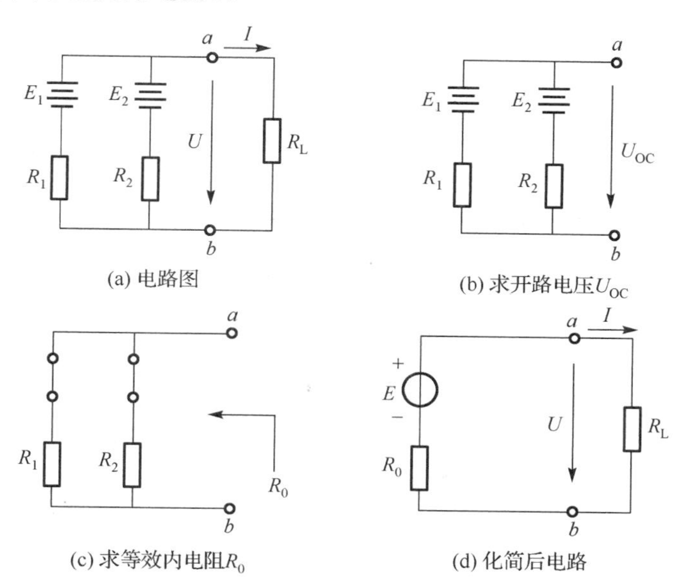

(a) 电路图　　(b) 求开路电压 U_{OC}

(c) 求等效内电阻 R_0　　(d) 化简后电路

图 1-4-3　例题 1-4-1 图

解： 已知 E_1=140V，E_2=90V，R_1=20Ω，R_2=5Ω，R_3=6Ω。

① 将图 1-4-3(a)所示电路化简为图 1-4-3(d)所示电路。

② 等效电压源的电动势 E，如图 1-4-3(b)所示。

$$E = U_{OC} = E_2 + \frac{E_1 - E_2}{R_1 + R_2} R_2 = 90 + \frac{140-90}{20+5} \times 5 = 100 \text{（V）}$$

③ 等效电压源的内阻 R_0，如图 1-4-3(c)所示。

$$R_0 = R_{ab} = R_1 // R_2 = \frac{R_1 \times R_2}{R_1 + R_2} = \frac{20 \times 5}{20 + 5} = 4\Omega$$

④ 求支路电流 I，如图 1-4-3(d)所示。

$$I = \frac{E}{R_L + R_0} = \frac{100}{6+4} = 10\text{（A）}$$

二、诺顿定理

诺顿定理的内容：任何一个有源二端线性网络都可以用一个电流 I_S 的理想电流源和一个内阻 R_0 并联的电流源来等效变换，如图 1-4-4 所示。这个等效电流源的电流 I_S 就是有源二端网络的短路电流 I_{SC}，等效电流源的内阻 R_0 等于有源二端网络去除所有电源（将各个理想电压源短路，将各个理想电流源开路）后所得到的无源网络 a、b 两端之间的等效电阻 R_{ab}。等效电流源的电流 I_S 和内阻 R_0 可通过实验或计算得出。

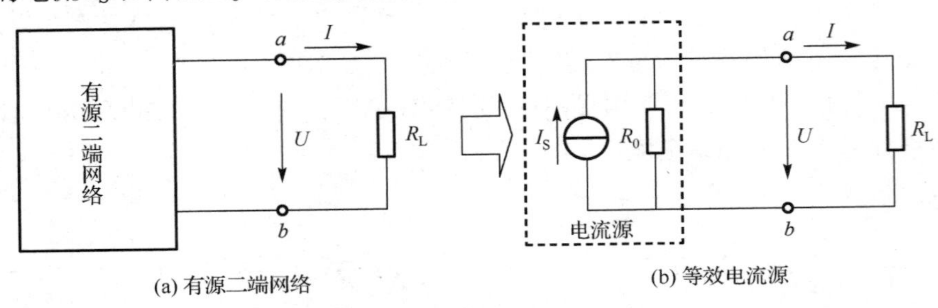

图 1-4-4　有源二端网络及其等效电源电路

例题 1-4-2　在图 1-4-5(a)所示电路中，设 E_1=140V，E_2=90V，R_1=20Ω，R_2=5Ω，R_L=6Ω，用诺顿定理计算图中的支路电流 I。

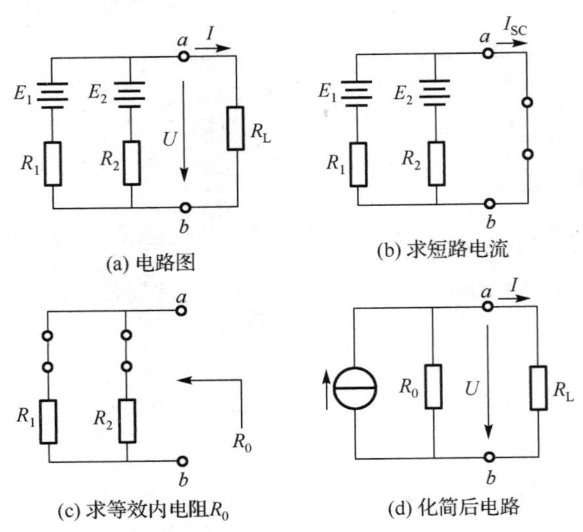

图 1-4-5　例题 1-4-2 图

解： 已知 E_1=140V，E_2=90V，R_1=20Ω，R_2=5Ω，R_3=6Ω。

① 将图 1-4-5(a)所示电路化简为图 1-4-5(d)所示电路。

② 等效电流源的电流 I_S，如图 1-4-5(b)所示。

$$I_{SC}=I_S=\frac{E_1}{R_1}+\frac{E_2}{R_2}=\frac{140}{20}+\frac{90}{5}=25\text{（A）}$$

③ 等效电压源的内阻 R_0，如图 1-4-5(c)所示。

$$R_0=R_{ab}=R_1//R_2=\frac{R_1\times R_2}{R_1+R_2}=\frac{20\times 5}{20+5}=4\Omega$$

④ 求支路电流 I，如图 1-4-5(d)所示。

$$I=\frac{R_0}{R_L+R_0}I_S=\frac{4}{6+4}\times 25=10\text{（A）}$$

三、电压源与电流源的等效变换

一个线性有源二端网络既可用戴维南定理化为图 1-4-2(b)所示的等效电压源，也可用诺顿定理化为图 1-4-4(b)所示的电流源。因此，电压源与电流源对外电路而言是等效的，相互之间可以等效变换。两者关系为 $E=I_SR_0$ 或 $I_S=\dfrac{E}{R_0}$。

【阅读材料】

理想受控电源模型

一般情况下，电压源的输出电压、电流源的输出电流是不受外部电路控制的，这种电源称为独立电源。但是，在电子线路中却存在着另一种类型的电源，即电压源的输出电压或电流源的输出电流会受电路中其他部分的电流或电压控制，我们把这种电源称为受控电源。当控制的电压或电流消失或等于零时，受控电源的电压或电流也就变为零。

根据受控制的电源类型是电压源还是电流源，以及受电压控制还是受电流控制的不同，我们把受控电源分为电压控制的电压源（VCVS）、电流控制的电压源（CCVS）、电压控制的电流源（VCCS）、电流控制的电流源（CCCS）四种类型。四种理想受控电源的模型如图 1-4-6 所示。

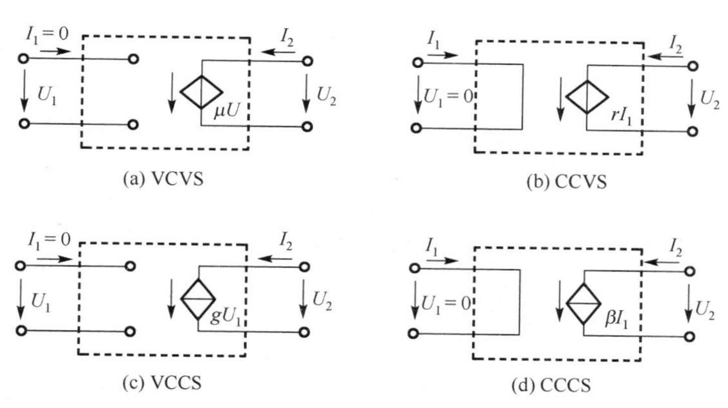

图 1-4-6　理想受控电源模型

受控电源可分为控制端（输入端）和受控端（输出端）两个部分，如果控制端不消耗功率，受控端满足理想电压源或电流源的特性，这样的受控电源称为理想受控电源。

下面通过一个简单例子，介绍含受控电源电路的分析与计算方法。

例题 1-4-3 如图 1-4-7 所示电路，已知 E_1=10V，R_1=R_2=2Ω，R_3=4Ω，试计算电阻 R_3 上的电压及方向。

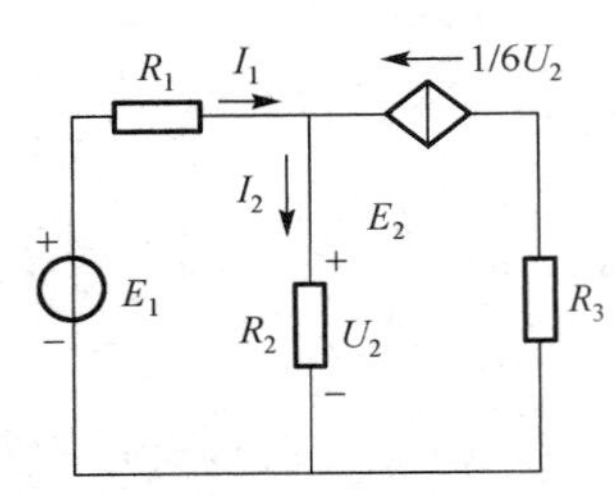

图 1-4-7　例题 1-4-3 图

解：图中有一个受控电流源，控制端为 U_2，输出电流值为 $\frac{1}{6}U_2$。

分别对节点和左边回路应用基尔霍夫定律，有

$$I_1+\frac{1}{6}U_2=I_2\text{，}\quad I_1R_1+I_2R_2-E_1=0\text{，}\quad U_2=I_2R_2$$

联立以上 3 个方程求解，得

$$U_2=6\text{V}$$

因此，电阻 R_3 上的电压大小为

$$U=\left(\frac{1}{6}U_2\right)R_3=4\text{V}$$

电压的方向：电阻 R_3 下端（+）、上端（−）。

完成工作任务指导

一、电工仪表与器材准备

1．电工仪表

数字式万用表、指针式万用表、直流毫安表（DS-C-02）、直流电压表（DS-C06）。

2．器材

DS-IC 型电工实验台、直流电源模块、直流电路单元（DS-C-28）、动态电路单元（DS-27DN）、配件单元（DS-33）、专用导线若干。

二、探究实验的方法与步骤

根据工作任务书上的具体要求，正确选择元器件并检查其质量的好坏，将选择好的元器件放置于合理位置。电路单元模块如图 1-4-8 所示。

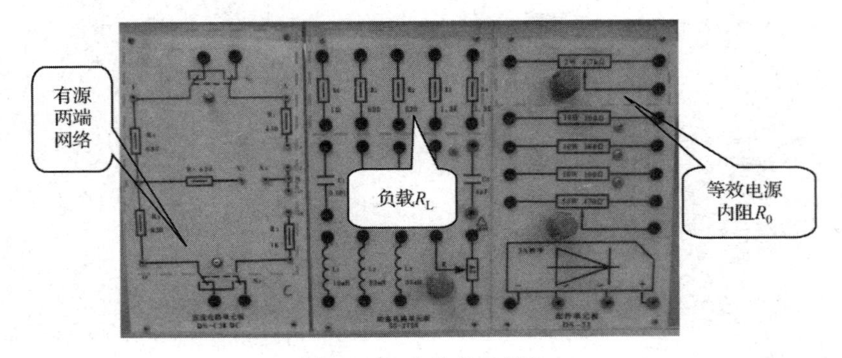

图 1-4-8　电路单元模块

1．探究有源二端网络的伏安特性

① 根据如图 1-4-1 所示电路，用专用连接导线将图中 $X1$-$X2$、$X3$-$X4$、$X5$-$X6$ 两点间连接，连接电路中 A、F 与直流电源 U_1；连接电路中 C、D 与负载 R_L。

② 打开实验台电源总开关，打开直流电源 U_1 船形开关，选取直流电源 U_1=20V。

③ 选择负载 R_L 的电阻值，分别取 620Ω、1.3kΩ、2.6kΩ，将开关 S_2 向上打（右）接通负载 R_L。

④ 将开关 S_1 向上打（右）接通直流电源 U_1，测试图中电流 I_2 和 C、D 两端的电压 U_{CD}。将测量数据记录于表 1-4-1 中。

⑤ 断开负载 R_L，测试电路中 C、D 两点的开路电压 U_{OC}；将开关 S_2 向下打（左），将 C、D 两点短接（R_L=0），测试短路电流 I_{SC}。将测量数据记录于表 1-4-1 中。

2．探究戴维南定理的测试

① 根据如图 1-4-2(b)所示电路，用专用导线连接电路。

② 确定等效电压源的电动势 E 及其内阻 R_0。电动势为直流电源 U_2，并取步骤⑤时的开路电压 U_{OC}；内阻取计算值，即 $R_0=\dfrac{U_{OC}}{I_{SC}}$。

③ 按步骤③～⑤方法，测量有源两端网络在短路、有载、开路情况下的输出电压和输出电流。将测量数据记录于表 1-4-2 中。

探究实验的方法与步骤如图 1-4-9、图 1-4-10 所示。

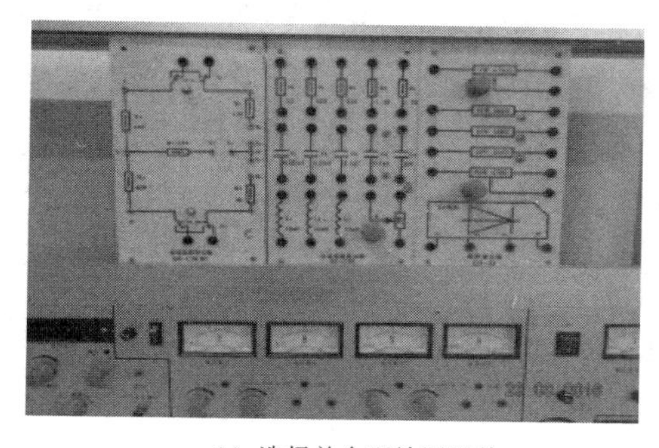

(a) 选择并合理放置器件

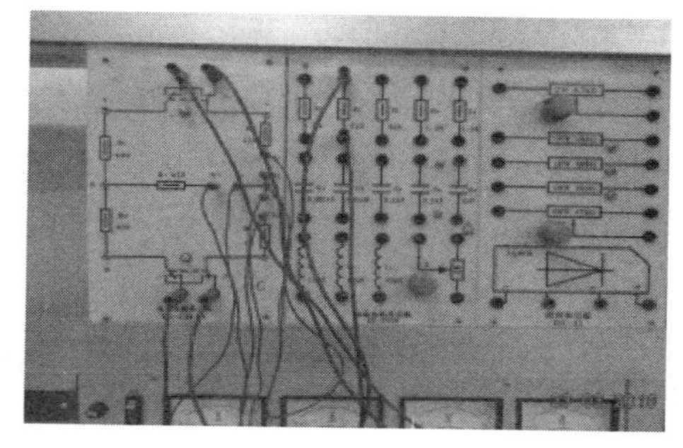

(b) 连接电路 1

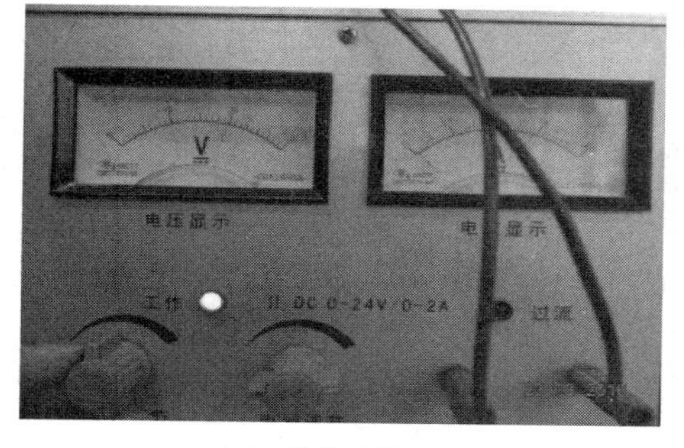

(c) 选取电源 U_1

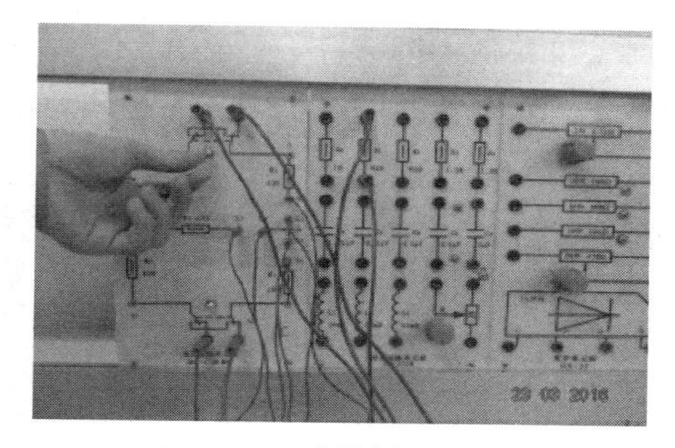

(d) 接通电源 U_1

图 1-4-9　探究有源两端网络伏安特性

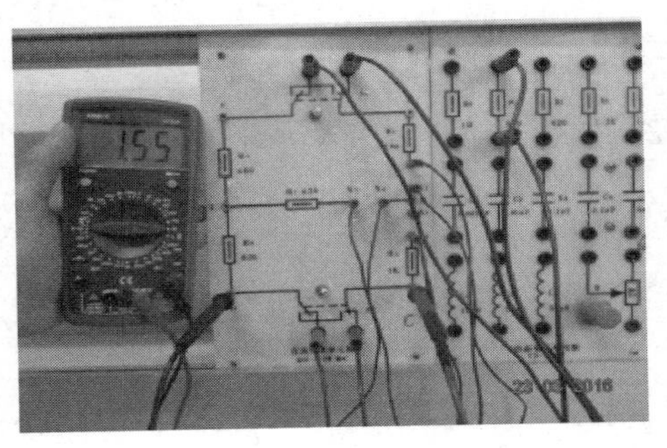

(e) 测量电压

(f) 测量电流

图 1-4-9 探究有源两端网络伏安特性（续）

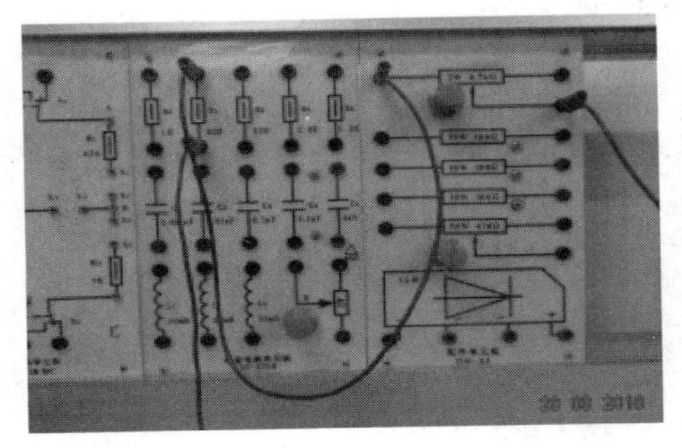

(a) 连接电路 2

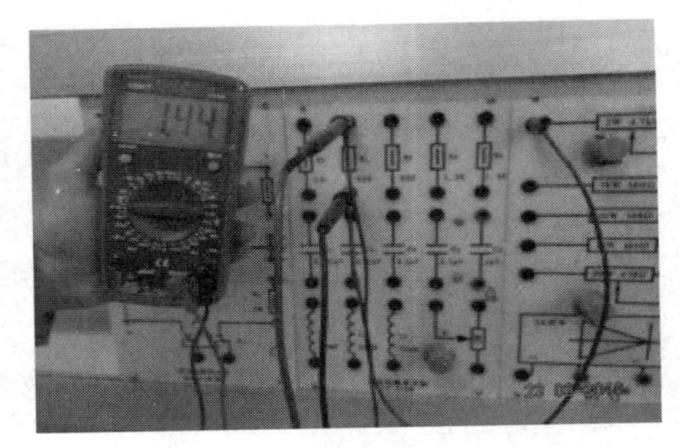

(b) 测量电压

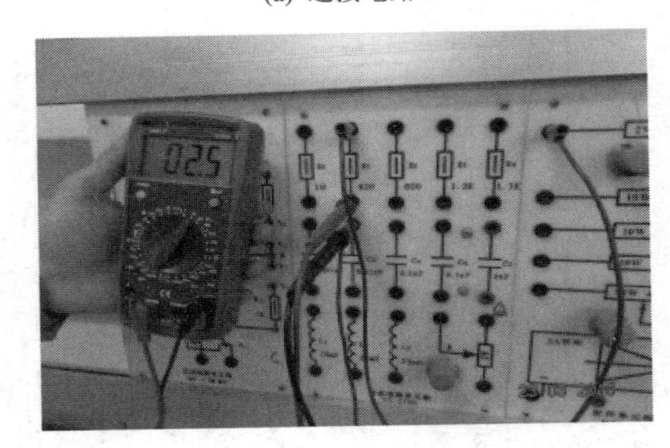

(c) 测量电流

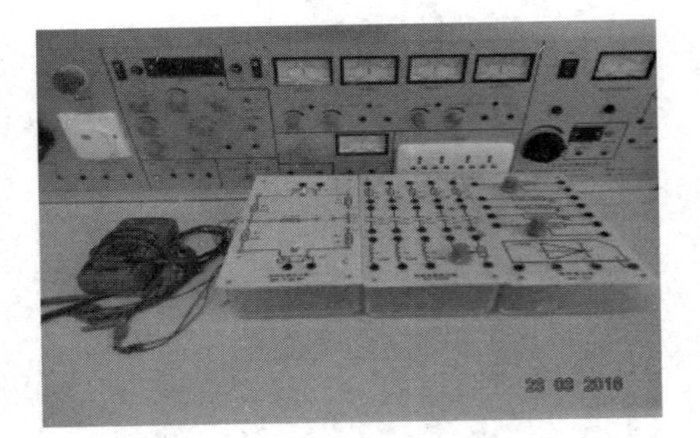

(d) 整理实验台

图 1-4-10 探究戴维南定理

3. 实验数据分析

① 表 1-4-1 数据表明，有源两端网络的输出电压随负载增加（R_L越小）而减小。

② 表 1-4-2 中的数据与表 1-4-1 基本相同，说明有源两端网络可以等效为一个电压源。这个电压源的电动势 E 为有源网络的开路电压，电压源的内阻 R_0 为有源网络去除电源后的无源网络时的等效电阻。

表 1-4-1 有源两端网络探究实验数据 U_1= 20 V

R_L/Ω	短路	620	1.3k	2.6k	开路
I/mA	3.2	2.5	2.0	1.5	0
U/V	0	1.5	2.4	3.5	6.5

表 1-4-2 戴维南定理探究实验数据 E=6.5V R_0=2.0kΩ

R_L/Ω	短路	620	1.3k	2.6k	开路
I/mA	3.1	2.4	1.7	1.2	0
U/V	0	1.4	2.5	3.7	6.5

安全提示：

在完成工作任务过程中，严格遵守实验室的安全操作规程。在完成电路接线后，必须经指导教师检查确认无误后，才允许通电试验。测量过程中若有异常现象，应及时切断实验台电源总开关，同时报告指导教师。只有在排除故障原因后才能申请再次通电试验。

搭建实验电路、更改电路或测量完毕后拆卸电路，都必须在断开电源的情况下进行。

正确使用仪器仪表，保护设备及连接导线的绝缘，避免短路或触电事故发生！

三、工作任务评价表

请你填写戴维南定理工作任务评价表（表 1-4-3）。

表 1-4-3 戴维南定理工作任务评价表

序号	评价内容	配分	评价细则	自我评价	教师评价
1	选用工具、仪表及器件	10	① 工具、仪表少选或错选，扣 2 分/个 ② 电路单元模块选错型号和规格，扣 2 分/个 ③ 单元模块放置位置不合理，扣 1 分/个		
2	器件检查	10	④ 电气元件漏检或错检，扣 2 分/处		
3	仪表的使用	10	⑤ 仪表基本会使用，但操作不规范，扣 1 分/次 ⑥ 仪表使用不熟悉，但经过提示能正确使用，扣 2 分/次 ⑦ 检测过程中损坏仪表，扣 10 分		
4	电路连接	20	⑧ 连接导线少接或错接，扣 2 分/条 ⑨ 电路接点连接不牢固或松动，扣 1 分/个 ⑩ 连接导线垂放不合理，存在安全隐患，扣 2 分/条 ⑪ 不按电路图连接导线，扣 10 分		
5	电路参数测量	20	⑫ 电路参数少测或错测，扣 2 分/个 ⑬ 不按步骤进行测量，扣 1 分/个 ⑭ 测量方法错误，扣 2 分/次		
6	数据记录与分析	20	⑮ 不按步骤记录数据，扣 2 分/次 ⑯ 记录表数据不完整或错记录，扣 2 分/个 ⑰ 测量数据分析不完整，扣 5 分/处 ⑱ 测量数据分析不正确，扣 10 分/处		
7	安全文明操作	10	⑲ 未经教师允许，擅自通电，扣 5 分/次 ⑳ 未断开电源总开关，直接连接、更改或拆除电路，扣 5 分 ㉑ 实验结束未及时整理器材，清洁实验台及场所，扣 2 分 ㉒ 测量过程中发生实验台电源总开关跳闸现象，扣 10 分 ㉓ 操作不当，出现触电事故，扣 10 分，并立即予以终止作业		
合计		100			

思考与练习

一、填空题

1．电路也称网络，如果网络具有________个引出端与外电路相连，且其内部含有________，这样的网络就称为有源二端网络。

2．戴维南定理的内容：任何一个有源二端线性网络都可以用一个________和一个________的电压源来等效变换。这个等效电压源的电动势就是________，等效电压源的内阻等于________。

3．诺顿定理的内容：任何一个有源二端线性网络都可以用一个________和一个________的电流源来等效变换。这个等效电流源的电流就是________，等效电流源的内阻等于________。

4．电压源由________和________串联组成，电流源由________和________并联组成。两者间可以等效变换。

5．某一线线性网络，其二端开路时，两端电压为9V；其二端短路时，电流为3A。若在该网络两端接上6Ω电阻时，通过该电阻的电流为________A。

二、简答题

1．用戴维南定理解题的一般步骤是什么？

2．在完成戴维南定理的探究工作任务中，直流电路单元（DS-C-02）、动态电路单元（DS-27DN）、配件单元（DS-33）的用处各是什么？

3．根据测量数据，怎样确定等效电压源的电动势及其内阻？

4．等效电压源的内阻除了用开路电压和短路电流来计算外，你还知道其他的测量方法吗？

5．电压源和电流源相互之间可以等效变换，是对外电路还是内电路而言？

6．什么叫受控电源？理想受控电源型分为哪四种类型？

三、计算题

1．在图1-4-11所示电路中，已知E_1=140V，E_2=90V，R_1=20Ω，R_2=5Ω，R_L=96Ω（最大值）。计算：

① P点在电阻R_L的上端和下端时的电流I和电压U；

② 当R_L=?时，电阻R_L获得最大消耗功率，最大消耗功率是多少？

③ 当R_L=?时，电动势E_2为反电动势。

2．在图1-4-12所示电路中，求：

① 用戴维南定理求解图中2Ω电阻通过的电流I；

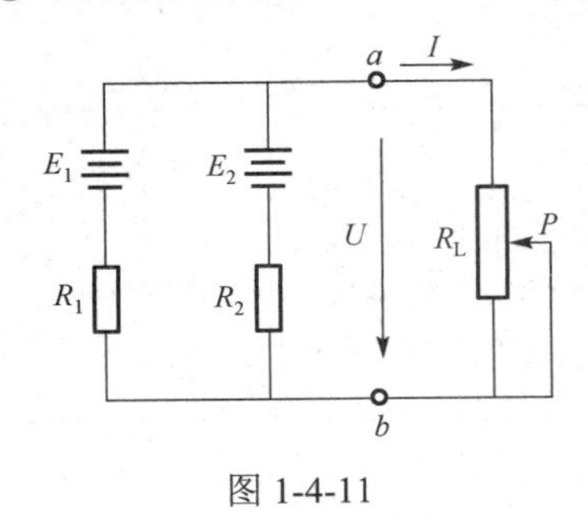

图1-4-11

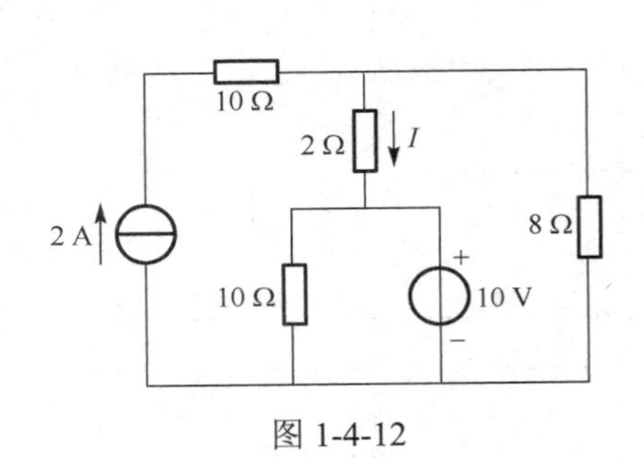

图1-4-12

② 恒流源两端的电压；

③ 恒压源通过的电流。

3．在图 1-4-13 所示电路中，用支路电流法计算图中 I_1。并回答：图中电路含有什么类型的电源？

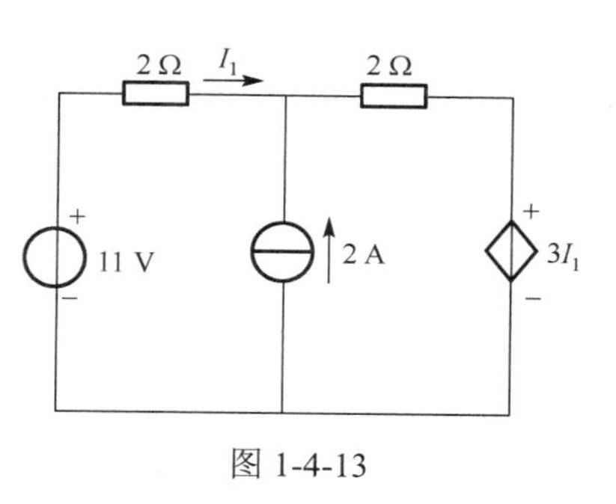

图 1-4-13

4．在探究有源二端网络的伏安特性的测试中，仅保留两组测量数据：

① 负载电阻 R_L=620Ω时，U=1.5V，I=2.5mA；

② R_L=1.3kΩ时，U=2.4V，I=2.0mA。

根据此数据，估算该有源二端网络的等效电动势 E 及内阻 R_0 各是多少？

任务 1–5 电位的测量

工作任务

根据如图 1-5-1 所示探究电位测量的直流电路，请你完成以下工作任务。

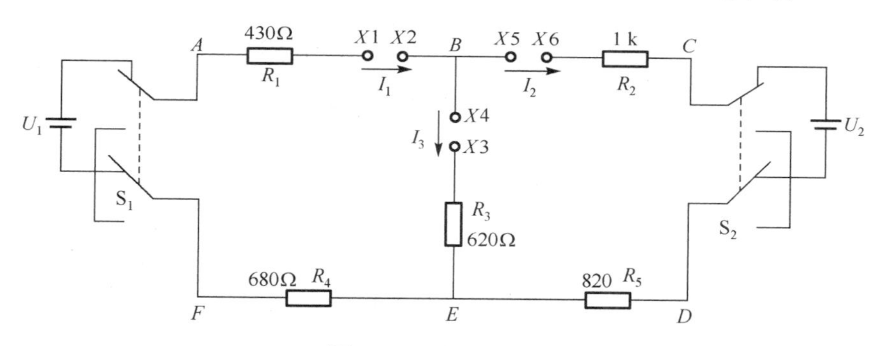

图 1-5-1 电位的测量

1．直流电路的连接

用专用连接导线将图中 X1-X2、X3-X4、X5-X6 两点间连接，将开关 S_1、S_2 分别向上打（右），分别接通直流电源 U_1、直流电源 U_2。

2．电路的测试

① 电路以 E 点为参考点，测试电路中各点的电位。

② 电路以 B 点为参考点，测试电路中各点的电位。

3．实验数据分析

根据实验数据，分析电路中某一点的电位与参考点有什么关系，当电路参考点不同时，电路中各点的电位及电路中两点间的电压发生什么变化？

一、电路中电位的计算

分析电子电路，如讨论二极管的工作状态时，就要分析二极管的阳、阴极的电位高低，即只有当它的阳极电位高于阴极电位时，二极管才能导通；否则就截止。同样在分析三极管的放大、截止和饱和等工作状态时，也要用到电位的概念。

我们定义，电路中某一点的电位，数值上等于该点与参考点（零电位）之间的电压。大于零（正号）时，表示该点电位比参考点高；小于零（负号）时，表示该点电位比参考点低。

以图 1-5-2 所示电路为例，讨论电路中各点的电位。

例题 1-5-1 在图 1-5-2 所示电路中，设 E_1=140V，E_2=90V，r_1=2Ω，r_2=1Ω，R_1=18Ω，R_2=4Ω，R_3=6Ω，计算：

① 以图中 B 点为参考点；

② 以图中 D 点为参考点时，电路中 A、B、C、D 各点的电位，以及各电阻两端电压 U_{AB}、U_{BC}、U_{BD}。

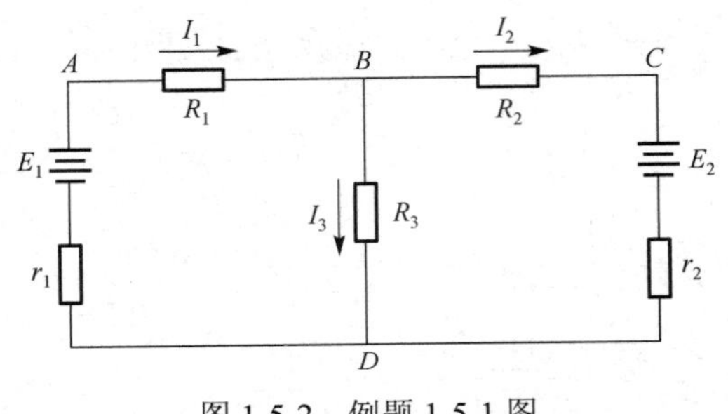

图 1-5-2 例题 1-5-1 图

解：已知 E_1=140V，E_2=90V，r_1=2Ω，r_2=1Ω，R_1=18Ω，R_2=4Ω，R_3=6Ω。

在例题 1-3-1 中，利用支路电流法已经计算出各支路的电流，分别为

$$I_1=4\text{A}，I_2=-6\text{A}，I_3=10\text{A}$$

① 以图中 B 点为参考点，令 V_B=0V

各点电位：

$$V_A=U_{AB}=I_1R_1=4\times18=72(\text{V})，V_C=U_{CB}=-I_2R_2=-(-6)\times4=24(\text{V})，V_D=U_{DB}=-I_3R_3=-10\times6=-60(\text{V})$$

各电阻两端电压：

$$U_{AB}=V_A-V_B=72(\text{V})，U_{BC}=V_B-V_C=0-24=-24(\text{V})，U_{BD}=V_B-V_D=0-(-60)=60(\text{V})$$

② 以图中 D 点为参考点，令 V_D=0V

各点电位：$V_A=U_{AD}=U_{AD}+U_{BD}=I_1R_1+I_3R_3=4\times18+10\times6=132(\text{V})$

$V_B=U_{BD}=I_3R_3=10\times6=60(\text{V})$

$V_C=U_{CD}=U_{CB}+U_{BD}=-I_2R_2+I_3R_3=-(-6)\times4+10\times6=84(\text{V})$

各电阻两端电压：

$$U_{AB}=V_A-V_B=132-60=72(\text{V})，U_{BC}=V_B-V_C=60-84=-24(\text{V})，U_{BD}=V_B-V_D=60-0=60(\text{V})$$

以上计算结果表明：

① 电路中某一点的电位等于该点与参考点（零电位）之间的电压。

② 参考点的选择不同，电路中各点的电位也随之变化，但是任意两点间的电压值是不变的。即电位是相对的，而电压是绝对的。

二、节点电压法

在复杂电路中，虽然支路数很多，但节点数很少的情况下，可以采用节点电压法求解支路的电流。

以节点电压为未知数，各支路的电流可应用基尔霍夫电压定律或欧姆定律得出，各支路电流之间的关系再根据基尔霍夫电流定律列出。此时，方程中仅含节点电压的未知数。最后计算出各支路的电流，这种计算方法称为节点电压法。

例题 1-5-2 图 1-5-3 所示电路中，设节点 a、b 间电压为 U，5 条支路的电流各为 I_1、I_2、I_3、I_4、I_5。已知 E_1=110V，E_2=20V，E_3=80V，E_4=120V，R_1=2Ω，R_2=40Ω，R_L=60Ω，R_4=4Ω，R_5=25Ω，用节点电压法计算图中各支路电流。

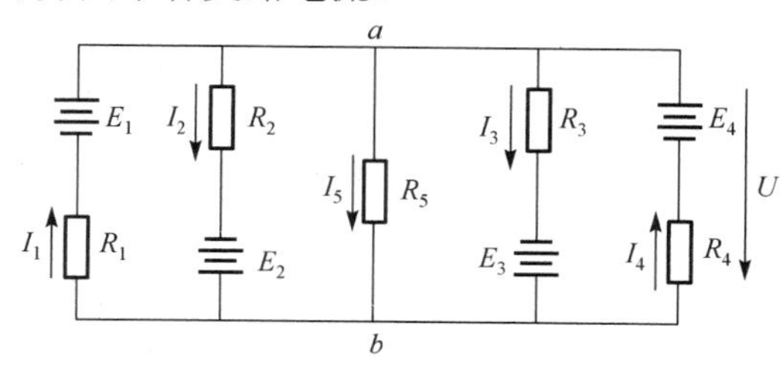

图 1-5-3 例题 1-5-2 图

解： 已知 E_1=140V，E_2=90V，R_1=20Ω，R_2=5Ω，R_3=6Ω。

① 设节点 a、b 间电压为 U，应用基尔霍夫定律或欧姆定律，得出各支路的电流：

$$I_1=\frac{E_1-U}{R_1}，\quad I_2=\frac{E_2+U}{R_2}，\quad I_3=\frac{E_3+U}{R_3}，\quad I_4=\frac{E_4-U}{R_4}，\quad I_5=\frac{U}{R_5}$$

② 各支路电流之间关系可根据基尔霍夫定律列出：

$$I_1-I_2-I_3+I_4-I_5=0$$

即

$$\frac{E_1-U}{R_1}-\frac{E_2+U}{R_2}-\frac{E_3+U}{R_3}+\frac{E_4-U}{R_4}-\frac{U}{R_5}=0$$

整理后，得

$$U=\frac{\frac{E_1}{R_1}-\frac{E_2}{R_2}-\frac{E_3}{R_3}+\frac{E_4}{R_4}}{\frac{1}{R_1}+\frac{1}{R_2}+\frac{1}{R_3}+\frac{1}{R_4}+\frac{1}{R_5}}$$

将已知数据代入，得节点电压 U=100V，最后便可求出各支路的电流：

I_1=5A，I_2=3A，I_3=3A，I_4=5A，I_5=4A

完成工作任务指导

一、电工仪表与器材准备

1. 电工仪表

数字式万用表、指针式万用表、直流毫安表（DS-C-02）、直流电压表（DS-C06）。

2．器材

DS-IC 型电工实验台、直流电源模块、直流电路单元（DS-C-28）、专用导线若干。

二、探究实验的方法与步骤

1．实验电路的连接

① 根据工作任务书上的具体要求，正确选择元器件并检查其质量的好坏。

② 将选择好的元器件放置于合理位置。

③ 根据电路原理图，用专用导线连接电路图中 $X1$-$X2$、$X3$-$X4$、$X5$-$X6$；将开关 S_1、S_2 向上打（右），分别接通直流电源 U_1、U_2。

2．电路电位的测量

选取直流电源 U_1=9V，U_2=16V。

（1）电路以图中 E 点为参考点，测量电路中各点电位

① 接通直流电源 U_1、U_2。

② 数字式万用表选择合适电压量程挡，并将黑表笔固定在参考点 E 上，红表笔分别与电路中 A、B、C 点接通，测量各点的电位，将测量数据记录于表 1-5-1 中。

表 1-5-1　电位的测量实验数据　　U_1= 9 V U_2= 16 V

序号	参考点	电位的测量				电压的计算		
		V_A/V	V_B/V	V_C/V	V_E/V	U_{AB}/V	U_{BC}/V	U_{BE}/V
1	E							
2	B							

③ 计算电阻 R_1、R_2、R_3 两端电压，将计算结果记录于表 1-5-1 中。

（2）电路以图中 B 点为参考点，测量电路中各点电位及电阻电压

测量方法与步骤如下。

① 保持直流电源 U_1、U_2 的电压值不变。

② 将万用表黑表笔固定在参考点 B 上，红表笔分别与电路中 A、C、E 点接通，测量各点的电位，将测量数据记录于表 1-5-1 中。

③ 计算电阻 R_1、R_2、R_3 两端电压，将计算结果记录于表 1-5-1 中。

3．实验数据分析

表 1-5-1 中数据表明：

① 电路中某一点的电位等于该点与参考点（零电位）之间的电压。

② 参考点的选择不同，电路中各点的电位也随之变化，但是任意两点间的电压值是不变的。

电位测量的方法与步骤如图 1-5-4 所示。

安全提示：

在完成工作任务过程中，严格遵守实验室的安全操作规程。在完成电路接线后，必须经指导教师检查确认无误后，才允许通电试验。测量过程中若有异常现象，应及时切断实验台电源总开关，同时报告指导教师。只有在排除故障原因后才能申请再次通电试验。

搭建实验电路、更改电路或测量完毕后拆卸电路，都必须在断开电源的情况下进行。

正确使用仪器仪表，保护设备及连接导线的绝缘，避免短路或触电事故发生！

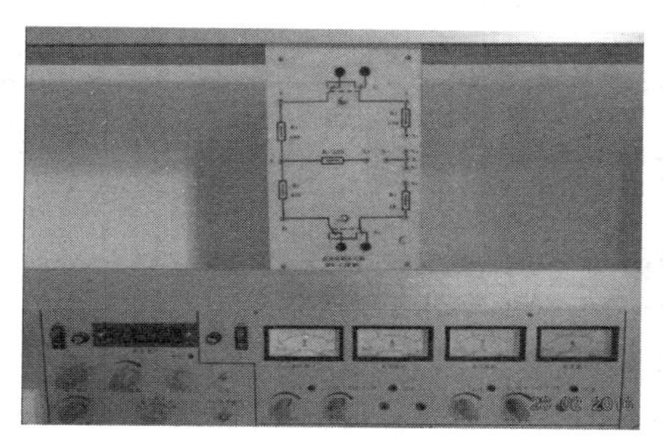

(a) 选择并合理放置器件

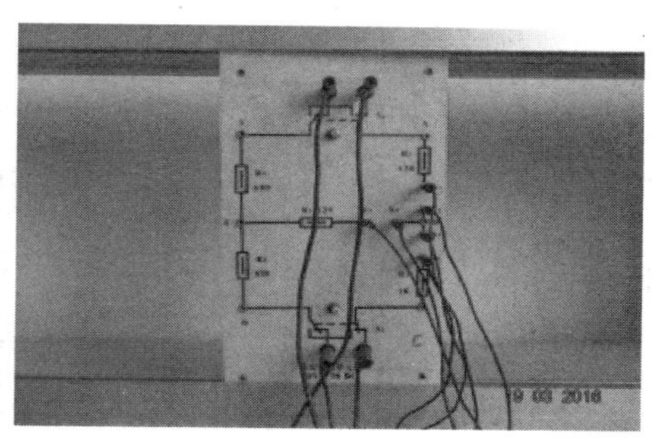

(b) 连接电路

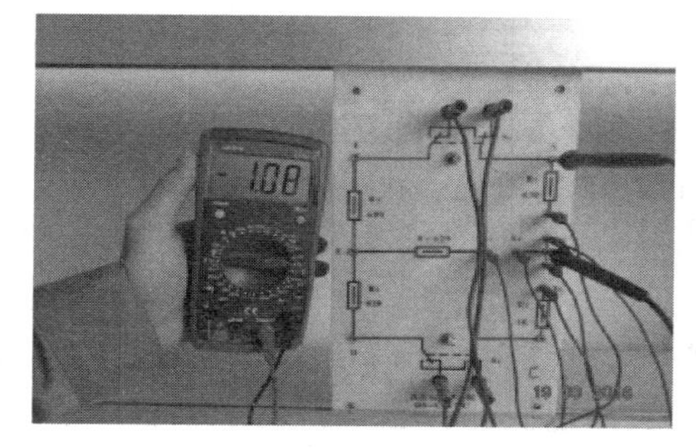

(c) 电位的测量

(d) 整理实验台

图 1-5-4 电位的测量

三、工作任务评价表

请你填写电位的测量工作任务评价表（表 1-5-2）。

表 1-5-2 电位的测量工作任务评价表

序号	评价内容	配分	评价细则	自我评价	老师评价
1	选用工具、仪表及器件	10	① 工具、仪表少选或错选，扣 2 分/个 ② 电路单元模块选错型号和规格，扣 2 分/个 ③ 单元模块放置位置不合理，扣 1 分/个		
2	器件检查	10	④ 电气元件漏检或错检，扣 2 分/处		
3	仪表的使用	10	⑤ 仪表基本会使用，但操作不规范，扣 1 分/次 ⑥ 仪表使用不熟悉，但经过提示能正确使用，扣 2 分/次 ⑦ 检测过程中损坏仪表，扣 10 分		
4	电路连接	20	⑧ 连接导线少接或错接，扣 2 分/条 ⑨ 电路接点连接不牢固或松动，扣 1 分/个 ⑩ 连接导线垂放不合理，存在安全隐患，扣 2 分/条 ⑪ 不按电路图连接导线，扣 10 分		
5	电路参数测量	20	⑫ 电路参数少测或错测，扣 2 分/个 ⑬ 不按步骤进行测量，扣 1 分/个 ⑭ 测量方法错误，扣 2 分/次		
6	数据记录与分析	20	⑮ 不按步骤记录数据，扣 2 分/次 ⑯ 记录表数据不完整或错记录，扣 2 分/个 ⑰ 测量数据分析不完整，扣 5 分/处 ⑱ 测量数据分析不正确，扣 10 分/处		

续表

序号	评价内容	配分	评价细则	自我评价	老师评价
7	安全文明操作	10	⑲ 未经教师允许，擅自通电，扣5分/次 ⑳ 未断开电源总开关，直接连接、更改或拆除电路，扣5分 ㉑ 实验结束未及时整理器材，清洁实验台及场所，扣2分 ㉒ 测量过程中发生实验台电源总开关跳闸现象，扣10分 ㉓ 操作不当，出现触电事故，扣10分，并立即予以终止作业		
合计		100			

思考与练习

一、填空题

1．用数字式万用表测量电路中的电位时，将万用表的____表笔接电路参考点，___表笔接待测量点。当读数为正值时，待测点的电位比参考点电位____；当读数为负值时，待测点的电位比参考点电位____。

2．当电路的参考点确定后，电路中各个点的电位也被______；当参考点改变后，电路中的电位也跟着______，但电路中任意两点之间的电压__________。

3．电路如图1-5-5所示，当 P 点往左移动时，图中 A 点的电位 V_A______，B 点电位 V_B______；当 P 点往右移时，则 V_A______，V_B______。

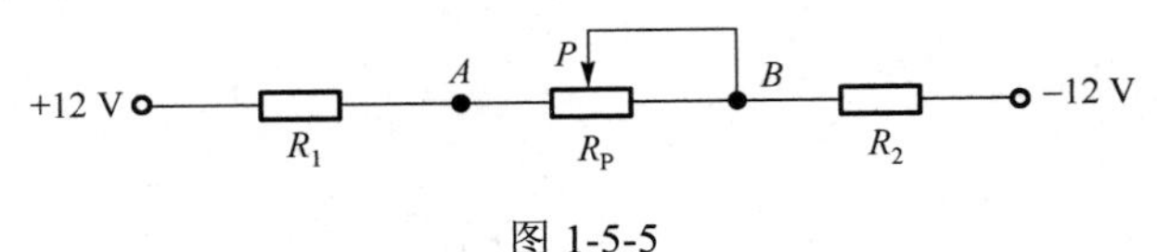

图 1-5-6

4．如图1-5-6所示为二极管门电路，已知二极管的导通电压为0.7V。回答：

① 当 V_A=3V，V_B=3V 时，V_C=______V；当 V_A=3V，V_B=0V 时，V_C=______V。

② 当 V_D=3V，V_E=0V 时，V_F=______V；当 V_D=0V，V_E=0V 时，V_F=______V。

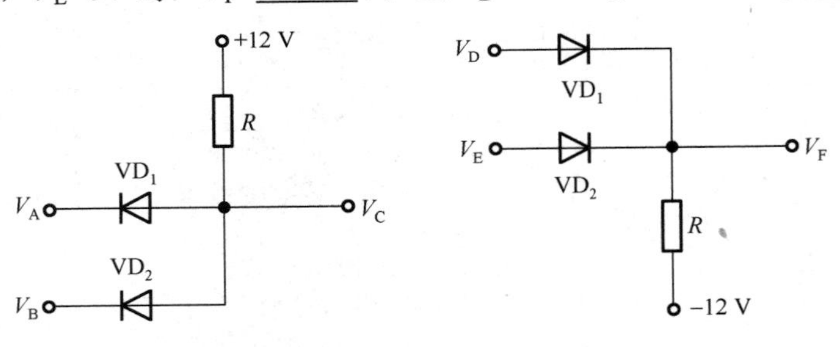

图 1-5-6

二、简答题

1．计算电路中某点电位的步骤是什么？

2．怎样用节点电压法计算电路中电流或电压？

3．使用数字式或指针式万用表怎样测量电路的电位？

三、计算题

1．在图 1-5-7 所示电路中，在开关 S 断开和闭合的两种情况下试求 A、B、C 点的电位 V_A、V_B、V_C。

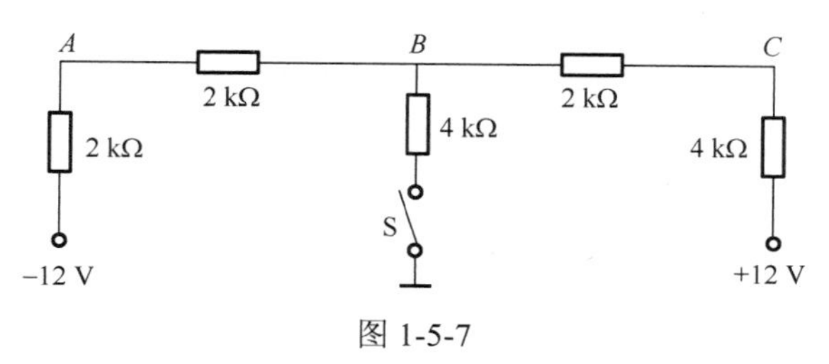

图 1-5-7

2．图 1-5-8 所示电路，已知 E_1=20V，E_2=12V，R_1=2Ω，R_2=4Ω，R_3=R_4=8Ω。求：①电路中 a、b 点的电位；②若将 a、b 两点用一导线连接起来，问通过导线的电流及 a、b 点的电位是多少？

3．图 1-5-9 所示电路，已知 E_1=12V，E_2=6V，E_3=6V，R_1=R_2=2Ω，R_3=R_4=4Ω。求①通过 E_3 电流；②电路中 a、b 点的电位。

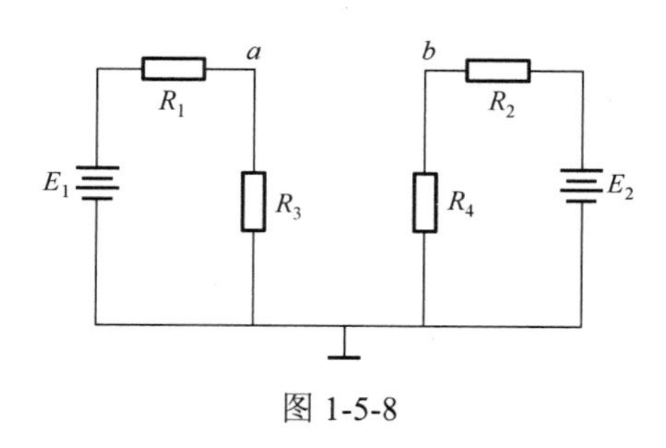

图 1-5-8

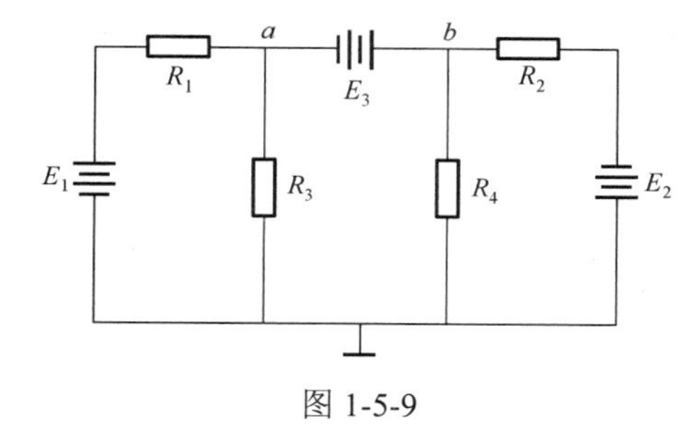

图 1-5-9

模块二

单相交流电路

在日常生活和工农业生产中，用得最多的是交流电。如照明灯具用的都是单相交流电，电风扇、空调器、洗衣机、电冰箱、电视机等电气设备也都是用单相交流电供电的。与直流电相比，交流电容易获得，由发电机产生；交流电通过变压器进行电能的输送、分配和使用；使用交流电的交流电动机结构简单，维护和使用方便。

通过完成单一元件交流电路的探究、电阻电感元件串联的交流电路的探究、电阻电容元件串联交流电路的探究、谐振电路的探究等工作任务，了解正弦交流电的基本概念，了解正弦交流电的三种表示法；理解纯电阻、纯电感、纯电容器件在交流电路中的基本特性；理解并会计算 RL、RC 串联交流电路中电压、电流的大小和相位关系；了解谐振电路的工作特性；学会用 EWB 仿真示波器观察信号波形，会看电路图连接日光灯电路。

任务 2–1 单一元件交流电路的探究

工作任务

采用电路仿真软件 EWB 探究纯电阻、纯电感、纯电容等单一元件的交流电路特性，实验电路如图 2-1-1 所示。请你完成以下工作任务。

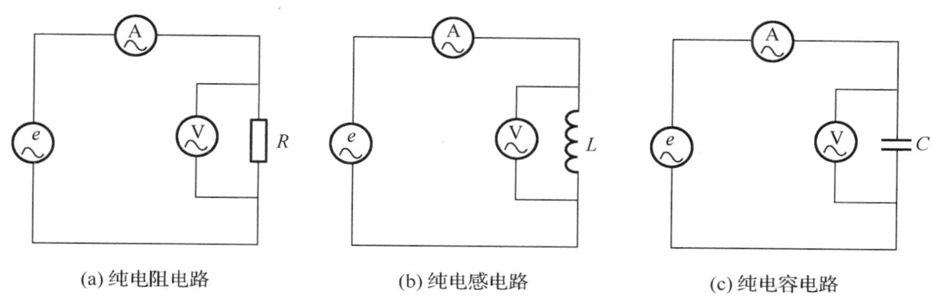

图 2-1-1 单一元件交流电路的探究

① 用 EWB 搭建纯电阻交流电路，并探究纯电阻电路中电流与电压之间的关系。

② 用 EWB 搭建纯电感交流电路，并探究感抗与电感、电流频率之间的关系，探究纯电感电路中电流与电压之间的关系。

③ 用 EWB 搭建纯电容交流电路，并探究容抗与电容、电流频率之间的关系，探究纯电容电路中电流与电压之间的关系。

④ 分析单一元件交流电路的特性。

相关知识

直流电路中，电压、电流的大小和方向是恒定的，与时间无关。交流电是指电压、电流的大小和方向随时间作周期性变化。交流电按变化规律可分为正弦交流电和非正弦交流电。

本模块从交流电的基本概念入手，通过分析电阻、电感、电容在正弦交流电路中电压、电流的变化规律，掌握交流电路的特点和分析方法。

一、交流电的基本知识

1. 正弦交流电的产生

正弦交流电是指电动势、电压或电流的大小和方向随时间作正弦规律变化的交流电。

如图 2-1-2 所示，使矩形线圈 *abcd* 在匀强磁场中匀速转动，可以观察到：电流表的指针随着线圈的转动而来回摆动，并且线圈每转一圈，指针左右摆动一次。这表明转动的线圈里产生了感应电流，而且电流的大小和方向都在随时间作周期性的变化。

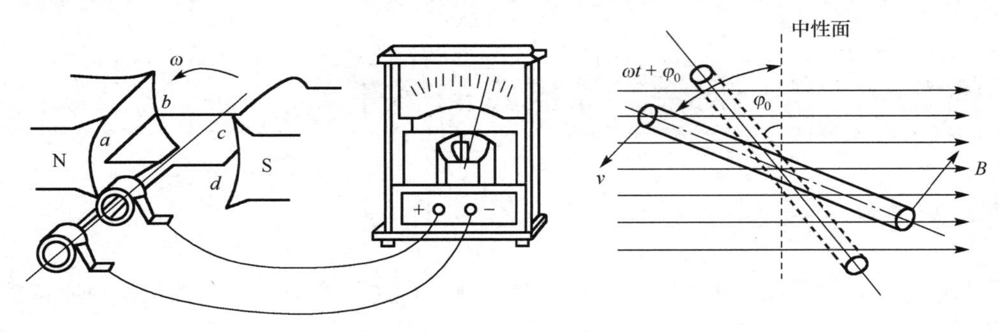

图 2-1-2　交流电产生的原理图

假设线圈平面从与中性面成 φ_0 角开始，沿逆时针方向匀速转动，角速度为 ω，单位为 rad/s。经过时间 t 后，线圈平面与中性面的夹角为（$\omega t+\varphi_0$）。若线圈 ab 边的长度为 l_1，线圈 bc 边的长度为 l_2，磁场的磁感应强度为 B，那么，线圈 $abcd$ 中的感应电动势 e 可用下式表示

$$e = E_{\mathrm{m}}\sin(\omega t+\varphi_0) \tag{2-1-1}$$

式中，e 为电动势的瞬时值，$E_{\mathrm{m}}=BL_1L_2\omega$ 为电动势的最大值，单位均为伏特（V）。此式表明，在匀强磁场中匀速转动的线圈里产生的感应电动势是按正弦规律变化的。

如果把线圈和电阻组成回路（总电阻为 R），则电路中就有感应电流，即

$$i = I_{\mathrm{m}}\sin(\omega t+\varphi_0) \tag{2-1-2}$$

式中，i 为电流的瞬时值，$I_{\mathrm{m}}=E_{\mathrm{m}}/R$ 为电流的最大值，单位均为安培（A）。此式表明，在匀强磁场中匀速转动的线圈里产生的感应电流也是按正弦规律变化的。

不难证明，外电路中某一段电路的电压也可以用下式表示

$$u = U_{\mathrm{m}}\sin(\omega t+\varphi_0) \tag{2-1-3}$$

以上三个式子表明：电动势、电流、电压均按正弦规律变化，这种按正弦规律变化的交流电称为正弦交流电，简称交流电。

2．正弦交流电的三要素

交流电的变化规律也可以用波形图直观地表示出来，如图 2-1-3 所示为正弦交流电电流 $i = I_{\mathrm{m}}\sin\omega t$ 的波形图。其特征表现在变化的大小、快慢及初始值三个方面，而它们分别由幅值、频率和初相位来确定，这三个物理量称为交流电的三要素。

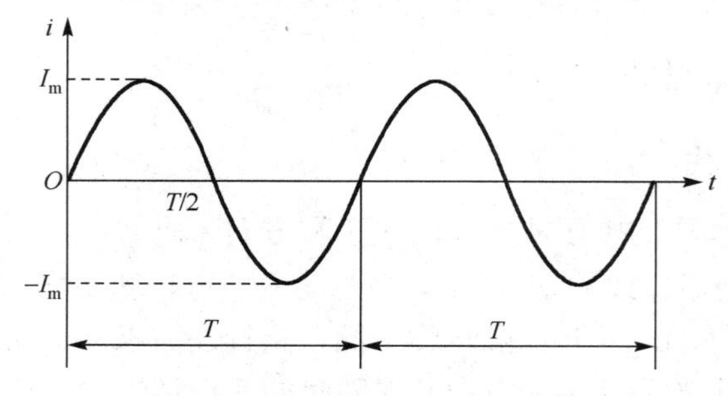

图 2-1-3　正弦交流电电流波形图

（1）幅值和有效值

幅值又称最大值，是指交流电在一个周期里所能达到的最大数值，用带下标 m 的大写字母表示，如 E_m、U_m、I_m 分别表示电动势、电压、电流的最大值。

交流电的大小往往不是用它们的最大值，而是用有效值来计量的。有效值是根据电流的热效应来规定的，即交流电流 i 通过电阻 R 在一个周期内产生的热量，和另一个直流电流 I 通过同样大小的电阻在相等的时间内产生的热量相等，那么这个交流电流 i 的有效值在数值上就等于这个直流电流 I 的大小。用式子表示为

$$\int_0^T i^2 R\mathrm{d}t = I^2 RT$$

由此可得，交流电流 i 的有效值为

$$I = \sqrt{\frac{1}{T}\int_0^T i^2 \mathrm{d}t} = \frac{I_m}{\sqrt{2}} \tag{2-1-4}$$

同理可得，交流电压、交流电动势的有效值为

$$U = \sqrt{\frac{1}{T}\int_0^T u^2 \mathrm{d}t} = \frac{U_m}{\sqrt{2}} \tag{2-1-5}$$

$$E = \sqrt{\frac{1}{T}\int_0^T e^2 \mathrm{d}t} = \frac{E_m}{\sqrt{2}} \tag{2-1-6}$$

通常我们所讲的交流电压 380V 或 220V，都是指它的有效值。一般交流电压表或电流表测量的数值也都是指有效值。

（2）周期和频率

交流电变化一次所需的时间（秒）称为周期 T，而每秒内变化的次数称为频率 f，它的单位为赫兹（Hz）。

根据定义，周期和频率的关系是

$$T = \frac{1}{f} \text{ 或 } f = \frac{1}{T} \tag{2-1-7}$$

我国工农业生产和生活用的交流电都采用 50Hz 标准频率，习惯上也称工频。

交流电变化的快慢除用周期和频率表示外，还可用角频率 ω 来表示，单位为 rad/s。角频率与周期和频率的关系为

$$\omega = 2\pi / T = 2\pi f \tag{2-1-8}$$

（3）相位和初相位

在正弦交流电的表达式如 $i = I_m \sin(\omega t + \varphi_0)$ 中，相当于角度的量 $(\omega t + \varphi_0)$ 叫相位角，简称相位，是决定正弦交流电的变化趋势的物理量。

把 t=0 时的相位称为初相位，简称初相。初相位反映的是正弦交流电的计时起点，决定正弦交流电的初始值。初相位的变化范围一般为 $-\pi \leqslant \varphi_0 \leqslant \pi$ 。

两个同频率交流电的相位之差称为相位差，用 $\Delta\varphi$ 表示，即

$$\Delta\varphi = (\omega t + \varphi_1) - (\omega t + \varphi_2) = \varphi_1 - \varphi_2 \tag{2-1-9}$$

上式中，相位差即为两者初相之差，它与时间无关。表明了两个交流电的变化步调，是超前、滞后，还是同步的关系。相位差的变化范围一般为 $-\pi \leqslant \Delta\varphi \leqslant \pi$ 。

如图 2-1-4(a)所示，当 $\Delta\varphi>0$ 时，称为 i_1 超前 i_2，或者说 i_2 滞后 i_1；如图 2-1-4(b)所示，当 $\Delta\varphi<0$ 时，称为 i_1 滞后 i_2，或者说 i_2 超前 i_1；如图 2-1-4(c)所示，当 $\Delta\varphi=0$ 时，称为 i_1 与 i_2 同相。

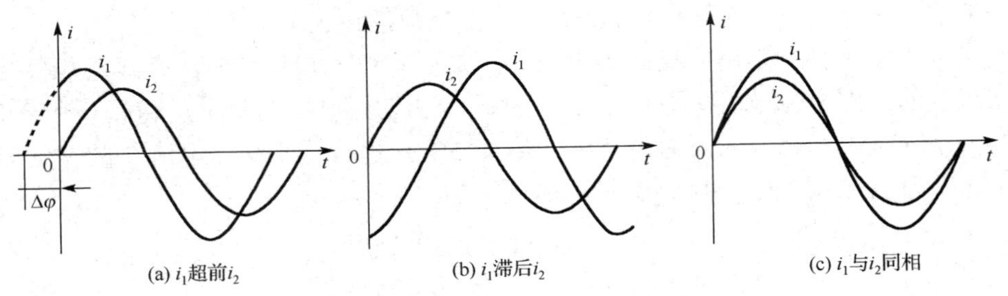

图 2-1-4　两个同频率交流电的相位关系

当 $\Delta\varphi=\pi/2$ 时，称为两交流电正交；当 $\Delta\varphi=\pm\pi$ 时，称为两个交流电反相。请读者自行画出对应的波形图。

3．正弦交流电的表示法

正弦交流电一般有三种表示方法，即解析式表示法、波形图表示法和相量表示法。

（1）解析式表示法

用正弦函数式表示正弦交流电随时间变化的关系的方法称为解析式表示法。上述正弦交流电的电动势、电流及电压的瞬时值表达式就是交流电的解析式，即

$$e=E_{\rm m}\sin(\omega t+\varphi_0)$$
$$i=I_{\rm m}\sin(\omega t+\varphi_0)$$
$$u=U_{\rm m}\sin(\omega t+\varphi_0)$$

如果已知交流电的三要素，就可以写出它的解析式，可算出交流电任一时刻的瞬时值。

（2）波形图表示法

用正弦曲线表示正弦交流电随时间变化的关系的方法称为波形图表示法。如图 2-1-3 所示，图中的横坐标表示时间 t 或相位角 ωt，纵坐标表示随时间变化的电流，或电压、电动势的瞬时值，在波形图上可以反映出交流电的三要素。

用“五点作图法”可以画出与解析式相对应的波形图来。

（3）相量表示法

相量表示法，就是在一个直角坐标系中用绕原点沿逆时针方向旋转的矢量来表示正弦交流电的方法。如图 2-1-5(a)所示为正弦交流电电压的旋转矢量。

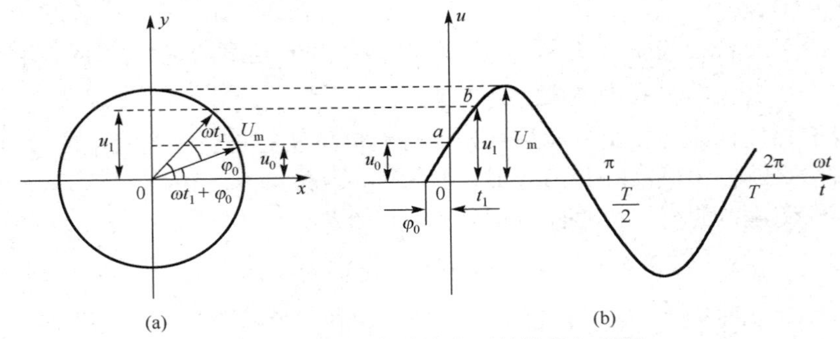

图 2-1-5　正弦交流电电压的旋转矢量图

图 2-1-5(b)所示为交流电压 $u = U_m \sin(\omega t + \varphi_0)$ 的波形图，图 2-1-5(a)中是一旋转矢量，在直角坐标系中。若规定旋转矢量的长度为正弦量的幅值，它的初始位置与横坐标正方向之间的夹角等于正弦量的初相位 φ_0，并以正弦量的角频率 ω 沿逆时针方向旋转。那么，正弦量在 t 时刻的瞬时值就可以由这个旋转矢量于该瞬时在纵坐标上的投影表示出来。例如，当 t=0 时，旋转矢量在纵坐标上的投影为 u_0，相当于图 2-1-5(b)中电压波形的 a 点；当 $t=t_1$ 时，旋转矢量在纵坐标上的投影为 u_0，相当于图 2-1-5(b)中电压波形的 b 点。以此类推，就可以得到交流电压的波形图。

用旋转矢量表示正弦量时，只画出旋转矢量的起始位置，旋转矢量的长度为正弦量的幅值或有效值，旋转矢量的起始位置与 x 轴正方向的夹角为正弦量的初相位，而角频率就不必标明了。旋转矢量用大写字母上加点“·”表示，如用 $\dot{E}_m$、$\dot{U}_m$、$\dot{I}_m$ 分别表示正弦交流电的电动势、电压及电流，或用有效值 $\dot{E}$、$\dot{U}$、$\dot{I}$ 表示。

例题 2-1-1　已知 $i = 2\sqrt{2}\sin\left(100\pi t + \frac{\pi}{4}\right)$ A，$u = 100\sqrt{2}\sin(100\pi t - 45°)$ V，求：①三要素，相位差；②波形图；③旋转矢量。

解：①三要素。

幅值：$I_m = 2\sqrt{2}$ A，$U_m = 100\sqrt{2}$ V

有效值：I=2A，U=100V

周期：$T = 2\pi / \omega = 2\pi / 100\pi = 0.02$s

频率：$f = 1/T = 1/0.02 = 50$Hz

初相位：电流初相位为 $\varphi_{0i} = 45°$

电压初相位为 $\varphi_{0u} = -45°$

相位差：$\Delta\varphi = \varphi_{0i} - \varphi_{0u} = 45° - (-45°) = 90°$，说明电流超前电压 90°。

② 波形图。

根据“五点作图法”，画出交流电流、电压的波形图，如图 2-1-6(a)所示。

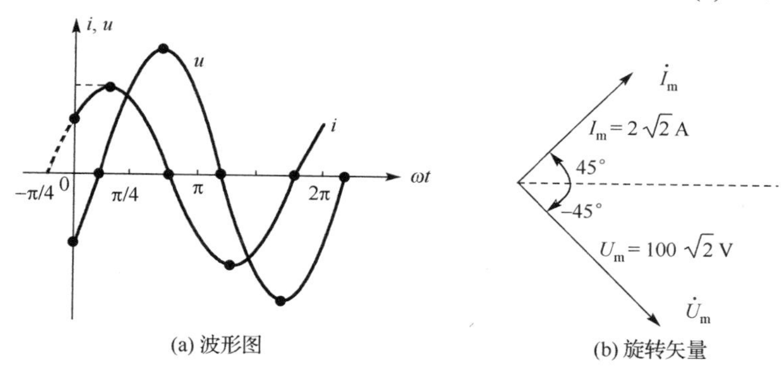

图 2-1-6　正弦量的波形图与旋转矢量

③ 旋转矢量。

旋转矢量如图 2-1-6(b)所示。

二、纯电阻交流电路

由交流电源和负载电阻 R 组成的电路叫纯电阻交流电路。日常生活中，如白炽灯、电饭锅、电热水器等交流电路都可以看成纯电阻交流电路。

1．电压和电流的关系

图 2-1-7(a)所示为纯电阻交流电路，电流、电压的正方向标于图中。以电流为参考正弦量，并设电流

$$i = I_{\mathrm{m}} \sin \omega t \tag{2-1-10}$$

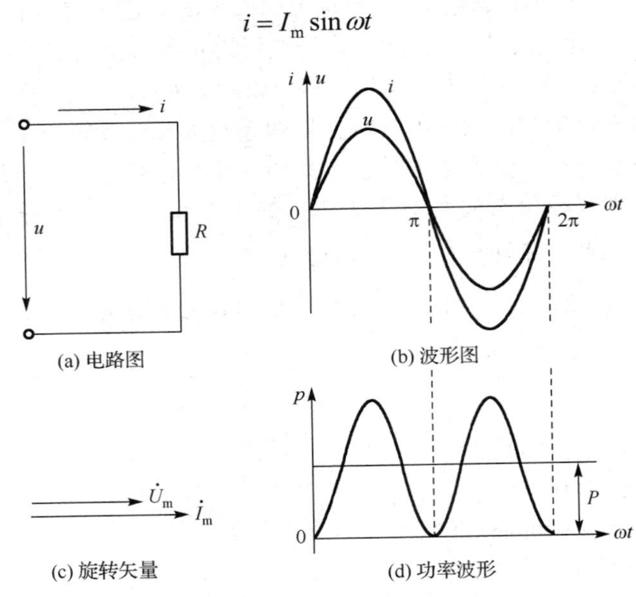

(a) 电路图　(b) 波形图

(c) 旋转矢量　(d) 功率波形

图 2-1-7　纯电阻交流电路

根据欧姆定律 $u=iR$，可得电压

$$u = iR = I_{\mathrm{m}} R \sin \omega t = U_{\mathrm{m}} \sin \omega t \tag{2-1-11}$$

比较式（2-1-10）和式（2-1-11）可看出：

① 电压也是一个同频率的正弦量，且电压与电流同相位；

② 电压幅值或有效值与电流幅值或有效值成正比，比值为 R。即

$$\frac{U_{\mathrm{m}}}{I_{\mathrm{m}}} = \frac{U}{I} = R \tag{2-1-12}$$

表示电流和电压的波形图及旋转矢量如图 2-1-7(b)和图 2-1-7(c)所示。

2．功率的计算

如图 2-1-7(d)所示，在任一瞬时，电压 u 与电流 i 的乘积称为瞬时功率 p，即

$$\begin{aligned} p = p_{\mathrm{R}} &= ui = U_{\mathrm{m}} I_{\mathrm{m}} \sin^2 \omega t \\ &= \frac{1}{2} U_{\mathrm{m}} I_{\mathrm{m}} (1 - \cos 2\omega t) = UI(1 - \cos 2\omega t) \end{aligned} \tag{2-1-13}$$

由式（2-1-13）可见，$p \geqslant 0$，这表示电阻总是从电源取用能量，将电能转换为热能 $W = \int_0^T p \mathrm{d}t$，这是一种不可逆的能量转换过程。

在纯电阻电路中，平均功率为

$$P=\frac{1}{T}\int_0^T p\mathrm{d}t=\frac{1}{T}\int_0^T UI(1-\cos 2\omega t)\mathrm{d}t=UI=\frac{U^2}{R}=I^2R \tag{2-1-14}$$

三、纯电感交流电路

1. 电感器

（1）分类

电感器是电路的三种基本元件之一，用导线绕制而成的线圈就是一个电感器。电感器的种类很多，一般分为空心电感器和铁芯电感器两大类，如图 2-1-8 所示为一些常用电感器。电感器的电路图形符号如图 2-1-9 所示。

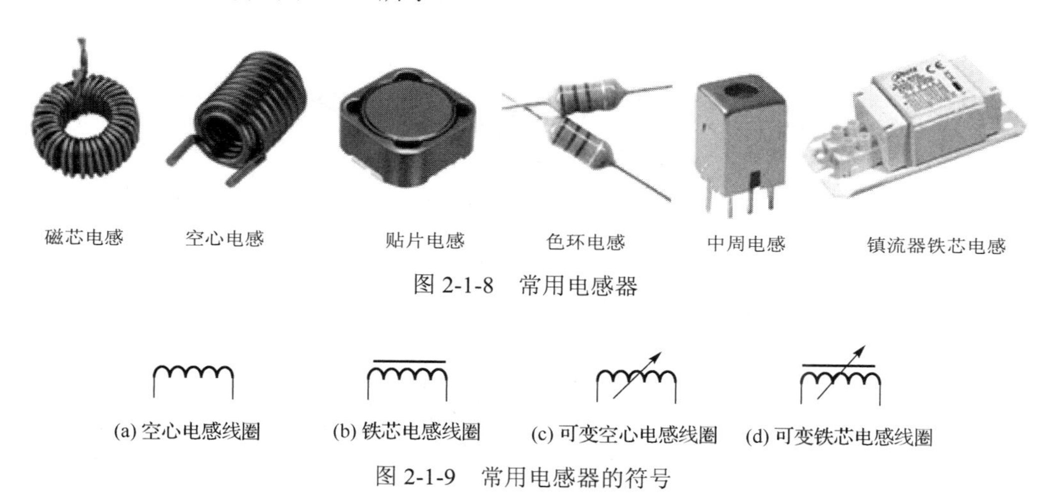

图 2-1-8　常用电感器

图 2-1-9　常用电感器的符号

（2）自感原理

当通过线圈的磁通发生变化时，线圈中要产生感应电动势。感应电动势的大小与线圈匝数 N 成正比，与磁通变化率成正比。习惯上规定感应电动势的正方向与磁通的正方向符合右手螺旋定则，这样，感应电动势 e 就可用下式表示

$$e=-N\frac{\mathrm{d}\Phi}{\mathrm{d}t}=-\frac{\mathrm{d}\Psi}{\mathrm{d}t} \tag{2-1-15}$$

式中 $\Psi=N\Phi$，称为磁通链，即与线圈各匝相链的磁通总和。负号表示感应电动势的方向总是要阻碍磁通的变化。

当线圈中没有铁磁物质时，Ψ 或 Φ 与 i 成正比，即

$$\Psi=N\Phi=Li \tag{2-1-16}$$

式中比例系数 L，称为线圈的电感或自感系数，单位为亨利（H）或毫亨（mH）。

理论与实验证明，线圈的电感 L 与线圈的尺寸、匝数及介质的导磁性能有关，即

$$L=\frac{\mu SN^2}{l} \tag{2-1-17}$$

式中 μ 为介质的磁导率，单位为 H/m；S 为线圈截面积，单位为 m^2；N 为线圈匝数；l 为线圈长度，单位为 m。

将式（2-1-16）代入式（2-1-15），得自感电动势为

$$e_{\mathrm{L}}=-L\frac{\mathrm{d}i}{\mathrm{d}t} \tag{2-1-18}$$

此式表明，线圈自感电动势的大小，与电感 L、通过线圈的电流变化率成正比；自感电动势的方向总是阻碍电流的变化。

2. 电压和电流的关系

图 2-1-10(a)所示为纯电感交流电路，电流、电压、自感电动势的正方向标于图中。以电流为参考正弦量，并设电流

$$i=I_{\mathrm{m}}\sin\omega t \tag{2-1-19}$$

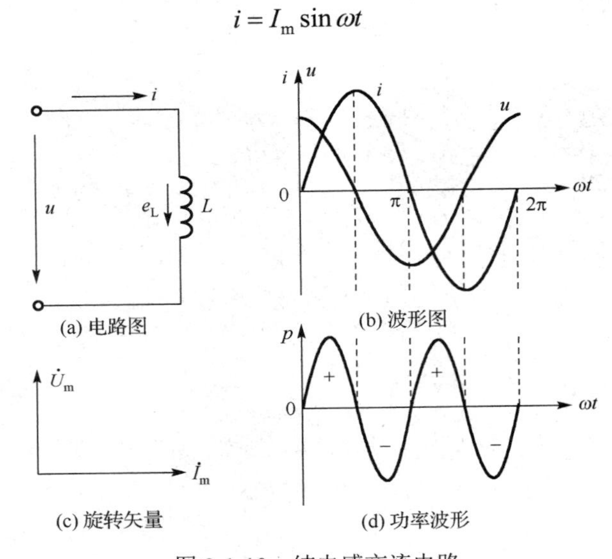

图 2-1-10 纯电感交流电路

根据基尔霍夫电压定律 $u=-e_{\mathrm{L}}$，得电压

$$u=L\frac{\mathrm{d}i}{\mathrm{d}t}=I_{\mathrm{m}}\omega L\sin(\omega t+\pi/2)=U_{\mathrm{m}}\sin(\omega t+\pi/2) \tag{2-1-20}$$

比较式（2-1-19）和式（2-1-20）可看出：

① 电压也是一个同频率的正弦量，且电压超前电流$\pi/2$；

② 电压幅值或有效值与电流幅值或有效值成正比，比值为 ωL，称为感抗，记为 X_{L}，单位为欧姆（Ω），即

$$\frac{U_{\mathrm{m}}}{I_{\mathrm{m}}}=\frac{U}{I}=\omega L=2\pi fL=\frac{2\pi}{T}L=X_{\mathrm{L}} \tag{2-1-21}$$

式中感抗 X_{L} 与频率 f、电感 L 成正比。因此，电感线圈对高频电流的阻碍作用很大，对直流电流无阻碍，可视为短路。

表示电流和电压的波形图及旋转矢量如图 2-1-10(b)和图 2-1-10(c)所示。

3. 功率的计算

（1）瞬时功率

在纯电感电路中，瞬时功率

$$p = ui = U_{\mathrm{m}} \sin(\omega t + \pi/2) I_{\mathrm{m}} \sin \omega t$$
$$= \frac{1}{2} U_{\mathrm{m}} I_{\mathrm{m}} \sin 2\omega t = UI \sin 2\omega t \tag{2-1-22}$$

由式（2-1-22）可见，p 是一个幅值为 UI，并以 2ω 的角频率随时间作正弦规律变化的物理量，其变化波形如图 2-1-10(d)所示。

在图 2-1-10(d)中，相位在（0，π/2）、（π，3π/2）内，$p>0$，说明电压和电流的方向相同，电感向电源取用电能，将电能转换为磁能存储于线圈中；而相位在（π/2，π）、（3π/2，2π）内，$p<0$，说明电压和电流的方向相反，电感释放磁能，将磁能转换为电能还给电源，这是一种可逆的能量转换过程。

电感器是一种储能元件，线圈中储存的磁能 W 为

$$W = \int_0^t ui\mathrm{d}t = \int_0^t Li\mathrm{d}t = \frac{1}{2} Li^2$$

（2）平均功率

在纯电感电路中，平均功率为

$$P = \frac{1}{T}\int_0^T p\mathrm{d}t = \frac{1}{T}\int_0^T UI \sin 2\omega t\mathrm{d}t = 0 \tag{2-1-23}$$

平均功率也称有功功率，单位为瓦特（W）或千瓦（kW）。

（3）无功功率

式（2-1-23）中 P=0，说明在纯电感交流电路中，没有能量消耗，只有电源与电感负载间的能量互换。我们用无功功率 Q 来表示，即

$$Q = UI = I^2 X_{\mathrm{L}} \tag{2-1-24}$$

无功功率等于瞬时功率的幅值，单位为乏（Var）或千乏（kVar）。

四、纯电容交流电路

1．电容器

（1）分类

电容器是一种应用非常广泛的元件，如应用于滤波、耦合电路等，在单相交流电动机中作为启动元件，在电力系统中作为改善功率因数的补偿元件等。

任何两个被绝缘介质隔开而又互相靠近的导体，就可以构成电容器。电容器的种类及分类的方法都很多，一般分为没有极性的普通电容器和有极性的电解电容器。普通电容器又分为固定电容器、半可变电容器（微调电容器）、可变电容器，电解电容器以其正电极的不同分为铝电解电容器和钽电解电容器。

按用途分类，有高频旁路、低频旁路、滤波、调谐、耦合用的电容器等；按电介质材料的不同，又可分为纸介质、涤纶、漆膜、云母、瓷介、玻璃釉的电容器等。

如图 2-1-11 所示为一些常用电容器，其电路图形符号如图 2-1-12 所示。

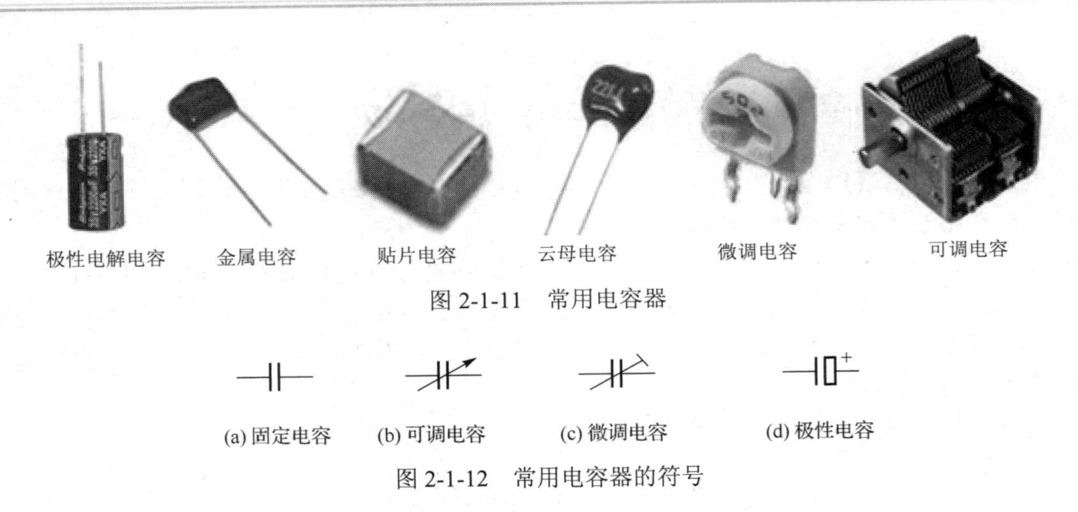

图 2-1-11　常用电容器

图 2-1-12　常用电容器的符号

（2）电容量

如果在电容器的两极板上加上电压，则在两个极板上将分别出现等量的正、负电荷，这样电容器就存储了一定量的电荷及电场能量。实验证明：电容器所存储的电荷量与两极板间的电压的比值是一个常数，称这个常数为电容量或简称电容，即

$$C=\frac{Q}{U} \tag{2-1-25}$$

式中，C 为电容，单位为法拉（F），或微法（μF）和皮法（pF），换算关系为 $1F=10^6μF=10^{12}pF$；Q 为一个极板上的电荷量，单位为库仑（C）；U 为两极板间的电压，单位为伏特（V）。

理论和实验证明：平行板电容器的电容与电介质的介电常数及极板正对面积成正比，与两极板间的距离成反比，用公式表示为

$$C=\varepsilon\frac{S}{d} \tag{2-1-26}$$

式中，ε 为电介质的介电常数，单位为法拉/米（F/m）；S 为极板的正对面积，单位为平方米（m^2）；d 为两极板间的距离，单位为米（m）。

不同电介质的介电常数是不相同的，真空中的介电常数为 $\varepsilon_0=8.85\times10^{-12}$F/m。实际应用中，以介质的相对介电常数来表示，即

$$\varepsilon_r=\varepsilon/\varepsilon_0 \tag{2-1-27}$$

常用电介质的相对介电常数见表 2-1-1。

表 2-1-1　常用电介质的相对介电常数

介质名称	ε_r	介质名称	ε_r	介质名称	ε_r
空气	1	蜡纸	4.3	三氧化铝	8.5
聚苯乙烯	2.2	木材	4.5～5.0	五氧化二钽	11.6
硬橡胶	3.5	玻璃	5.0～10	酒精	35
石英	4.2	云母	7	纯水	80

（3）电容器的连接

与电阻的连接方式相似，电容器的连接方式也有串联和并联，电路如图 2-1-13 所示。

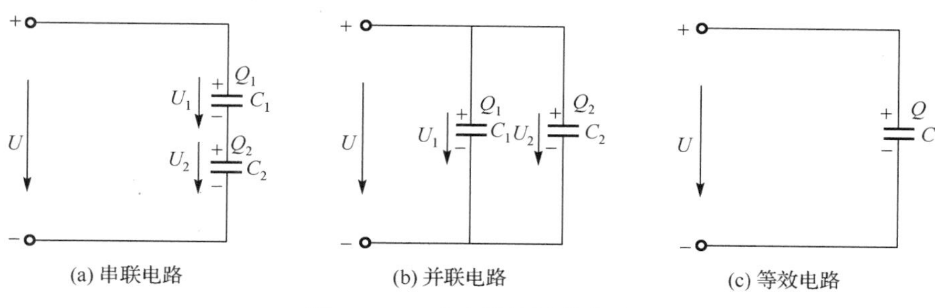

(a) 串联电路　(b) 并联电路　(c) 等效电路

图 2-1-13　电容器的连接电路

① 电容器的串联。

将两个或两个以上的电容器首尾相连，中间无分支的连接方式称为电容器的串联，如图 2-1-13(a)所示。电容器串联电路具有以下特点，用公式表示

$$\begin{cases} Q = Q_1 = Q_2 \\ U = U_1 + U_2 \\ \dfrac{1}{C} = \dfrac{1}{C_1} + \dfrac{1}{C_2} \end{cases} \tag{2-1-28}$$

② 电容器的并联。

将两个或两个以上的电容器接在相同的两点之间的连接方式称为电容器的并联，如图 2-1-13(b)所示。电容器并联电路具有以下特点，用公式表示

$$\begin{cases} U = U_1 = U_2 \\ Q = Q_1 + Q_2 \\ C = C_1 + C_2 \end{cases} \tag{2-1-29}$$

2．电压和电流的关系

图 2-1-14(a)所示为纯电容交流电路，电流、电压的正方向标于图中。以电流为参考正弦量，并设电流

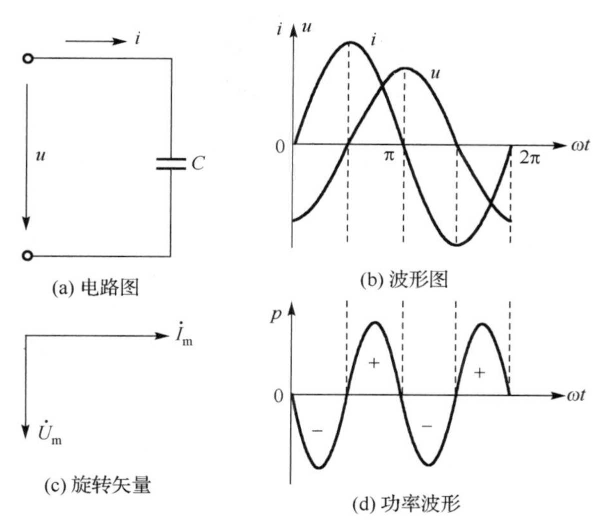

(a) 电路图　(b) 波形图　(c) 旋转矢量　(d) 功率波形

图 2-1-14　纯电容交流电路

$$i = I_{\mathrm{m}} \sin \omega t \tag{2-1-30}$$

由式（2-1-25）得$i = C\dfrac{\mathrm{d}u}{\mathrm{d}t}$，变换后，得电压

$$\begin{aligned} u &= \frac{1}{C}\int i\mathrm{d}t = \frac{1}{C}\int I_{\mathrm{m}} \sin \omega t\mathrm{d}t \\ &= \frac{I_{\mathrm{m}}}{\omega C}\sin(\omega t - \pi/2) = U_{\mathrm{m}} \sin(\omega t - \pi/2) \end{aligned} \tag{2-1-31}$$

比较式（2-1-30）和式（2-1-31）可看出：

① 电压也是一个同频率的正弦量，且电压滞后电流π/2；

② 电压幅值或有效值与电流幅值或有效值成正比，比值为 $1/\omega C$，称为容抗，用 X_{C} 表示，单位为欧姆（Ω），即

$$\frac{U_{\mathrm{m}}}{I_{\mathrm{m}}} = \frac{U}{I} = 1/\omega C = 1/2\pi fC = T/2\pi C = X_C \tag{2-1-32}$$

式中容抗 X_{C} 与频率 f、电容 C 成反比。因此，电容器对高频电流的阻碍很小，对直流电流阻碍很大，可视为开路。

表示电流和电压的波形图及旋转矢量如图 2-1-14(b)和图 2-1-14(c)所示。

3．功率的计算

（1）瞬时功率

在纯电容电路中，瞬时功率

$$\begin{aligned} p &= ui = U_{\mathrm{m}} \sin(\omega t - \pi/2) I_{\mathrm{m}} \sin \omega t \\ &= -\frac{1}{2} U_{\mathrm{m}} I_{\mathrm{m}} \sin 2\omega t = -UI \sin 2\omega t \end{aligned} \tag{2-1-33}$$

由式（2-1-33）可见，p 是一个幅值为 UI，并以 2ω 的角频率随时间作正弦规律变化的物理量，其变化波形如图 2-1-14(d)所示。

在图 2-1-14(d)中，相位在（π/2，π）、（3π/2，2π）内，$p>0$，说明电压和电流的方向相同，电源向电容充电，将电能存储于电容器中；而相位在（0，π/2）、（π，3π/2）内，$p<0$，说明电压和电流的方向相反，电容器放电释放电场能，将电能还给电源，这也是一种可逆的能量转换过程。

电容器是一种储能元件，电容器中存储的电场能 W 为

$$W = \int_0^t ui\mathrm{d}t = \int_0^t Cu\mathrm{d}t = \frac{1}{2}Cu^2 \tag{2-1-34}$$

（2）平均功率

在纯电容电路中，平均功率为

$$P = \frac{1}{T}\int_0^T p\mathrm{d}t = \frac{1}{T}\int_0^T [-UI \sin 2\omega t]\mathrm{d}t = 0 \tag{2-1-35}$$

平均功率也称有功功率，单位为瓦特（W）。

（3）无功功率

式（2-1-35）中 $P=0$，说明在纯电容交流电路中，没有能量消耗，只有电源与电容负载

间的能量互换。我们用无功功率 Q 来表示，即无功功率等于瞬时功率的幅值

$$Q=-UI=-I^2X_C \tag{2-1-36}$$

电容器的无功功率取负值，单位为乏（Var）或千乏（kVar）。

例题 2-1-2　将频率为 50Hz、电压有效值为 50V 的正弦交流电源分别加在电阻元件、电感元件、电容元件上。已知 R=100Ω，L=100mH，C=100μF，求：①电流；②以电压为参考正弦量，写出各电流的表达式；③若电源频率改为 100Hz，各元件的电流又是多少？

解：① 通过各元件的电流。

R=100Ω，$X_L=2\pi fL=2\times3.14\times50\times100\times10^{-3}=31.4\Omega$，$X_C=1/2\pi fC=1/2\times3.14\times50\times100\times10^{-6}=31.8\Omega$

电流：$I_R=U/R=50/100=0.5(A)$，$I_L=U/X_L=50/31.4=1.6(A)$，$I_C=U/X_C=50/31.8=1.6(A)$

② 表达式。

电阻电流 $i=I_m\sin\omega t=0.5\sqrt{2}\sin 314t$ A

电感电流 $i=I_m\sin(\omega t-\pi/2)=1.6\sqrt{2}\sin(314t-\pi/2)$ A

电容电流 $i=I_m\sin(\omega t+\pi/2)=1.6\sqrt{2}\sin(314t+\pi/2)$ A

③ 通过各元件的电流变为：

电阻电流 $I_R=U/R=50/100=0.5(A)$，与频率无关，电流不变；

电感电流 $I_L=U/X_L=50/62.8=0.8(A)$，频率上升，电流减小；

电容电流 $I_C=U/X_C=50/15.9=3.2(A)$，频率上升，电流增加。

【阅读材料】

暂态过程电路分析

事物的运动和变化，在一定的条件下有一定的稳定状态。当条件改变时，就要从原有的稳定状态过渡到新的稳定状态。如电动机的启动过程，电动机启动前是静止的，是一种稳态，启动后，电动机的转速从零开始，逐渐上升到某一稳定转速，则是另一种稳态。电动机从静止加速到稳定转速是不可能突变的，而是需要经过一定的时间。我们把这个物理过程称为暂态过程。

在电路中也有暂态过程，如电容器的充放电过程。暂态过程所需的时间极其短暂，但在实际工作中却极为重要。我们分析电路的暂态过程，就是要探究两个问题：

① 暂态过程中电压和电流随时间而变化的规律；

② 影响暂态过程快慢的电路的时间常数。

一、换路定则与初始值的确定

电路与电源接通、断开或电路参数、电路结构发生改变，都称为换路。换路会使电路中的能量发生变化，但这种变化也是不能突变的。在电感元件中，线圈内储有磁能 $\frac{1}{2}Li_L^2$，当换路时，磁能不能突变，即在电感中的电流 i_L 不能突变；在电容元件中，电容器内储有电能 $\frac{1}{2}Cu_C^2$，当换路时，电能不能突变，即在电容中的电流 u_C 不能突变。

设 t=0 为换路时刻，而以 $t=0_-$ 表示换路前的终了时刻，$t=0_+$ 表示换路后的初始时刻。从 $t=0_-$

到 t=0₊任意时刻，电感元件中的电流和电容元件上的电压均不能突变，这称为换路定则，用公式表示：

$$\begin{cases} i_L(0_-) = i_L(0_+) \\ u_C(0_-) = u_C(0_+) \end{cases} \quad (2\text{-}1\text{-}37)$$

根据式（2-1-37）可以先确定 $t=0_+$时电路中电容上的电压和电感中电流的初始值，再结合基尔霍夫电流电压定律，确定 $t=0_+$时的等效电路中各电压和电流的初始值。

在直流电源激励下，换路前，如果储能元件已有能量，且电路已处于稳态，则在 $t=0_-$的电路中，电容元件可视为开路，电感元件可视为短路；换路前，如果储能元件没有储能，则在 $t=0_-$和 $t=0_+$的电路中，可将电容元件视为短路，将电感元件视为开路。

二、一阶线性电路暂态分析的三要素法

只有电感 L 或电容 C 一个储能元件的线性电路，它的微分方程都是一阶常系数线性微分方程，称该电路为一阶线性电路。

可以证明，对于直流电源激励下的一阶线性电路，其电压或电流响应都可以写成如下一般公式：

$$f(t) = f(\infty) + [f(0_+) - f(\infty)]e^{-\frac{t}{\tau}} \quad (2\text{-}1\text{-}38)$$

式中，$f(t)$为电流或电压暂态值，$f(\infty)$为稳态分量，$[f(0_+) - f(\infty)]e^{-\frac{t}{\tau}}$为暂态分量。其中，$\tau$为电路的时间常数，单位为秒（s）。

电路时间常数在 RC 电路中为 τ=RC，在 RL 电路中为 $\tau=L/R$。时间常数 τ 越大，暂态过程越缓慢，相反地，时间常数越小，暂态过程越快。可以证明，暂态过程经过 $t=(3\sim5)\tau$ 的时间，基本上已达到稳定状态。$e^{-\frac{t}{\tau}}$随时间而衰减的情况见表 2-1-2。

表 2-1-2　$e^{-\frac{t}{\tau}}$随时间而衰减（e=2.718）

τ	2τ	3τ	4τ	5τ	6τ
e^{-1}	e^{-2}	e^{-3}	e^{-4}	e^{-5}	e^{-6}
0.368	0.135	0.05	0.018	0.007	0.002

三、微分电路与积分电路

1. 微分电路

微分电路是指输出信号与输入信号的微分成正比关系的电路，如图 2-1-15 所示。当 RC 电路满足电路的时间常数 $\tau<<t_p$ 且信号从电阻 R 端输出时，输出与输入之间就具有微分关系。

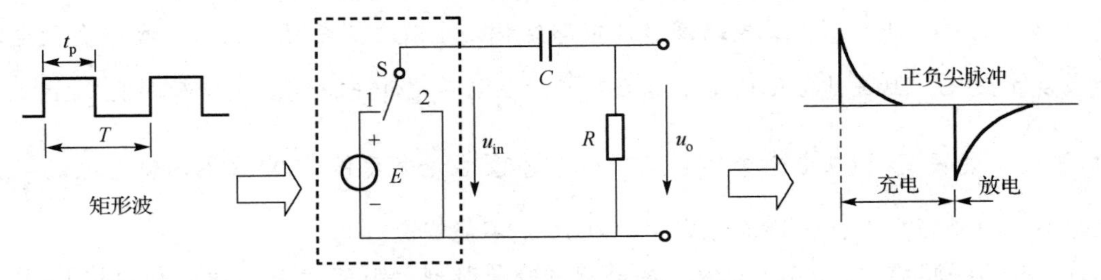

图 2-1-15　RC 微分电路及波形变换

经数学推导 $u_{in}=u_C+u_o\approx u_C$，得

$$u_o = iR = RC\frac{du_C}{dt} \approx RC\frac{du_{in}}{dt} \tag{2-1-39}$$

此式表明，输出电压 u_o 近似地与输入电压 u_{in} 对时间的微分成正比。

在该电路中，输入信号为矩形波时，输出信号为正负尖脉冲波形，如图 2-1-15 所示。

2. 积分电路

积分电路是指输出信号与输入信号的积分成正比关系的电路，如图 2-1-16 所示。当 RC 电路满足电路的时间常数 $\tau >> t_p$ 且信号从电容 C 端输出时，输出与输入之间就具有积分关系。

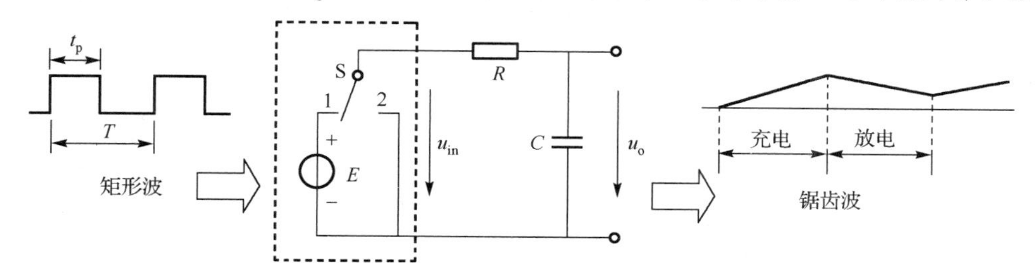

图 2-1-16 RC 积分电路及波形变换

经数学推导 $u_{in}=u_R+u_C\approx u_R$，得

$$u_o = u_C = \frac{1}{C}\int i\mathrm{d}t \approx \frac{1}{RC}\int u_{in}\mathrm{d}t \tag{2-1-40}$$

此式表明，输出电压 u_o 近似地与输入电压 u_{in} 对时间的积分成正比。

在该电路中，输入信号为矩形波时，输出信号为锯齿波形，如图 2-1-16 所示。

例题 2-1-3 在图 2-1-17 所示的电路中，E=9V，R_1=6kΩ，R_2=3kΩ，C=1000pF，开关 S 闭合前电容未储能，试求开关 S 闭合后各支路电流，并画出各电流变化的波形图。

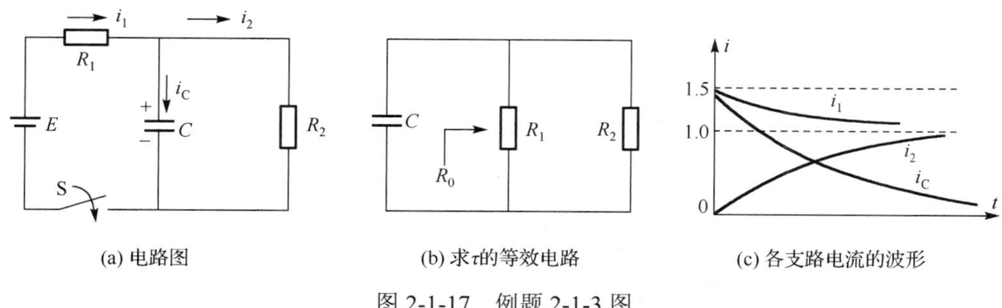

(a) 电路图　　(b) 求τ的等效电路　　(c) 各支路电流的波形

图 2-1-17 例题 2-1-3 图

解： 已知 E=9V，R_1=6kΩ，R_2=3kΩ，C=1000pF，$U_C(0_-)$=0

① 根据电路如图 2-1-17(a)所示，先求电容 C 的电流 i_C。

由暂态过程的一般公式 $f(t) = f(\infty) + [f(0_+) - f(\infty)]\mathrm{e}^{-\frac{t}{\tau}}$

先求电容器两端电压 $u_C = u_C(\infty) + [u_C(0_+) - u_C(\infty)]\mathrm{e}^{-\frac{t}{\tau}}$

其中，初始值 $U_C(0_+)=U_C(0_-)=0$，稳态值 $U_C(\infty)=U_{R2}=\dfrac{R_2}{R_1+R_2}E = \dfrac{3}{6+3}\times 9 = 3(\mathrm{V})$，如图 2-1-17(b)所示，电路时间常数

$$\tau = R_0 C = \frac{R_1 R_2}{R_1 + R_2} C = \frac{6\times 3}{6+3} \times 1000 \times 10^3 \times 10^{-12} = 2\times 10^{-6}(\mathrm{s})$$

将三要素的数值代入上述公式，得电容电压 $u_C = 3 - 3e^{-5\times 10^5 t}$ (V)

最后，得电容电流 i_c 为

$$i_C = C\frac{du_C}{dt} = 1000\times 10^{-12}\times 3\times 5\times 10^5 e^{-5\times 10^5 t} = 1.5e^{-5\times 10^5 t} \quad (\mathrm{mA})$$

② 电阻 R_2 的电流 i_2。

因为电阻 R_2 与电容器 C 并联，电压相等，所以 $i_2 = \dfrac{u_C}{R_2} = 1 - e^{-5\times 10^5 t}$ （mA）

③ 电阻 R_1 的电流 i_1。

根据基尔霍夫电流定律 $i_1 = i_2 + i_C$

所以，电阻 R_1 的电流为

$$i_1 = i_2 + i_C = 1 + 0.5e^{-5\times 10^5 t} \quad (\mathrm{mA})$$

④ 各支路电流的变化波形图如图 2-1-17(c)所示。

完成工作任务指导

一、电工仪表与器材准备

1．仪器仪表

数字式万用表、交流电流表、交流电压表、函数发生器、双踪示波器。

2．器材

计算机、EWB 仿真软件、电阻元件、电感元件、电容元件。

二、探究实验的方法与步骤

1．纯电阻交流电路的实验探究

（1）实验电路的搭建

根据图 2-1-1(a)所示纯电阻电路图搭建 EWB 仿真实验电路，如图 2-1-18 所示。

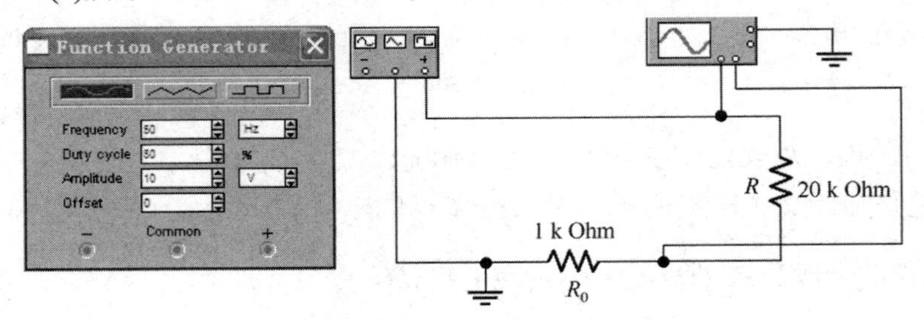

图 2-1-18　纯电阻交流电路的 EWB 电路

（2）参数设置

函数发生器选择正弦波信号，其频率、电压幅值，以及电阻元件等参数按表 2-1-3 中的数据设置。

表 2-1-3 纯电阻交流电路的探究实验数据记录表 R_0=1kΩ

序号	电压幅值 U_m/V	频率 f/Hz	电阻 R/kΩ	仿真结论
1	50	50	20	
2	50	100	20	

（3）电路运行

① 单击“启动/停止”开关，激活电路进行测试。

② 双击示波器图标，弹出放大的示波器面板图。合理调整时间基准，设置通道 A 和 B 参数，这时会在窗口中看到输出信号的波形，如图 2-1-19 所示。

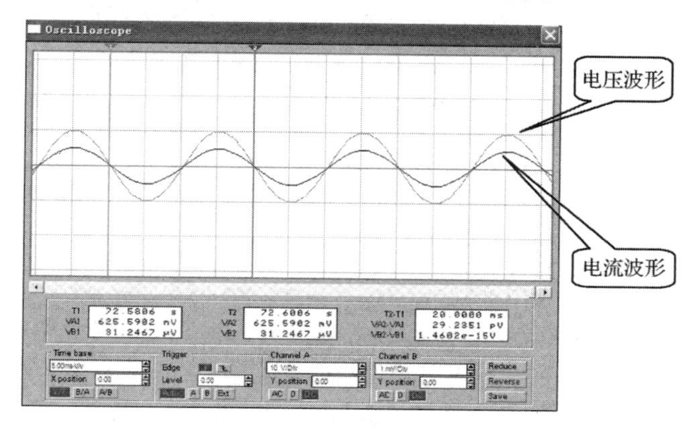

图 2-1-19 纯电阻交流电路的电流与电压波形图

③ 单击“启动/停止”开关，按表 2-1-3 中的数据重新设置参数。设置后，再次单击“启动/停止”开关，观察示波器所显示的波形是否会变化。

（4）实验结论

根据示波器的波形图，探究纯电阻电路中电阻与频率的关系、电流与电压相位的关系，请你将实验结论填入表 2-1-3 中。

2．纯电感交流电路的实验探究

（1）实验电路的搭建

根据图 2-1-1(b)所示纯电感电路图搭建 EWB 仿真实验电路，如图 2-1-20 所示。

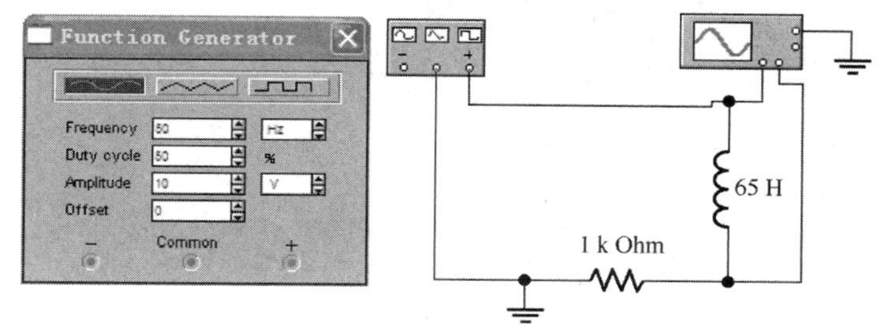

图 2-1-20 纯电感交流电路的 EWB 电路

（2）参数设置

函数发生器选择正弦波信号，其频率、电压幅值，以及电感元件等参数按表 2-1-4 中的数据设置。

表 2-1-4　纯电感交流电路的探究实验数据记录表　　R_0=1kΩ

序号	电压幅值 U_m/V	频率 f/Hz	电感 L/H	仿真结论
1	50	50	65	
2	50	50	130	
3	50	50	65	
4	50	100	65	

（3）电路运行

① 单击“启动/停止”开关，激活电路进行测试。

② 双击示波器图标，弹出放大的示波器面板图。合理调整时间基准，设置通道 A 和 B 参数，这时会在窗口中看到输出信号的波形，如图 2-1-21 所示。

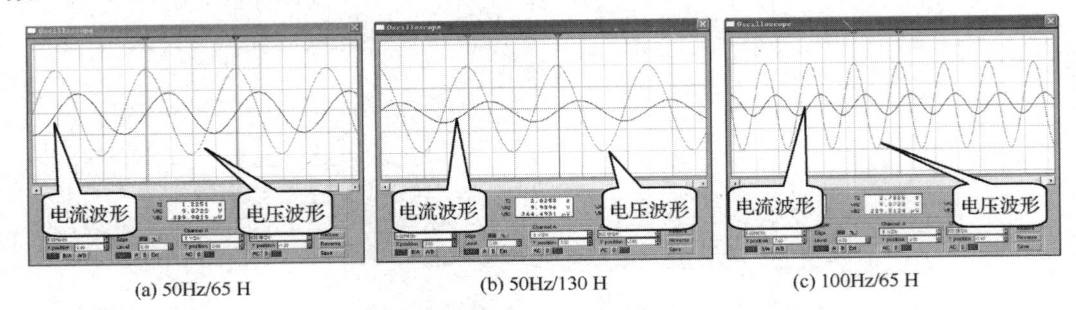

(a) 50Hz/65 H　　(b) 50Hz/130 H　　(c) 100Hz/65 H

图 2-1-21　纯电感交流电路的电流与电压波形图

③ 单击“启动/停止”开关，按表 2-1-4 中的数据重新设置参数。设置后，再次单击“启动/停止”开关，观察示波器所显示的波形是否会变化。

（4）实验结论

根据示波器的波形图，探究纯电感电路中感抗与电感 L、频率 f 的关系，电流与电压相位的关系，请你将实验结论填入表 2-1-4 中。

3．纯电容交流电路的实验探究

（1）实验电路的搭建

根据图 2-1-1(c)所示纯电容电路图搭建 EWB 仿真实验电路，如图 2-1-22 所示。

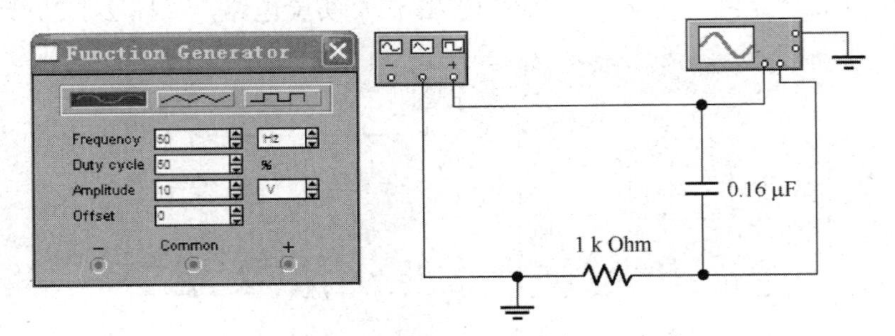

图 2-1-22　纯电容交流电路的 EWB 电路

（2）参数设置

函数发生器选择正弦波信号，其频率、电压幅值，以及电容元件等参数按表 2-1-5 中的数据设置。

表 2-1-5　纯电容交流电路的探究实验数据记录表　　　R_0=1kΩ

序号	电压幅值 U_m/V	频率 f/Hz	电容 C/μF	仿真结论
1	50	50	0.16	
2	50	50	0.32	
3	50	50	0.16	
4	50	100	0.16	

（3）电路运行

① 单击“启动/停止”开关，激活电路进行测试。

② 双击示波器图标，弹出放大的示波器面板图。合理调整时间基准，设置通道 A 和 B 参数，这时会在窗口中看到输出信号的波形，如图 2-1-23 所示。

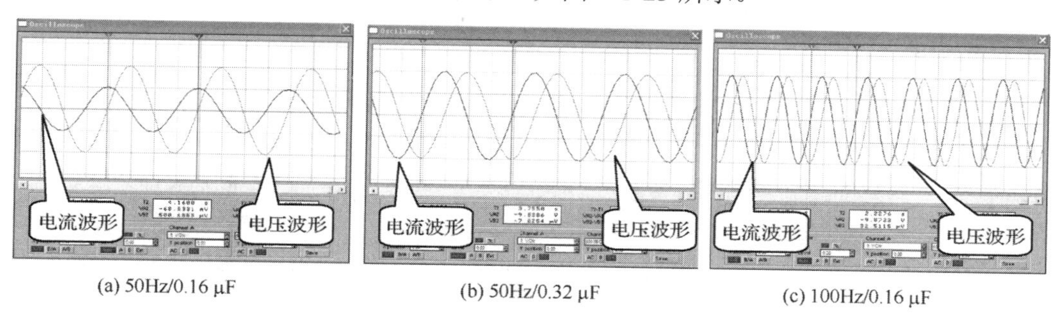

(a) 50Hz/0.16 μF　　(b) 50Hz/0.32 μF　　(c) 100Hz/0.16 μF

图 2-1-23　纯电容交流电路的电流与电压波形图

③ 单击“启动/停止”开关，按表 2-1-5 中的数据重新设置参数。设置后，再次单击“启动/停止”开关，观察示波器所显示的波形是否会变化。

（4）实验结论

根据示波器的波形图，探究纯电容电路中容抗与电容 C、频率 f 的关系，电流与电压相位的关系，请你将实验结论填入表 2-1-5 中。

三、工作任务评价表

请你填写单一元件交流电路的探究工作任务评价表（表 2-1-6）。

表 2-1-6　单一元件交流电路的探究工作任务评价表

序号	评价内容	配分	评价细则	自我评价	教师评价
1	电工仪表与器材	5	① 仪器、仪表少选或错选，扣 1 分/个 ② 元器件少选或错选，扣 1 分/个 ③ 仪器、仪表属性设置不正确，扣 1 分/个 ④ 元器件参数设置不正确，扣 1 分/个		
2	仿真软件的使用	10	⑤ 仿真软件不会使用者，扣 10 分 ⑥ 经提示后会使用仿真软件者，扣 2 分/次		
3	电路搭接	15	⑦ 不按原理图连接导线，扣 5 分/处 ⑧ 连接线少接或错接，扣 2 分/条 ⑨ 连接线不规范、不美观，扣 1 分/条		
4	电路参数测量	30	⑩ 不能一次仿真成功者，扣 5 分 ⑪ 电路参数少测或错测，扣 2 分/个 ⑫ 测量方法错误，扣 2 分/次		

续表

序号	评价内容	配分	评价细则	自我评价	教师评价
5	数据记录与分析	30	⑬ 仿真数据或波形图记录不完整或错误，扣 2 分/个 ⑭ 测量数据分析结论不完整，扣 5 分/处 ⑮ 测量数据分析结论不正确，扣 10 分/处		
6	安全文明操作	10	⑯ 违反安全操作规程者，扣 5 分/次，并予以警告 ⑰ 实验结束未及时整理实验台及场所，扣 2 分 ⑱ 发生严重事故者，10 分全扣，并立即予以终止作业		
合计		100			

思考与练习

一、填空题

1．交流电是指电压、电流的________和________随时间作________变化，按________规律变化的交流电称为正弦交流电。

2．正弦交流电的三要素是指________、________和________，分别用来描述交流电的变化的大小、快慢及初始值。

3．交流电的大小往往不是用它的最大值，而是用________来计量的，如交流电流表和电压表所指示的数值。它是根据电流的________原理来规定的。

4．有效值与最大值的关系是：最大值为有效值的________倍。

5．正弦交流电的三种表示方法是：________、________、________。

6．用导线绕制而成的线圈就是一个电感器。请你填写以下电感器的名称：

（1）：________；（2）：________；（3）：________。

7．电容器的电容 C，与极板________成正比；与介质的________成正比；与两极板间的成反比，用公式表示为________。电容的单位分别是法拉、微法、纳法、皮法，它们之间的换算关系是 1F=________μF=________nF=________pF。

8．电路三种基本元件中，电阻是耗能元件、电感是________元件、电容是________元件。

二、简答题

1．在完成单一元件交流电路的探究工作任务中，对仿真电路中 R_0 参数的设定值有什么要求？

2．在纯电阻、纯电感及纯电容交流电路中，各电路示波器所显示的波形图具有什么特点？说明什么问题？

3．电容器用电容量 C 来表征其容纳电荷的能力。“电容器存储电荷的电量随着外加电压的升高而增多”，“不同的电容器存储电荷的本领是不一样的，其电容量取决于器件的介质和结构，与外加电压无关”。请你分析这两句话的含义，是否有矛盾？

4．导线通过直流电流时，电流在导线截面上是均匀分布的。但导线通过交流电流时，电流在导线截面上的分布却是不均匀的，而且越靠近导线表面位置的电流密度越大。这是为什么？

5．某一电容器标注“100V，100μF”，其中“100V”表示什么含义？

6．请你解释如图 2-1-24 所示电路的开关 S 闭合瞬间和闭合很长一段时间所观察到的现象。

三、计算题

1．已知两个电容 C_1=50μF，C_2=200μF，耐压分别是 200V 和 400V，试求：

（1）两电容串联使用时的等效电容及工作电压；

（2）两电容并联使用时的等效电容及工作电压。

2．有一线圈，当通过它的电源在 0.01 秒内由零增加到 4A 时，线圈中产生的感应电动势为 1000V，求线圈的自感系数 L。

3．一正弦交流电压，其有效值为 220V，初相位为–45°，频率为 50Hz。试写出其解析式并画出对应的旋转矢量图。

4．将频率为 50Hz、电压有效值为 220V 的正弦交流电源分别加在电阻元件、电感元件、电容元件上。已知 R=50Ω，L=150mH，C=50μF，求：（1）电流；（2）有功功率或无功功率；（3）写出各电流的解析式。

5．在图 2-1-25 所示的电路中，E=12V，R_1=3kΩ，R_2=9kΩ，C=100μF，开关 S 处于闭合状态。试回答：

（1）开关 S 断开后各支路电流，并画出各电流变化的波形图。

（2）若将电路中的电容器更换为电感器（L=6H）时，求（1）中的问题。

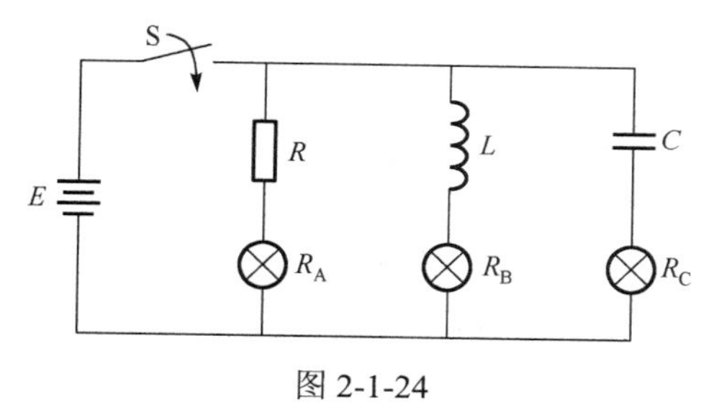

图 2-1-24

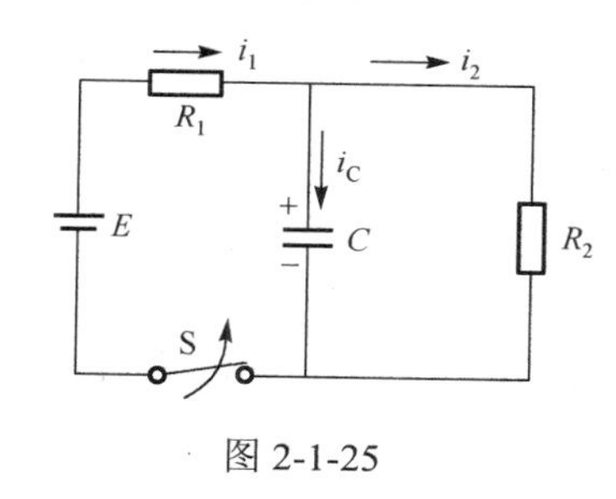

图 2-1-25

四、仿真实验题

根据图 2-1-15 所示电路，请你搭建 EWB 仿真电路如图 2-1-26(a)所示。请选择合适电路参数使示波器能显示如图 2-1-26(b)所示的波形图。并回答以下若干问题：

（1）该电路的结构是微分电路还是积分电路？

（2）电路输出信号要产生示波器所显示的波形图，电路参数如何选择？

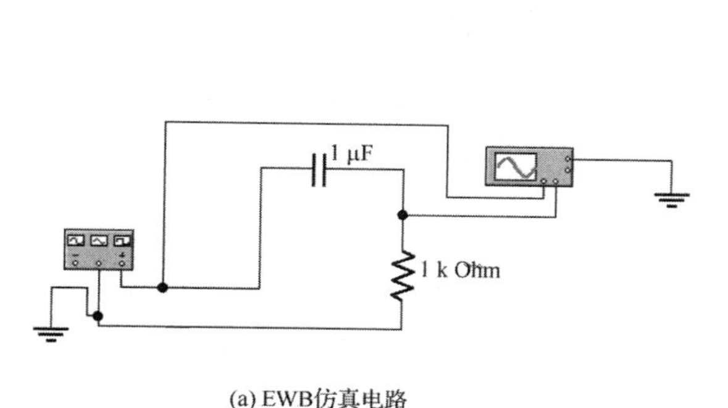

(a) EWB仿真电路

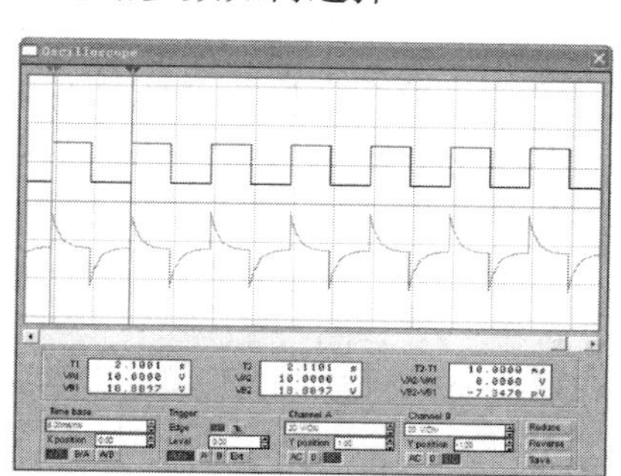

(b) 示波器显示的波形

图 2-1-26

任务 2–2 RL 串联交流电路的探究

工作任务

根据如图 2-2-1 所示日光灯电路原理图，请你完成以下工作任务。

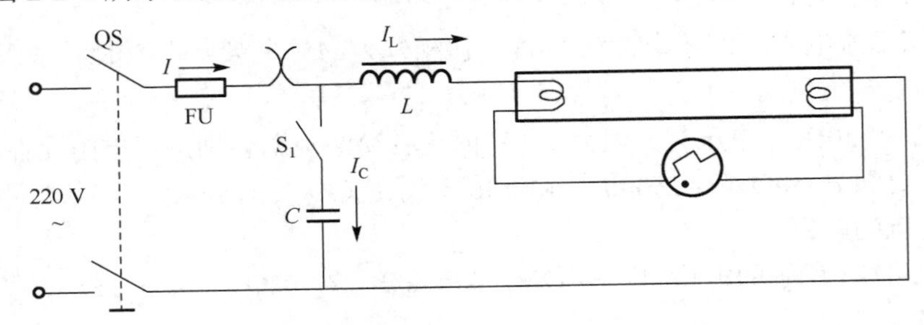

图 2-2-1 日光灯电路原理图

1．电路的连接

根据电路原理图，选择合适元器件，用专用导线连接器件完成电路的连接。

2．电路的测试

① 测试电路未并联电容时的电源电压、镇流器两端电压、日光灯管电压和电路电流，探究电阻与电感元件串联组成的交流电路的特性。

② 测试电路并联电容后的电源电压、镇流器两端电压、日光灯管电压和电路电流，探究感性电路并联电容后的特性。

3．实验数据分析

根据实验数据，分析电阻与电感串联组成的感性电路中，总电压与各元件分压之间的关系，估算电路功率因数的大小。

分析感性电路并联电容后，总电流的变化与电路功率因数的关系。

相关知识

一个实际的线圈在它的电阻不能忽略不计时，可以等效为电阻与电感串联的交流电路。日光灯电路就是最典型的 RL 串联交流电路。其中日光灯管视为纯电阻元件，镇流器视为纯电感元件。

一、电压和电流的关系

图 2-2-2(a)所示为 RL 串联交流电路，电流、电压的正方向标于图中。以电流为参考正弦量，并设电流

$$i = I_m \sin \omega t \tag{2-2-1}$$

电流通过电阻和电感所产生的分电压分别是

$$u_{\mathrm{R}} = iR = I_{\mathrm{m}} R \sin \omega t = U_{\mathrm{Rm}} \sin \omega t$$

$$u_{\mathrm{L}} = L \frac{\mathrm{d}i}{\mathrm{d}t} = I_{\mathrm{m}} \omega L \sin(\omega t + \pi / 2) = U_{\mathrm{Lm}} \sin(\omega t + \pi / 2)$$

根据基尔霍夫电压定律可列出

$$u = u_{\mathrm{R}} + u_{\mathrm{L}} = U_{\mathrm{m}} \sin(\omega t + \varphi) \quad (2\text{-}2\text{-}2)$$

上式表明同一频率的正弦量相加，所得出的仍为同一频率的正弦量。其中 U_{m}、φ 分别表示总电压的幅值、电压与电流的相位差，利用旋转矢量图即可求出它们。

根据如图 2-2-2(b)所示的旋转矢量图，便可求得以下关系。

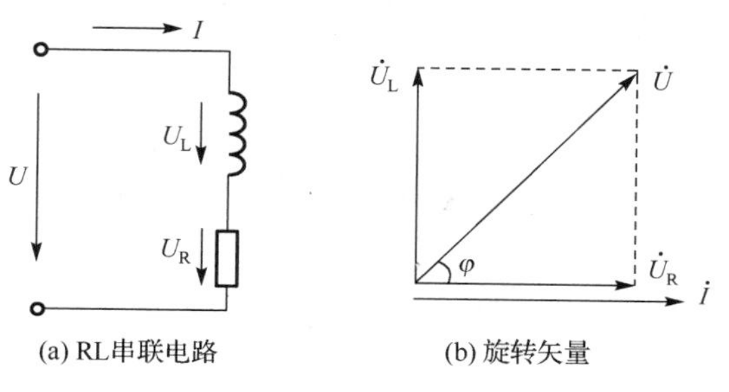

图 2-2-2　RL 串联交流电路

1．电压与电流的大小关系

$$U = \sqrt{U_{\mathrm{R}}^2 + U_{\mathrm{L}}^2} = \sqrt{(IR)^2 + (IX_{\mathrm{L}})^2} = I\sqrt{R^2 + X_{\mathrm{L}}^2}$$

也可写成

$$Z = \frac{U}{I} = \sqrt{R^2 + X_{\mathrm{L}}^2} \quad (2\text{-}2\text{-}3)$$

由上式可见，RL 串联交流电路中电压与电流的有效值（或幅值）之比为 $\sqrt{R^2 + X_{\mathrm{L}}^2}$，表示它对交流电的阻碍作用，我们称之为电路的阻抗，记为 Z，单位为欧姆（Ω）。

2．电压与电流的相位关系

$$\varphi = \mathrm{tg}^{-1} \frac{U_{\mathrm{L}}}{U_{\mathrm{R}}} = \mathrm{tg}^{-1} \frac{X_{\mathrm{L}}}{R} = \mathrm{tg}^{-1} \frac{\omega L}{R} \quad (2\text{-}2\text{-}4)$$

式中，$0 \leqslant \varphi \leqslant \pi / 2$ 说明电压总是超前电流一个角度，称为电感性负载。

二、功率的计算

在任一瞬时，电压 u 与电流 i 的乘积称为瞬时功率 p，即

$$\begin{aligned} p &= ui = U_{\mathrm{m}} I_{\mathrm{m}} \sin(\omega t + \varphi) \sin \omega t \\ &= UI \cos \varphi - UI \cos(2\omega t + \varphi) \end{aligned} \quad (2\text{-}2\text{-}5)$$

1．平均功率

平均功率也叫有功功率，表示电阻元件所消耗的功率，即

$$P=\frac{1}{T}\int_0^T p\mathrm{d}t=\frac{1}{T}\int_0^T[UI\cos\varphi-UI\cos(2\omega t+\varphi)]\mathrm{d}t$$
$$=UI\cos\varphi=U_{\mathrm{R}}I=I^2R=\frac{U_{\mathrm{R}}^2}{R} \quad (2\text{-}2\text{-}6)$$

2．无功功率

电路中含有电感储能元件，需要与电源之间进行能量互换，因此，无功功率可根据下式得出：

$$Q=U_{\mathrm{L}}I=I^2X_{\mathrm{L}}=\frac{U_{\mathrm{L}}^2}{X_{\mathrm{L}}}=UI\sin\varphi \quad (2\text{-}2\text{-}7)$$

式（2-2-6）和式（2-2-7）是计算正弦交流电路中平均功率（有功功率）和无功功率的一般公式。

3．视在功率

在交流电路中，将电压和电流的有效值的乘积称为视在功率，可用下式表示：

$$S=UI \quad (2\text{-}2\text{-}8)$$

式中，U 为电压，单位为伏特（V）；I 为电流，单位为安倍（A）；S 为视在功率，单位为伏安（VA）或千伏安（kVA）。

三、功率因数

定义功率因数为交流电路中电压与电流相位差的余弦函数 $\cos\phi$。根据式（2-2-3）、式（2-2-6）、式（2-2-7），可得下列一组公式

$$\begin{cases}Z^2=R^2+X_{\mathrm{L}}^2\\U^2=U_{\mathrm{R}}^2+U_{\mathrm{L}}^2\\S^2=P^2+Q^2\end{cases} \quad (2\text{-}2\text{-}9)$$

式（2-2-9）可分别用 3 个三角形来表示，其中阻抗和功率不是正弦量，三角形不带箭头，三角形的一个夹角的余弦函数表示功率因数，如图 2-2-3 所示。

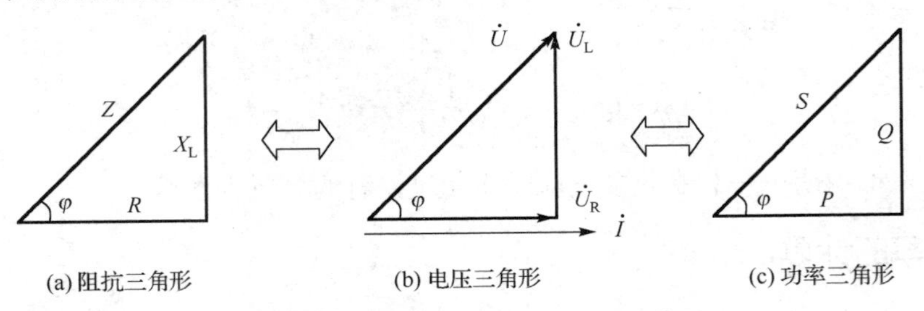

图 2-2-3　阻抗、电压、功率三角形

例题 2-2-1　为了测量一电感线圈的参数 R 和 L，将电压为 62.8V 的直流电源加在线圈两端，测得直流电流为 10mA；将电压为 62.8V、频率为 50Hz 的交流电源加在线圈两端，测得交流电流为 7mA。根据测量数据求电感线圈的 R 和 L。

解：①电源为直流电时：

$$R=\frac{U}{I}=\frac{62.8}{0.01}=6280(\Omega)$$

② 电源为交流电时：

因为 $Z=\frac{U}{I}=\sqrt{R^2+X_L^2}$，所以 $\frac{62.8}{0.007}=\sqrt{6280^2+X_L^2}$，得 X_L=6280（Ω）。

又因为 $X_L=2\pi fL$，所以 $L=\frac{X_L}{2\pi f}=\frac{6280}{314}=20$（H）

例题 2-2-2 电感性电路及其旋转矢量如图 2-2-2 所示，已知 R=1kΩ，φ=45°，交流电压为 $u=220\sqrt{2}\sin(314t+45°)$ V。试求：①电路的功率因数；②电感量 L；③有功率、无功功率及视在功率；④电流解析式。

解：①功率因数：$\cos\varphi=\cos45°=0.707$

② 电感量 L：

因为 $\mathrm{tg}\varphi=\frac{X_L}{R}$，所以 $X_L=R\mathrm{tg}\varphi=100\times1=100$（Ω）

又因为 $X_L=2\pi fL$，所以 $L=\frac{X_L}{2\pi f}=\frac{100}{314}=0.318$（H）

③ 因为电路电流为 $I=\frac{U_R}{R}=\frac{U\cos\varphi}{R}=\frac{220\times0.707}{1000}$=0.156（A），所以：

视在功率 $S=UI$=220×0.156=34.32（VA）

有功功率 $P=UI\cos\varphi$=220×0.156×0.707=24.26（W）

无功功率 $Q=UI\sin\varphi$=220×0.156×0.707=24.26（Var）

④ 电流解析式：

$$i=I_m\sin\omega t=0.156\sqrt{2}\sin314t\ \mathrm{A}$$

※四、功率因数的提高

1．提高功率因数的意义

功率因数也可以用电路的有功功率与视在功率的比值来表示，即

$$\lambda=\cos\varphi=\frac{P}{S} \tag{2-2-10}$$

提高功率因数就是减小电路中电流与电压之间的相位角 φ，即增大 P/S 的比值。提高功率因数具有以下两方面的意义。

（1）减少输电线路的能量损耗

如图 2-2-4(a)所示为提高功率因数前的功率三角形，功率因数为 $\cos\varphi_1$。当用电设备有功功率和工作电压一定时，提高功率因数 $\cos\varphi$（$>\cos\varphi_1$）后，如图 2-2-4(b)所示，视在功率减小，输电线路电流减小了。因此，输电线路电流的热效应引起的能量损耗也减少了。

（2）提高供电设备的能量利用率

如图 2-2-4(c)所示，当供电设备的容量（视在功率）一定时，提高功率因数后，有功功率部分增加，无功功率部分减小了。这样，电源设备的电能利用率得到了提高。

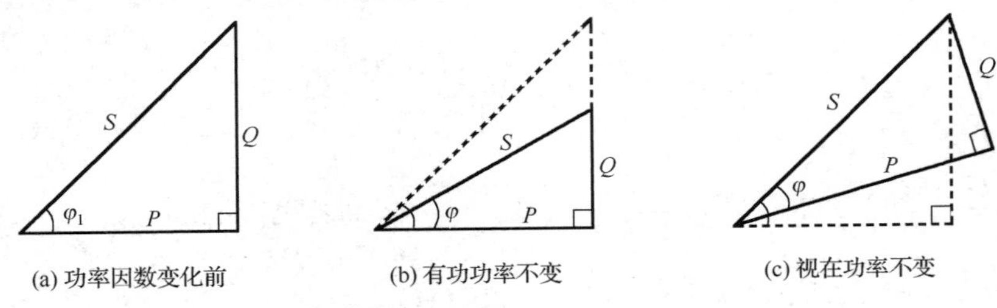

图 2-2-4　功率因数与功率三角形

2．提高功率因数的方法

提高功率因数的方法之一是在感性负载两端并联一只电容量适当的电容器，电路如图 2-2-5(a)所示。选择电压为参考正弦量，画出感性电路并联电容前后的旋转矢量，如图 2-2-5(b)所示。

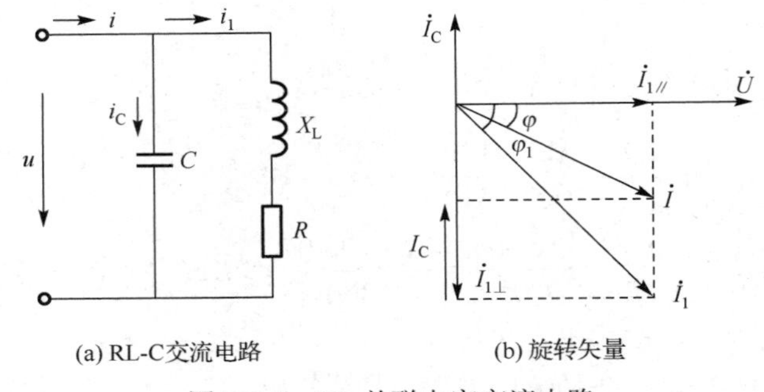

图 2-2-5　RL 并联电容交流电路

在图 2-2-5(b)中，有

$$I_{1//}=I_1\cos\varphi_1=I\cos\varphi \text{ 和 } I_{1\perp}=I_1\sin\varphi_1=I\sin\varphi+I_C \tag{2-2-11}$$

假设感性负载的有功率功率为 P，工作电压为 U，电容器的电容量为 C，则

$$U\omega C=\frac{P}{U\cos\varphi_1}\sin\varphi_1-\frac{P}{U\cos\varphi}\sin\varphi$$

移项后，可得电路功率因数由 $\cos\varphi_1$ 提高到 $\cos\varphi$ 时的电容值

$$C=\frac{P}{\omega U^2}\left(\frac{\sqrt{1-\cos\varphi_1^2}}{\cos\varphi_1}-\frac{\sqrt{1-\cos\varphi^2}}{\cos\varphi}\right) \tag{2-2-12}$$

例题 2-2-3　有一电感性负载，其功率为 1000W，功率因数为 0.5，接在电压为 U=220V 的电源上，电流频率为 f=50Hz。若将功率因数提高到 0.865，试求与负载并联的电容器的电容量和电容器并联前后的线路电流。

解：①计算电容量。

根据公式（2-2-12），得

$$C=\frac{P}{\omega U^2}\left(\frac{\sqrt{1-\cos\varphi_1^2}}{\cos\varphi_1}-\frac{\sqrt{1-\cos\varphi^2}}{\cos\varphi}\right)$$
$$=\frac{1000}{314\times220^2}\left(\frac{\sqrt{1-0.5^2}}{0.5}-\frac{\sqrt{1-0.865^2}}{0.865}\right)=76.1(\mu F)$$

② 计算负载并联电容前后的线路电流。

根据公式$P = UI\cos\varphi$，得

并联电容前：$I_1 = P / U\cos\varphi_1 = 1000/$（220×0.5）=9.1（A）

并联电容后：$I = P / U\cos\varphi = 1000/$（220×0.865）=5.25（A）

【阅读材料】

日光灯线路工作原理

一、日光灯器件

如图 2-2-6 所示为日光灯线路实物图，线路主要由灯架、灯管、镇流器、启辉器等元器件组成。主要元器件的作用简要介绍如下。

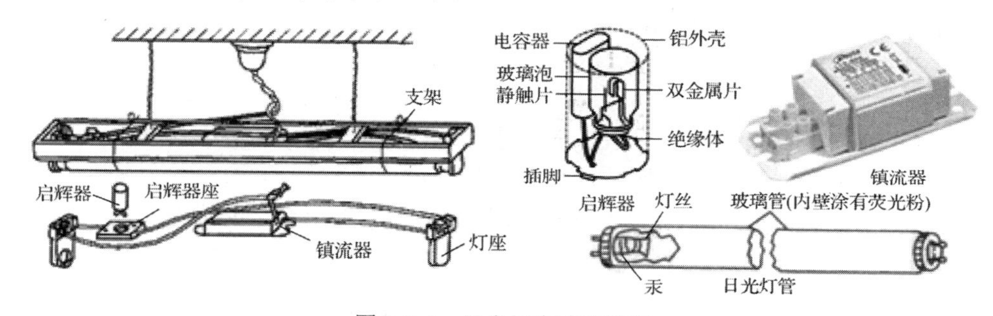

图 2-2-6 日光灯电路实物图

1. 灯管

日光灯管是一个内壁涂有荧光粉的密封玻璃管，管内充有微量的氩气和少量的水银蒸气。管的两端各装有一个灯丝（电极），灯丝由钨丝绕制，其作用是发射电子。气体导电时发出紫外线，使涂在管壁上的荧光粉发出柔和的白光。

2. 镇流器

镇流器是一个含有铁芯的线圈，自感系数很大，它的作用：一方面是电感的自感作用而稳定日光灯的工作电流；另一方面是在日光灯启辉时产生一个瞬间高压连同电源电压一起加在灯管两端，从而使灯管放电起热。

3. 启辉器

启辉器主要是一个充有氖气的小玻璃泡，内装有两个电极（静触片和双金属片），泡外有一个纸电容器，其作用是消除启辉器通断时产生的干扰信号，玻璃泡和电容器一起装在一个铝制圆筒中。启辉器上加以适当电压时，两极间产生辉光发电，双金属片受热伸张与静触片接触使电路导通，这时放电静止，双金属片冷却收缩脱离静触片而自动切断电路。

二、日光灯线路工作原理

日光灯线路接通电源后，灯管尚未放电，电路中没有电流，电压全部加在启辉器上，使它产生辉光放电，从而接通电路。电流流经灯丝，使它受热而发射电子，这时启辉器放电停止而重新断开。在这瞬间，镇流器上产生一个相当高的自感电动势，与电源电压一起加在灯管两端，使水银蒸气电离放电而发出紫外线，这种光线激发荧光粉产生荧光，灯管就亮了。这时，启辉器两极间电压因镇流器的分压而下降，不能再发生放电而保持分离状态。

一、电工仪表与器材准备

1. 仪器仪表

数字式万用表、指针式万用表、交流电流表（DS-C04P04，量程 500mA）。

2. 器材

DS-IC 型电工实验台、220V 交流电源、日光灯管（含灯管座）、40W 镇流器（DS-C19L-SA）、熔断器启辉器（DS-C20Fu）、电流测量插口（DS-C23）、动态电路单元板（DS-27DN）、专用导线若干。

二、探究实验的方法与步骤

1. 电路的连接

① 根据工作任务书上的具体要求，正确选择元器件并检查其质量的好坏。

② 将选择好的元器件放置于实验台架上合理位置。

③ 根据如图 2-2-1 所示电路，用专用连接导线将元器件连接，完成电路的连接任务，如图 2-2-7 所示。

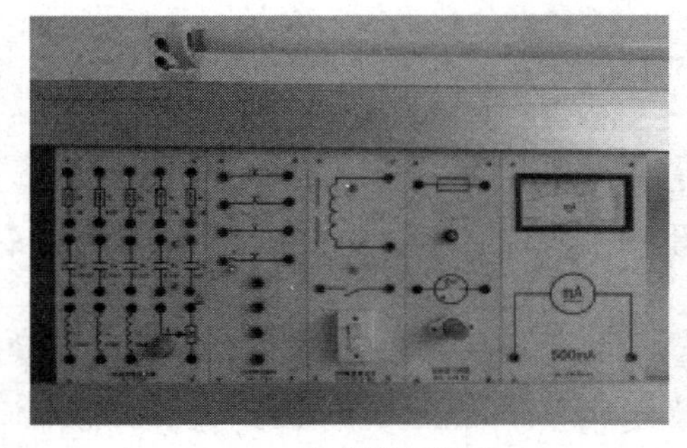

(a) 合理放置元器件

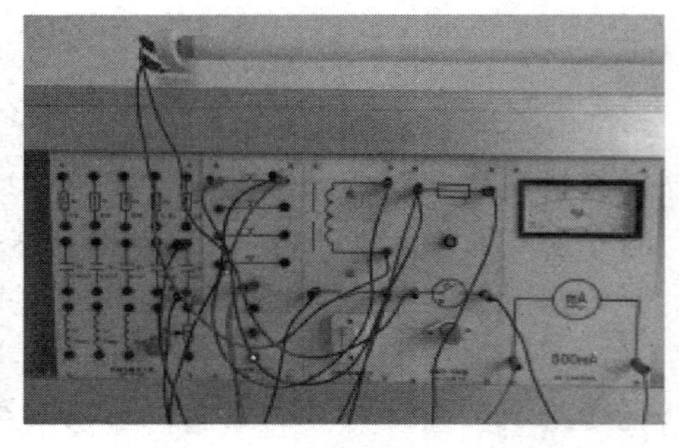

(b) 连接电路

图 2-2-7 电路的连接

2. 电路的测试

（1）并联电容器前

① 闭合电源总开关 QS，接通日光灯线路的电源，日光灯亮了。

② 用万用表合适的交流电压挡测量电路中电源电压 U、镇流器电压 U_L 和灯管两端电压 U_R。将测量数据记录在表 2-2-1 中。

表 2-2-1 日光灯线路实验数据记录表 P=30W，C=4μF

序号	是否并联电容器	U/V	U_L/V	U_R/V	I/mA	计算 $\cos\varphi$
1	并联前	223	175	106	300	0.45
2	并联后	223	175	106	160	0.84

③ 将与交流电流表连接的专用导线插入电流测量口中，测量电路的总电流。并将测量数据记录在表 2-2-1 中。

④ 断开电源总开关 QS。

（2）并联电容器后

① 闭合与电容器支路连接的开关 S_1，接通电容器并联支路。

② 闭合电源总开关 QS，接通日光灯线路的电源，日光灯亮了。

③ 测量电路中电源电压 U、镇流器电压 U_L 和灯管两端电压 U_R。将测量数据记录在表 2-2-1 中。

④ 测量电路的总电流，并将测量数据记录在表 2-2-1 中。

⑤ 断开电源总开关 QS。

电路的测试工作任务过程如图 2-2-8 所示。

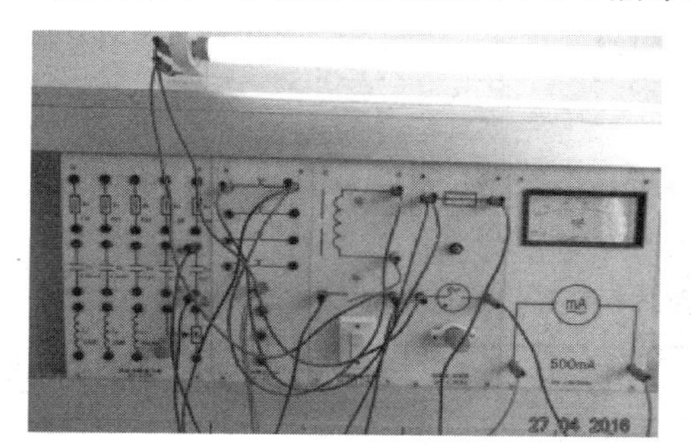

(a) 接通电源

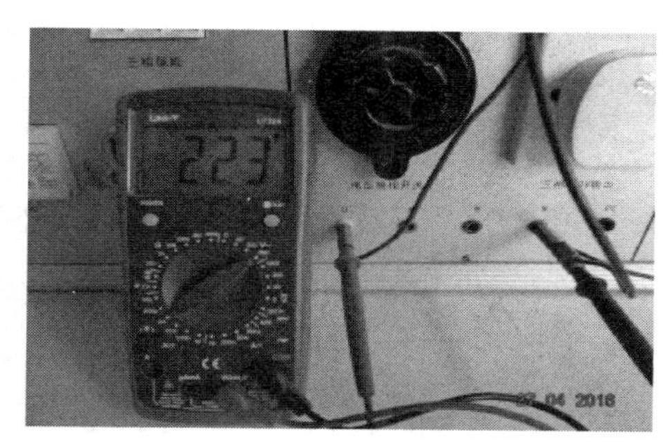

(b) 测量电源电压

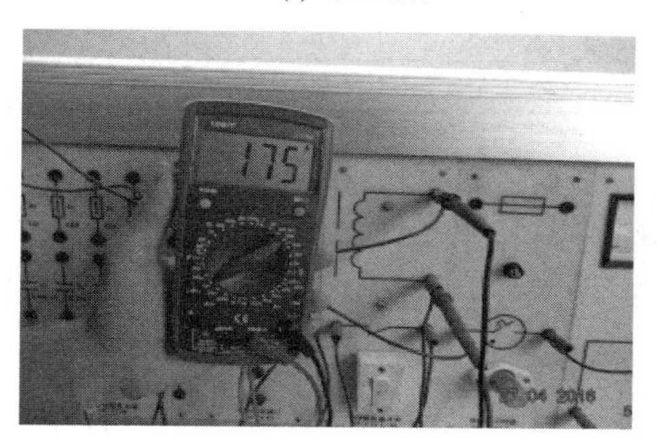

(c) 测量镇流器电压

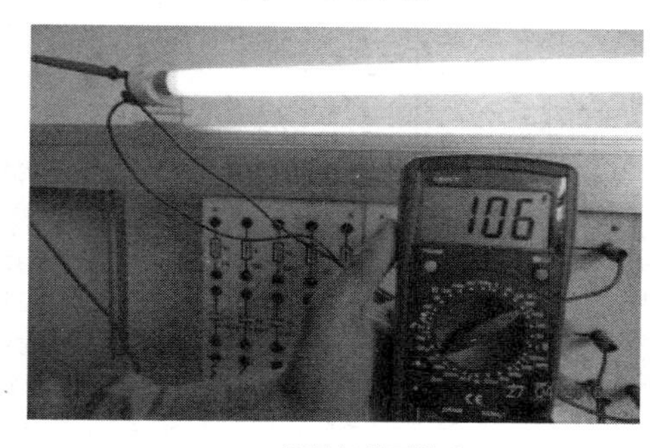

(d) 测量灯管两端电压

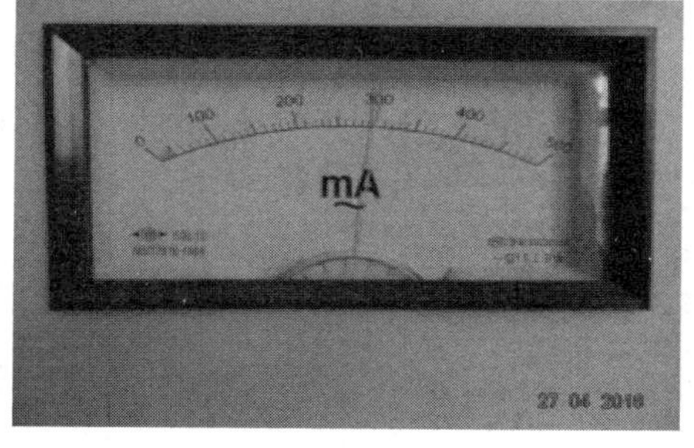

(e) 测量并联电容前电路电流

(f) 测量并联电容后电路电流

图 2-2-8　电路的测量

3．实验数据分析

根据表 2-2-1 中的实验测量数据和计算值，可以看出：

① 电容器并联前后，电路中各电压值不变，且近似满足$U^2 = U_L^2 + U_R^2$；

② 感性电路功率因数较低，在并联上适当电容量的电容器后，电路的总电流减小，整个电路的功率因数明显提高了。

安全提示：

在完成工作任务过程中，严格遵守实验室的安全操作规程。在完成电路接线后，必须经指导教师检查确认无误后，才允许通电试验。测量过程中若有异常现象，应及时切断实验台电源总开关，同时报告指导教师。只有在排除故障原因后才能申请再次通电试验。

搭建实验电路、更改电路或测量完毕后拆卸电路，都必须在断开电源的情况下进行。

正确使用仪器仪表，保护设备及连接导线的绝缘，避免短路或触电事故发生！

三、工作任务评价表

请你填写 RL 串联交流电路的探究工作任务评价表（表 2-2-2）。

表 2-2-2　RL 串联交流电路的探究工作任务评价表

序号	评价内容	配分	评价细则	自我评价	教师评价
1	选用工具、仪表及器件	10	① 工具、仪表少选或错选，扣 2 分/个 ② 电路单元模块选错型号和规格，扣 2 分/个 ③ 单元模块放置位置不合理，扣 1 分/个		
2	器件检查	10	④ 电器元件漏检或错检，扣 2 分/处		
3	仪表的使用	10	⑤ 仪表基本会使用，但操作不规范，扣 1 分/次 ⑥ 仪表使用不熟悉，但经过提示能正确使用，扣 2 分/次 ⑦ 检测过程中损坏仪表，扣 10 分		
4	电路连接	20	⑧ 连接导线少接或错接，扣 2 分/条 ⑨ 电路接点连接不牢固或松动，扣 1 分/个 ⑩ 连接导线垂放不合理，存在安全隐患，扣 2 分/条 ⑪ 不按电路图连接导线，扣 10 分		
5	电路参数测量	20	⑫ 电路参数少测或错测，扣 2 分/个 ⑬ 不按步骤进行测量，扣 1 分/个 ⑭ 测量方法错误，扣 2 分/次		
6	数据记录与分析	20	⑮ 不按步骤记录数据，扣 2 分/次 ⑯ 记录表数据不完整或错记录，扣 2 分/个 ⑰ 测量数据分析不完整，扣 5 分/处 ⑱ 测量数据分析不正确，扣 10 分/处		
7	安全文明操作	10	⑲ 未经教师允许，擅自通电，扣 5 分/次 ⑳ 未断开电源总开关，直接连接、更改或拆除电路，扣 5 分 ㉑ 实验结束未及时整理器材，清洁实验台及场所，扣 2 分 ㉒ 测量过程中发生实验台电源总开关跳闸现象，扣 10 分 ㉓ 操作不当，出现触电事故，扣 10 分，并立即予以终止作业		
合计		100			

思考与练习

一、填空题

1. 一个实际的线圈在它的电阻不能忽略不计时，可以等效为电阻与________串联的交流电路，如日光灯线路就是一个典型的________和________串联的交流电路。

2. 阻值为 30Ω的电阻与感抗为 40Ω的电感串联组成的电路，其总阻抗 Z 为________Ω，功率因数λ为________。

3. 在交流电路中，视在功率、有功功率及无功功率三者之间的关系式可表示为________，用它们来表示电路的功率因数时，功率因数等于________。

4. 功率的单位：视在功率为________，有功功率为________，无功功率为________。

5. 功率因数可以用电路中电流与电压之间相位差的________来表示，提高功率因数也就是要减小这个相位差。

6. 电感性电路________连接适当电容量的电容器后，可以提高整个电路的功率因数。

7. 提高功率因数，具有重要意义：（1）减少____________；（2）提高____________。

8. 日光灯线路主要由灯架、灯管、________、________等元器件组成。

9. 日光灯线路采用电压为________电源供电。线路中，启辉器起________作用；电感式镇流器一方面因________作用而稳定工作电流，另一方面产生________而使灯管发光。

二、简答题

1. 怎样估算日光灯有功功率？将电感式镇流器视为纯电感元件是实验误差的主要原因吗？

2. 什么叫功率因数？提高功率因数有什么意义？

3. 根据你测量的实验数据，是否满足$U^2 = U_L^2 + U_R^2$？为什么？

4. 标有额定值“110V/100W”的电感线圈，误接电压为 110V 的直流电源，会产生什么后果？

5. 简述日光灯线路的工作原理。

6. 根据日常观察，日光灯线路常见的故障有哪些？如果发现没有启辉器，你有什么应急的办法让日光灯亮起来？

三、计算题

1. 30W 的日光灯和镇流器串联接在 220V/50Hz 交流电源上，通过的电流是 0.3A，求功率因数。

2. 将电感为 318mH、电阻为 100Ω的线圈接到 $u = 220\sqrt{2}\sin 314t$ V 的电源上。求：（1）线圈的阻抗；（2）电流的有效值及解析式；（3）电阻和电感上的分压；（4）功率因数、有功功率、无功功率及视在功率。

3. 为了使一个 36V、0.3A 的白炽灯接在 220V、50Hz 的交流电源上能正常正作，可以串联一个电感线圈（电阻可忽略不计），试求该线圈的电感量是多少？

4. 已知日光灯线路的灯管电阻 R_1=353Ω，镇流器的电阻 R_2=50Ω，电感 L=1.85H，电源电压为 220V，频率 f=50Hz。求：

（1）通过灯管的电流 I；

（2）灯管两端的电压 U_1、镇流器的电压 U_2；

（3）电路的功率因数 λ 及有功功率 P。

5．40W 的日光灯使用时与镇流器串联接在电压为 220V，频率为 50Hz 的电源上。测得灯管两端电压为 110V，试求镇流器（纯电感）的感抗及电感，此时电路的功率因数为多少？若将功率因数提高到 0.9，必须并联多大电容的电容器？

四、EWB 仿真题

用 EWB 仿真软件搭建感性负载并联电容器电路，如图 2-2-9(a)所示。已知感性负载 R=1kΩ，电感 L=1000mH，正弦波信号源频率为 50Hz。请你选择电容器的电容量 C，使电路功率因数达到最大。参考波形图如图 2-2-9(b)所示。

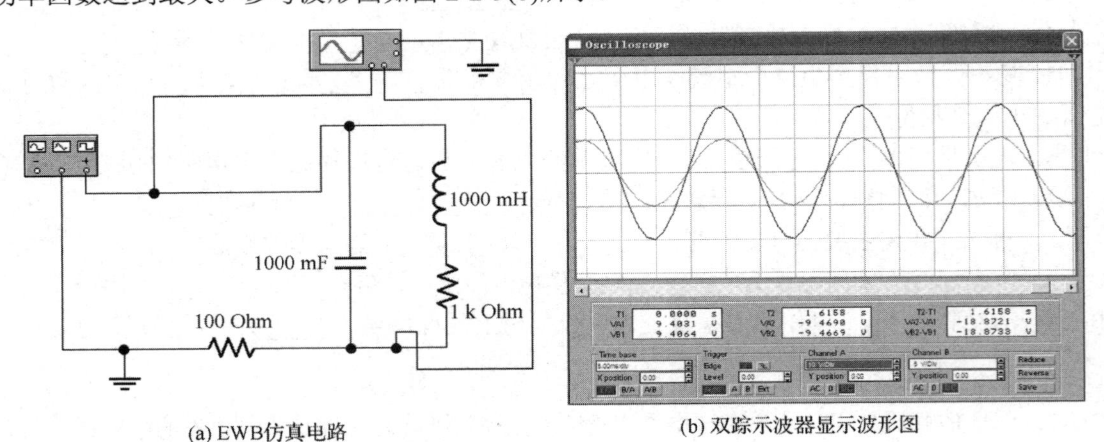

(a) EWB仿真电路　　(b) 双踪示波器显示波形图

图 2-2-9

任务 2-3　RC 串联交流电路的探究

工作任务

用电路仿真软件 EWB 探究纯电阻与电容串联的交流电路的频率特性，实验电路如图 2-3-1 所示。请你完成以下工作任务。

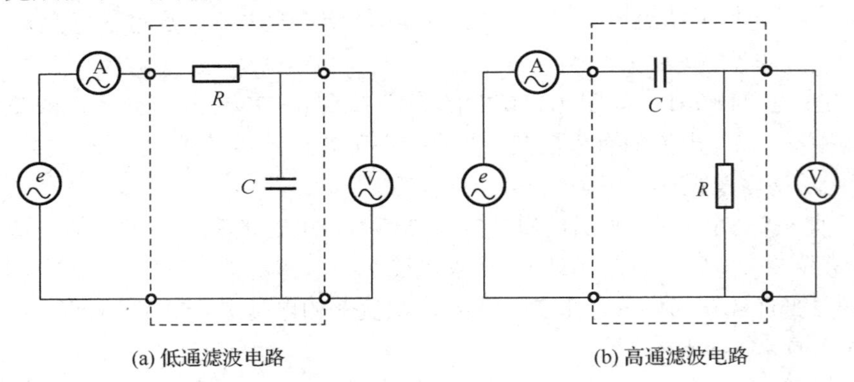

(a) 低通滤波电路　　(b) 高通滤波电路

图 2-3-1　RC 串联电路的频率特性分析

① 用 EWB 搭建 RC 串联电路（电容输出），并探究低通滤波电路的频率特性。

② 用 EWB 搭建 RC 串联电路（电阻输出），并探究高通滤波电路的频率特性。

相关知识

在交流电路中，电容元件的容抗与交流电源的频率有关，当电源频率改变时，电路中电流和各部分电压的大小和相位也随着改变，我们把这种变化的关系称为电路的频率特性。

一、RC 低通滤波电路的频率特性

如图 2-3-2(a)所示为一 RC 串联电路，输入信号为 u_1，输出信号为 u_C，下面讨论两者大小的比值 $T(\omega)$ 和其相位差 $\varphi(\omega)$ 与角频率 ω 的关系。

1. 幅频特性

在图 2-3-2(a)中，根据欧姆定律

$$I = \frac{U_1}{\sqrt{R^2 + X_C^2}}$$

输出电压为

$$U_C = IX_C = \frac{U_1}{\sqrt{R^2 + X_C^2}} X_C$$

输出信号与输入信号大小的比值为

$$T(\omega) = \frac{U_C}{U_1} = \frac{X_C}{\sqrt{R^2 + \left(\dfrac{1}{\omega C}\right)^2}} = \frac{1}{\sqrt{1 + (\omega RC)^2}} \tag{2-3-1}$$

上式表明，输出电压与输入电压有效值的比值与角频率有关，即幅频特性，如图 2-3-2(b)所示。

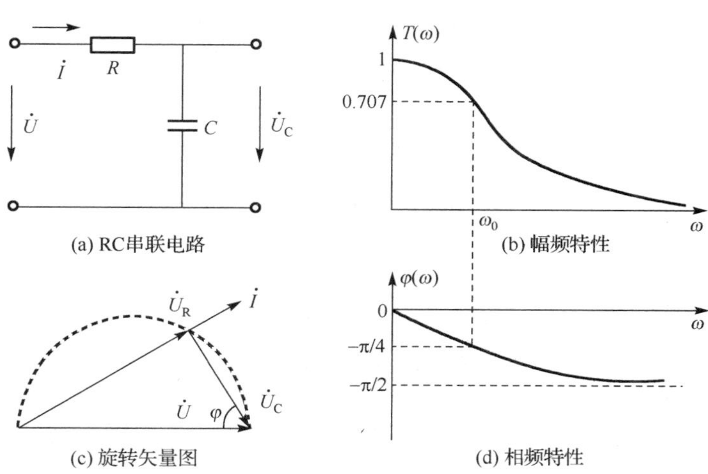

图 2-3-2 RC 低通滤波电路

2．相频特性

根据如图 2-3-2(c)所示旋转矢量图，输出信号与输入信号的相位差可求得：

$$\varphi(\omega)=-\mathrm{tg}^{-1}\frac{U_{\mathrm{R}}}{U_{\mathrm{C}}}=\mathrm{tg}^{-1}\frac{IR}{IX_{\mathrm{C}}}=-\mathrm{tg}^{-1}\frac{R}{X_{\mathrm{C}}}=-\mathrm{tg}^{-1}\omega RC \qquad (2\text{-}3\text{-}2)$$

上式表明，输出电压与输入电压的相位差也与角频率有关，即相频特性，如图 2-3-2(d)所示。

由式（2-3-1）和式（2-3-2）可知，当 $\omega=\omega_0=\dfrac{1}{RC}$ 时，$T(\omega)=\dfrac{1}{\sqrt{2}}=0.707$，$\varphi(\omega)=-\dfrac{\pi}{4}$，即当输出电压下降到输入电压的 70.7%时，两者的相位差为 $-\pi/4$。在实际应用中，规定 ω_0 为截止角频率。

从幅频特性曲线看出：

① 输出信号发生相位移动，且滞后于输入信号。

② 当 $\omega<\omega_0$ 时，$T(\omega)$ 变化不大，接近等于 1；当 $\omega>\omega_0$ 时，$T(\omega)$ 明显下降。这表明 RC 电路具有通低频而阻高频的作用，所以，称该电路为低通滤波电路。

二、RC 高通滤波电路的频率特性

如图 2-3-3(a)所示为一 RC 串联电路，输入信号为 u_1，输出信号为 u_{R}，下面讨论两者大小的比值 $T(\omega)$ 和其相位差 $\phi(\omega)$ 与角频率 ω 的关系。

1．幅频特性

在图 2-3-3(a)中，输出电压为

$$U_{\mathrm{R}}=IR=\frac{U_1}{\sqrt{R^2+X_{\mathrm{C}}^2}}R$$

输出信号与输入信号大小的比值为

$$T(\omega)=\frac{U_{\mathrm{R}}}{U_1}=\frac{R}{\sqrt{R^2+\left(\dfrac{1}{\omega C}\right)^2}}=\frac{\omega RC}{\sqrt{1+(\omega RC)^2}} \qquad (2\text{-}3\text{-}3)$$

上式表明，输出电压与输入电压有效值的比值与角频率有关，即幅频特性，如图 2-3-3(b)所示。

2．相频特性

根据如图 2-3-3(c)所示旋转矢量图，输出信号与输入信号的相位差可求得：

$$\varphi(\omega)=\frac{\pi}{2}-\mathrm{tg}^{-1}\frac{U_{\mathrm{R}}}{U_{\mathrm{C}}}=\frac{\pi}{2}-\mathrm{tg}^{-1}\omega RC \qquad (2\text{-}3\text{-}4)$$

上式表明，输出电压与输入电压的相位差也与角频率有关，即相频特性，如图 2-3-3(d)所示。

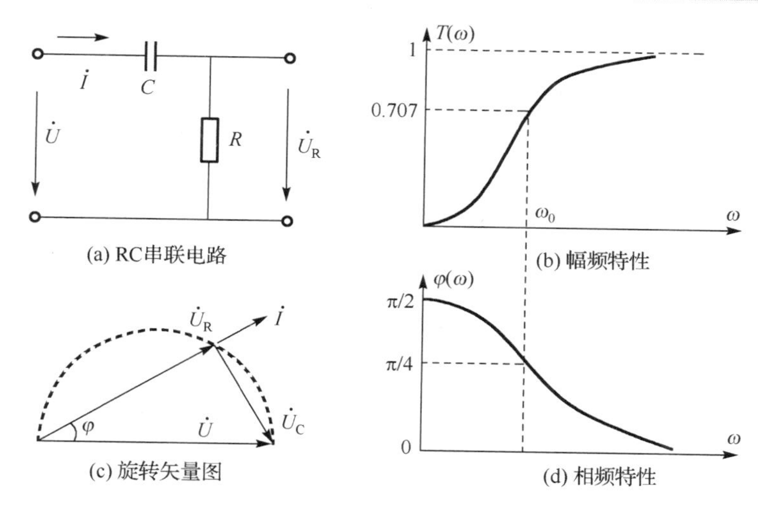

图 2-3-3 RC 高通滤波电路

由式（2-3-3）和式（2-3-4）可知，当 $\omega=\omega_0=\dfrac{1}{RC}$ 时，$T(\omega)=\dfrac{1}{\sqrt{2}}=0.707$，$\varphi(\omega)=\dfrac{\pi}{4}$，即当输出电压下降到输入电压的 70.7%时，两者的相位差为 $\pi/4$，规定 ω_0 为截止角频率。从幅频特性曲线看出：

① 输出信号发生相位移动，且超前于输入信号。

② 当 $\omega<\omega_0$ 时，$T(\omega)$ 较小；当 $\omega>\omega_0$ 时，$T(\omega)$ 较大，且接近 1。这表明 RC 电路具有通高频而阻低频的作用，所以，称该电路为高通滤波电路。

例题 2-3-1 如图 2-3-2(a)是一相移电路。已知 C=0.01μF，输入电压 u_1=10V，输入信号频率 f=1kHz。若使输出电压 u_2 相位上后移 45°，试问应配多大的电阻？此时输出电压 U_2 的有效值等于多少？

解：根据如图 2-3-2(c)所示的旋转矢量图，φ=45°

① 输出电压 $U_2=U_1\cos45^\circ=\dfrac{\sqrt{2}}{2}U_1=0.707\times10=7.07\text{(V)}$

② 电阻 $R=X_C\tan45^\circ=\dfrac{1}{2\pi fC}=15.9\times10^3$（Ω）

完成工作任务指导

一、电工仪表与器材准备

1. 仪器仪表

数字式万用表、交流电流表、交流电压表、函数发生器、双踪示波器。

2. 器材

计算机、EWB 仿真软件、电阻元件、电容元件。

二、探究实验的方法与步骤

1．低通滤波电路的频率特性的实验探究

（1）实验电路的搭建

根据图 2-3-1(a)所示低通滤波电路图搭建 EWB 仿真实验电路，如图 2-3-4 所示。

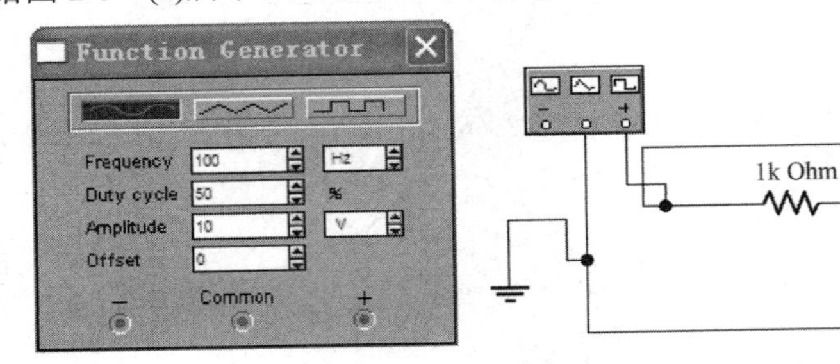

图 2-3-4　低通滤波的 EWB 仿真电路

（2）参数设置

函数发生器选择正弦波信号，其频率、电压幅值，以及元器件等参数按表 2-3-1 中的数据设置。

表 2-3-1　低通滤波电路频率特性的探究实验数据记录表　　R=1kΩ，C=0.05F

序号	频率 f/Hz	输入电压 U_m/V	输出电压 U_m/mV	T_2-T_1	$T(\omega)$	$\varphi(\omega)$	仿真结论
1	100	10	310μV	2.45ms	3.1×10^{-5}	-0.45π	
2	500	10	62μV	500μs	6.2×10^{-6}	-0.5π	

（3）电路运行

① 单击“启动/停止”开关，激活电路进行测试。

② 双击示波器图标，弹出放大的示波器面板图。合理调整时间基准，设置通道 A 和 B 参数，这时会在窗口中看到输出信号的波形，如图 2-3-5(a)所示。

③ 单击“启动/停止”开关，按表 2-3-1 中的数据重新设置参数。设置后，再次单击“启动/停止”开关，观察示波器所显示的变化波形，如图 2-3-5(b)所示。

④ 测试输入电压、输出电压、指针 1 及指针 2 的时间差，将测量值和计算值填写在表 2-3-1 中。其中相位差的计算按公式：相位差=$2\pi f(T_2-T_1)$。

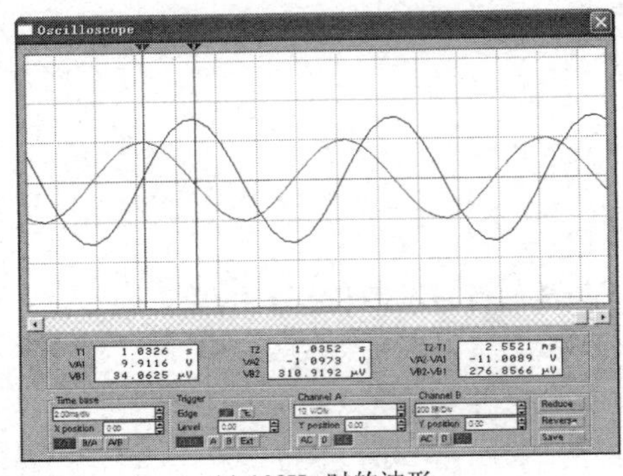

(a) 100Hz 时的波形

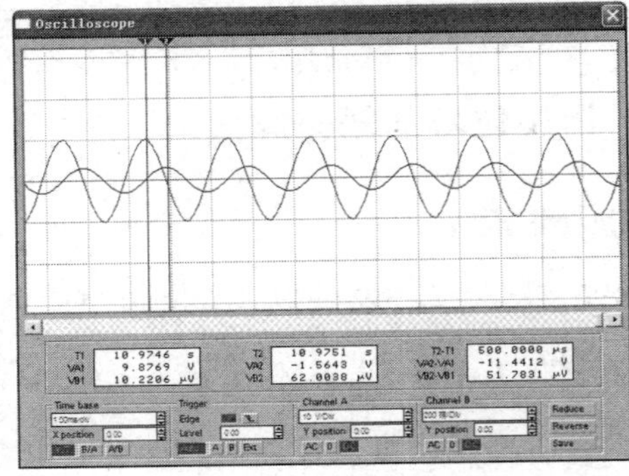

(b) 500Hz 时的波形

图 2-3-5　示波器所显示的波形图

（4）实验结论

根据表 2-3-1 中的实验数据及图 2-3-5 所示的波形图，探究低通滤波电路中输出信号与输入信号电压幅值之比与信号频率的关系，以及输出信号相位变化与信号频率的关系，请你将实验结论填入表 2-3-1 中。

2．高通滤波电路的频率特性的实验探究

（1）实验电路的搭建

根据图 2-3-1(b)所示低通滤波电路图搭建 EWB 仿真实验电路，如图 2-3-6 所示。

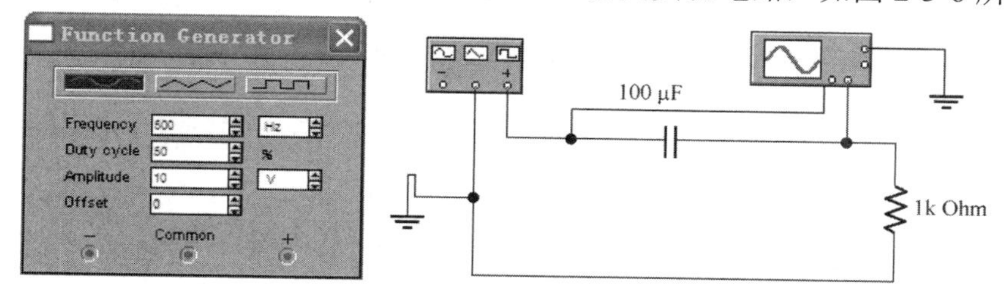

图 2-3-6 高通滤波的 EWB 仿真电路

（2）参数设置

函数发生器选择正弦波信号，其频率、电压幅值，以及元器件等参数按表 2-3-2 中的数据设置。

表 2-3-2 高通滤波电路频率特性的探究实验数据记录表 R=1kΩ，C=100μF

序号	频率 f/Hz	输入电压 U_m/V	输出电压 U_m/mV	T_2-T_1	$T(\omega)$	$\varphi(\omega)$	仿真结论
1	100	10	634mV	−2.5ms	6.34×10^{-5}	0.5π	
2	500	10	2.97V	−375μs	0.297	0.375π	

（3）电路运行

① 单击“启动/停止”开关，激活电路进行测试，测试方法同上。

② 将测量值和计算值填写在表 2-3-2 中。

（4）实验结论

根据表 2-3-2 中的实验数据及图 2-3-7 所示的波形图，探究高通滤波电路中输出信号与输入信号电压幅值之比与信号频率的关系，以及输出信号相位变化与信号频率的关系，请你将实验结论填入表 2-3-2 中。

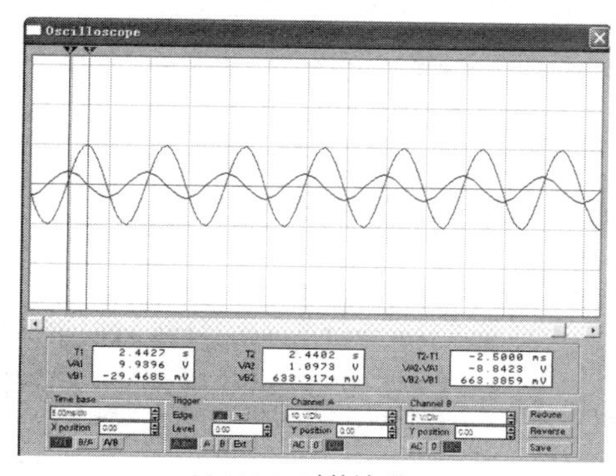

(a) 100Hz 时的波形

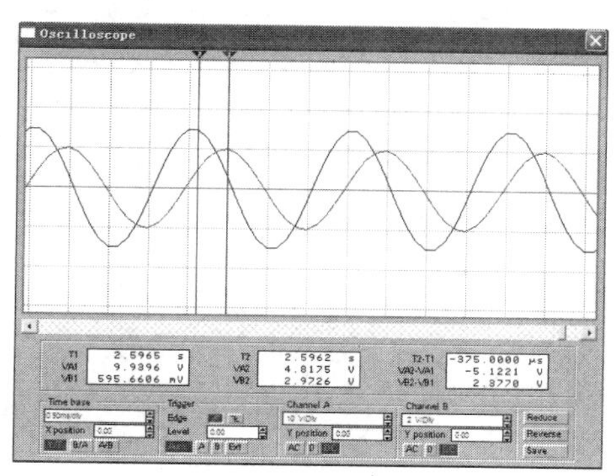

(b) 500Hz 时的波形

图 2-3-7 双踪示波器显示的波形图

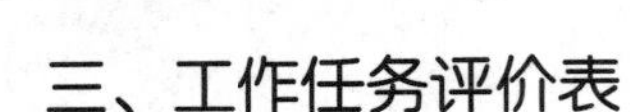

三、工作任务评价表

请你填写 RC 串联交流电路的探究工作任务评价表（表 2-3-3）。

表 2-3-3　RC 串联交流电路的探究工作任务评价表

序号	评价内容	配分	评价细则	自我评价	教师评价
1	电工仪表与器材	5	① 仪器、仪表少选或错选，扣 1 分/个 ② 元器件少选或错选，扣 1 分/个 ③ 仪器、仪表属性设置不正确，扣 1 分/个 ④ 元器件参数设置不正确，扣 1 分/个		
2	仿真软件的使用	10	⑤ 仿真软件不会使用者，扣 10 分 ⑥ 经提示后会使用仿真软件者，扣 2 分/次		
3	电路搭接	15	⑦ 不按原理图连接导线，扣 5 分/处 ⑧ 连接线少接或错接，扣 2 分/条 ⑨ 连接线不规范、不美观，扣 1 分/条		
4	电路参数测量	30	⑩ 不能一次仿真成功者，扣 5 分 ⑪ 电路参数少测或错测，扣 2 分/个 ⑫ 测量方法错误，扣 2 分/次		
5	数据记录与分析	30	⑬ 仿真数据或波形图记录不完整或错误，扣 2 分/个 ⑭ 测量数据分析结论不完整，扣 5 分/处 ⑮ 测量数据分析结论不正确，扣 10 分/处		
6	安全文明操作	10	⑯ 违反安全操作规程者，扣 5 分/次，并予以警告 ⑰ 实验结束未及时整理实验台及场所，扣 2 分 ⑱ 发生严重事故者，10 分全扣，并立即予以终止作业		
合计		100			

思考与练习

一、填空题

1．在交流电路中，电容元件的_________与频率有关，当电源的频率改变时，电路中________和各部分______的大小和______也随之改变，这种关系称为电路的______特性。

2. 在 RC 串联电路中，信号从________两端输出的称为低通滤波电路，信号从________两端输出的为高通滤波电路。

3．在低通滤波电路中，输出电压与输入电压有效值之比为 $T(\omega)$=________________，输出信号与输入信号之间的相位差为 $\varphi(\omega)$ =____________________。

4．在高通滤波电路中，输出电压与输入电压有效值之比为 $T(\omega)$=________________，输出信号与输入信号之间的相位差为 $\varphi(\omega)$ =____________________。

5．请你将 RC 串联电路的频率特性中的特殊值填写在表 2-3-4 中。

表 2-3-4　频率特性

序号	角频率	低通滤波电路		高通滤波电路	
	ω	$T(\omega)$	$\varphi(\omega)$	$T(\omega)$	$\varphi(\omega)$
1	0				
2	ω_0				
3	∞				

二、简答题

1．什么叫低通滤波电路？如何求截止频率？

2．什么叫高通滤波电路？如何求截止频率？

3．如何利用 EWB 电路仿真软件测试滤波电路的截止频率？

三、计算题

1．为了使一个 36V/0.3A 的灯泡接在 220V/50Hz 的交流电源上能正常工作，可以串联一个电阻 R、电感 L 或电容器 C，试求所串联的器件的电参数（R、L、C）。

2．将电阻和电容串联组成的容性电路接入频率为 50Hz、电压有效值为 141.4V 的正弦交流电源中，已知 R=500Ω，C=6.37μF，求：（1）电流；（2）视在功率、有功功率、无功功率及功率因数；（3）以电源电压为参考，写出电流及电压的解析式。

3．在图 2-3-2(a)所示的 RC 串联电路中，电容 C=46nF，若电压频率 f=800Hz，使输出电压比输入电压滞后 30°的相位差，电阻应为多少？

4．如图 2-3-2(a)为一移相电路。已知 R=100Ω，输入信号电压 U_1=20V、频率 f=500Hz。若使输出电压与输入电压间的相位差为 45°，试问应配多大的电容？此时输出电压 U_2 有效值等于多少？

5．为了测试如图 2-3-2(a)所示低通滤波电路的参数 R 和 C，已知电路的截止频率为 f_0=1kHz，输入信号电压为 $10\sqrt{5}$ V，频率为 f=500Hz 时，电流表读数为 100mA，试确定低通滤波电路的参数 R、C 和电压表读数。

6．在 RC 低通滤波电路中，输出电压随输入电压频率的增大而减小，当减小到输入电压的 $\frac{\sqrt{2}}{2}$ 倍时的频率称为截止频率 f_0。试证明：

$$f_0 = \frac{1}{2\pi RC}$$

四、仿真实验题

请你搭建一 RC 高通滤波的 EWB 仿真电路，如图 2-3-8 所示。已知电路参数为 R=600kΩ，C=0.53mF，信号源电压幅值为 10V，试通过仿真实验测试该高通滤波电路的截止频率。

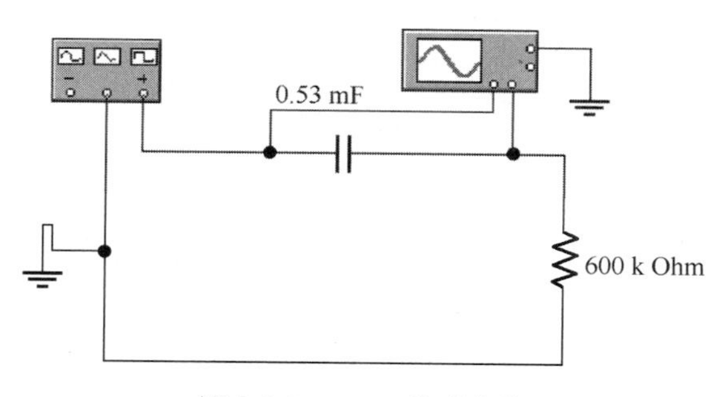

图 2-3-8　EWB 仿真电路

任务 2-4　谐振电路的探究

工作任务

用电路仿真软件 EWB 探究电阻、电感及电容串联的交流电路的频率特性，实验电路如图 2-4-1 所示。请你完成以下工作任务。

① 用仿真软件 EWB 搭建 RLC 串联的交流电路。

② 探究 RLC 串联电路的频率特性，测试串联谐振频率。

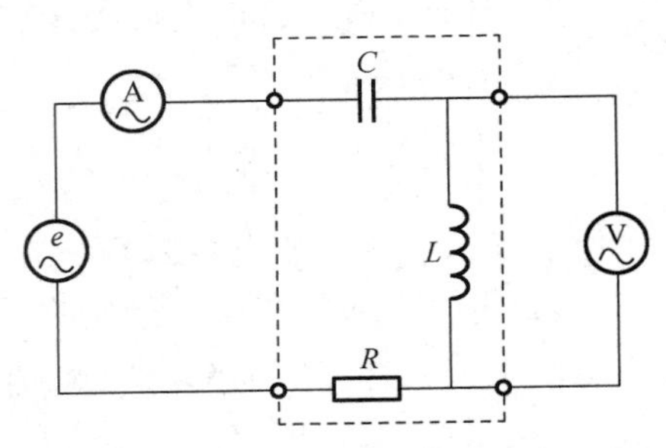

图 2-4-1　RLC 串联电路的频率特性

相关知识

在具有电感和电容元件的电路中，电路两端的电压与其中的电流一般是不同相的。如果我们调节电源的频率或电路的参数而使它们同相，这时电路中就发生谐振现象。按电路结构的不同，谐振现象可分为串联谐振和并联谐振。

一、串联谐振

将电容器 C、电感线圈 L、电阻 R 和电源串联连接起来，就可构成串联谐振电路，如图 2-4-1 所示。

1．谐振频率

根据图 2-4-1 所示电路，画出对应的旋转矢量，如图 2-4-2 所示。图中电流 I 为

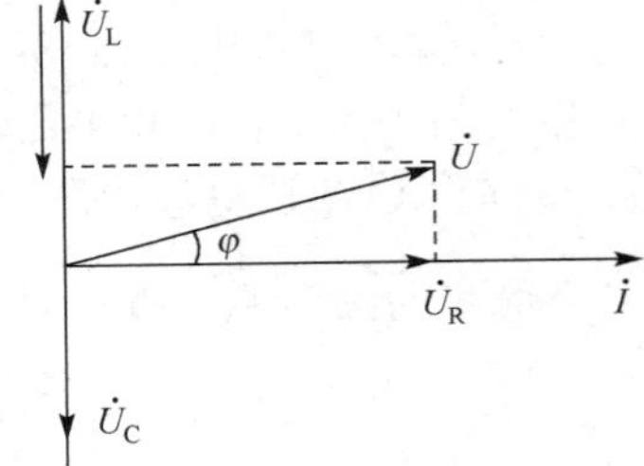

图 2-4-2　RLC 串联电路的旋转矢量

$$I=\frac{U}{\sqrt{R^2+(X_L-X_C)^2}} \qquad (2\text{-}4\text{-}1)$$

式中，U 为电源电压；I 为串联电路的电流；$\sqrt{R^2+(X_L-X_C)^2}$ 为电路总阻抗，记为 z。

当电路满足谐振条件，即

$$X_L=X_C \qquad (2\text{-}4\text{-}2)$$

时，式（2-4-1）中的电流为最大，即

$$I_0=\frac{U}{R} \qquad (2\text{-}4\text{-}3)$$

我们把这个最大的电流 I_0 称为谐振电流，对应的谐振频率为

$$f_0=\frac{1}{2\pi\sqrt{LC}} \qquad (2\text{-}4\text{-}4)$$

可见，谐振频率 f_0 的大小与电路中电感量 L 和电容量 C 有关，即改变 L 或 C 的大小，就能改变谐振频率的大小。

2．串联谐振的特点

串联谐振的特点主要表现以下几方面：

① 电路的阻抗最小，$z=R$。在电源电压不变的情况下，电路中的电流最大。

② 电路的相位角 $\varphi=0$，电源电压与电路中电流同相，电路呈电阻性。

③ 电源电压等于电阻电压；电感电压与电容电压相等，且为电源电压的许多倍，即

$$\begin{cases} U_L=\dfrac{X_L}{R}U \\ U_C=\dfrac{X_C}{R}U \end{cases} \tag{2-4-5}$$

式（2-4-5）中，当 $X_L=X_C>R$ 时，U_L 和 U_C 都高于电源电压 U 许多倍，因此，串联谐振又称电压谐振。

在电力工程中一般应避免发生串联谐振，因为串联谐振时产生的高电压可能会击穿线圈或电容器的绝缘；但是，在电子技术应用中利用串联谐振时产生的高电压作为接收信号。

3．通频带宽度与品质因数

根据式（2-4-1），可以画出如图 2-4-3 所示的谐振曲线。横坐标为频率 f，纵坐标为电流 I。电源频率从零开始增加，电路中电流的大小、电路的阻抗及电路的性质发生变化，其变化情况见表 2-4-1。

表 2-4-1　电路中电流、阻抗及电路性质与电源频率的关系

序号	频率	电流	阻抗	电路性质
1	$f<f_0$	增大↑	$X_C>X_L$	电容性
2	$f=f_0$	$=I_0$（最大）	$X_C=X_L$	电阻性
3	$f>f_0$	减小↓	$X_C<X_L$	电感性

（1）通频带宽度 Δf

如图 2-4-3 所示，在电流 I 等于最大值 I_0 的 70.7%处频率的上下限之间宽度称为通频带宽度，即 $\Delta f=f_H-f_L$。Δf 越小，说明谐振曲线越尖锐，频率的选择性就越强。

（2）品质因数 Q

品质因数 Q 定义为 U_L 或 U_C 与电源电压 U 的比值，即

$$Q=\frac{U_L}{U}=\frac{U_C}{U}=\frac{\omega_0 L}{R}=\frac{1}{\omega_0 RC} \tag{2-4-6}$$

Q 值的大小决定着谐振曲线的形状，如图 2-4-4 所示。在电路的 L 和 C 值不变，只改变 R 值的情况下，R 值越小，Q 值越大，则谐振曲线就越尖锐，也就是选择性越好。

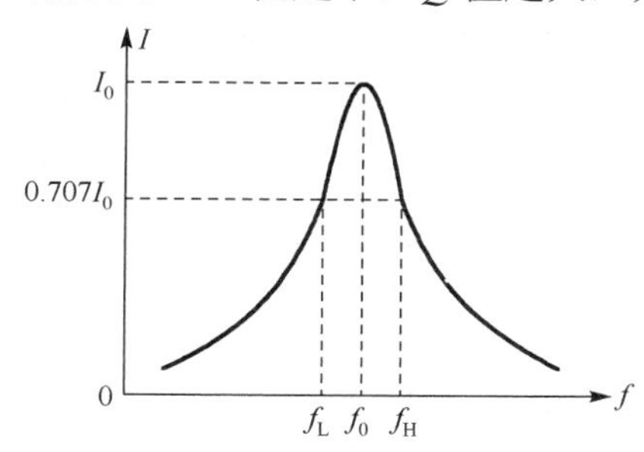

图 2-4-3　通频带宽度与谐振曲线

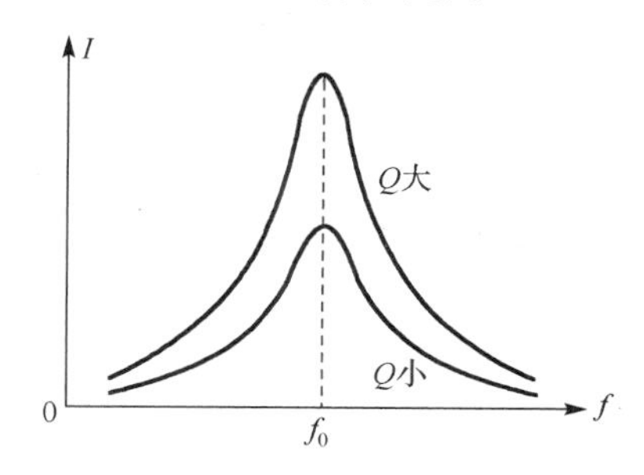

图 2-4-4　Q 值与谐振曲线的关系

可以证明，通频带宽度Δf与品质因数Q之间的关系为

$$\Delta f=\frac{f_0}{Q} \tag{2-4-7}$$

例题 2-4-1 如图 2-4-1 所示为一 RLC 串联电路。已知 R=1kΩ，L=5.51H，C=2.77μF，输入电压$u=10\sqrt{2}\sin 314t$ V，求：①图中电流表及电压表的读数；②计算视在功率、有功功率和无功功率；③写出电流的解析式。

解：①$X_L=\omega L=314\times5.51=1.73$（kΩ），$X_C=1/\omega C=1/314\times2.77\times10^{-6}=1.15$（kΩ）

总阻抗$z=\sqrt{R^2+(X_L-X_C)^2}=\sqrt{1+(1.73-1.15)^2}=1.156$（kΩ）

电流表的读数：$I=U/Z=10/1.156=8.65$（mA）

电压表的读数：$U_L=IX_L=8.65\times1.73=15$（V）

② 计算功率。

功率因数$\cos\varphi=R/z=1/1.156=0.865$，$\varphi=30^\circ$（电感性电路）

视在功率 $S=UI=10\times8.65\times10^{-3}=0.0865$（VA）

有功功率 $P=UI\cos\varphi=10\times8.65\times10^{-3}\times0.865=0.0748$（W）

无功功率 $Q=UI\sin\varphi=10\times8.65\times10^{-3}\times0.5=0.0433$（Var）

③ 电流的解析式。

$$i=8.65\sqrt{2}\sin(314t-30^\circ)\,\text{mA}$$

例题 2-4-2 电阻、电感及电容组成串联电路，其中 R=10Ω，L=30mH，C=0.211μF，输入电压 U=20V，试求电路发生串联谐振时的频率及电路的品质因数。

解：① 谐振频率$f_0=\dfrac{1}{2\pi\sqrt{LC}}=\dfrac{1}{2\times3.14\times\sqrt{30\times10^{-3}\times0.211\times10^{-6}}}$=2000（Hz）

② 品质因数$Q=\dfrac{X_L}{R}=\dfrac{2\pi f_0L}{R}=\dfrac{2\times3.14\times2000\times30\times10^{-3}}{10}$=37.7

※二、并联谐振

RL 负载与电容 C 并联电路如图 2-2-5(a)所示，其旋转矢量如图 2-2-5(b)所示。根据旋转矢量图，有

$$I_1\sin\varphi_1=I\sin\varphi+I_C \tag{2-4-8}$$

式中，$I_1=\dfrac{U}{\sqrt{R^2+X_L^2}}$，$I_C=\dfrac{U}{X_C}$，$\sin\varphi_1=\dfrac{X_L}{\sqrt{R^2+X_L^2}}$

当电路发生串联谐振，φ=0 时，式（2-4-8）可化简为$I_1\sin\varphi_1=I_C$，即

$$\frac{U}{\sqrt{R^2+X_L^2}}\cdot\frac{X_L}{\sqrt{R^2+X_L^2}}=\frac{U}{X_C}$$

整理后，得

$$R^2+X_L^2=X_LX_C$$

假设$R<<X_L$，则上式可写成

$$X_L\approx X_C \tag{2-4-9}$$

由此可得并联谐振频率为

$$f_0 \approx \frac{1}{2\pi\sqrt{LC}} \tag{2-4-10}$$

并联谐振的特点主要表现在以下几个方面。

① 电路的阻抗最大，为 $z \approx L/RC$。在电源电压不变的情况下，电路中的电流最小。阻抗 z 的求法说明如下。

根据欧姆定律和旋转矢量图，得

$$U=I_C X_C,\ I_0=I_1\cos\varphi_1,\ I_C=I_1\sin\varphi_1$$

所以

$$\begin{aligned} z &= \frac{U}{I_0}=\frac{U_C}{I_0}=\frac{I_C X_C}{I_1\cos\varphi_1}=\frac{I_1\sin\varphi_1}{I_1\cos\varphi_1}X_C \\ &= X_C\tan\varphi_1 = X_C\frac{X_L}{R}=\frac{L}{RC} \end{aligned} \tag{2-4-11}$$

② 电路中的相位角 $\varphi=0$，电源电压与电路中电流同相，电路呈电阻性。

③ 并联支路的电流近于相等，且比总电流大许多倍，即

$$I_C \approx I_1 = \frac{2\pi f_0}{R}I_0=\frac{1}{2\pi f_0 RC}I_0 = QI_0 \tag{2-4-12}$$

由于并联谐振时支路电流很大，所以并联谐振又称电流谐振。

【阅读材料】

复数与相量

分析与计算比较简单的交流电路，一般采用旋转矢量法。但在复杂的电路中，应用旋转矢量法就不是那么容易了，有时甚至不能求解。

为了解决同频率正弦交流电的计算问题，要求能用一个数学符号来表示正弦量，表示出正弦量的最大值或有效值，以及初相位等，这个数学符号就是复数符号。用复数符号来计算交流电路的方法，称为复数符号法，简称为复数法或相量法。

一、复数与复平面

把实数和虚数组合而成的数，称为复数。在如图 2-4-5(a)所示的复数平面上有一个点 A，这个点对应着一个复数，其代数形式表示为

$$A=a+\mathrm{j}b \tag{2-4-13}$$

式中 A 为复数，a 称为复数的实部，b 为复数的虚部。

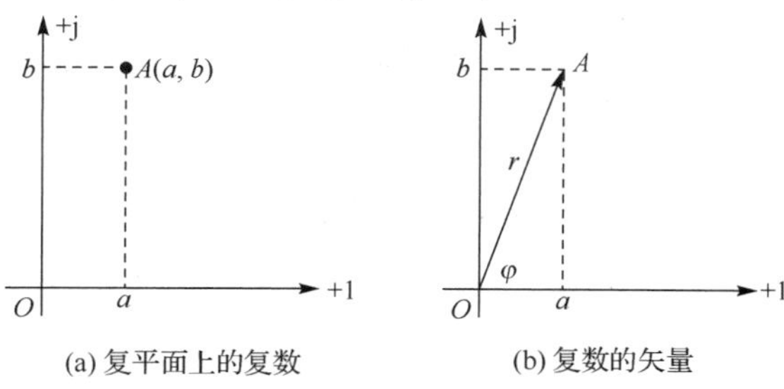

(a) 复平面上的复数　　(b) 复数的矢量

图 2-4-5　复数平面

复数也可以用复平面上的矢量来表示，如图 2-4-5(b)所示。用坐标原点 O 指向 A 点的有方向线段来表示复数的矢量，用符号 $\dot{A}$ 表示。矢量 $\dot{A}$ 的长度 r 称为复数 A 的模，矢量和正实轴的夹角 ϕ 称为复数的幅角，它们之间的关系为

$$\left.\begin{aligned} a&=r\cos\varphi\\ b&=r\sin\varphi\\ r&=\sqrt{a^2+b^2}\\ \varphi&=\mathrm{tg}^{-1}\frac{b}{a}\end{aligned}\right\}\tag{2-4-14}$$

复数的形式除了用代数形式以外，常用的表示方法还有三角形式、指数形式和极坐标形式，一共是 4 种表示形式，即

$$\left.\begin{aligned} A&=a+\mathrm{j}b\\ A&=r(\cos\varphi+j\sin\varphi)\\ A&=r\mathrm{e}^{\mathrm{j}\varphi}\\ A&=r\angle\varphi\end{aligned}\right\}\tag{2-4-15}$$

复数的相加和相减，通常都采用复数的代数形式或三角形式进行运算；而复数的相乘与相除，通常用复数的指数形式或极坐标形式进行运算。因此，复数形式的相互变换和四则运算，是求解交流电路的基本运算。

二、正弦量的复数表示法

如图 2-4-6 所示，若把复数 $A=r\mathrm{e}^{\mathrm{j}\varphi_0}$ 乘以一个时间因子 $\mathrm{e}^{\mathrm{j}\omega t}$，则其积为

$$A'=A\mathrm{e}^{\mathrm{j}\omega t}=r\mathrm{e}^{\mathrm{j}\varphi_0}\mathrm{e}^{\mathrm{j}\omega t}=r\mathrm{e}^{\mathrm{j}(\omega t+\varphi_0)}\tag{2-4-16}$$

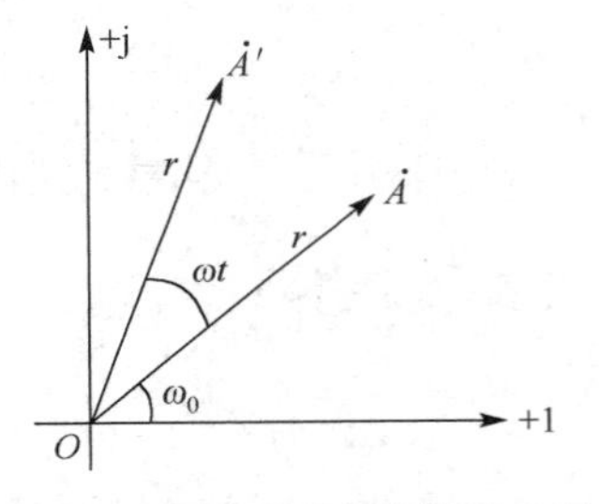

图 2-4-6 复平面上的旋转矢量

此式表明，复数 A 以角频率 ω 沿逆时针方向旋转 ωt 角度后，得到复数 A'。因此，带有时间因子的复数就可以用来表示一个正弦量。

实际上，仅表示正弦量的有效值（幅值）和初相位的复数就可以表示其对应的相量，如

$$\dot{I}=I\mathrm{e}^{\mathrm{j}\varphi_\mathrm{i}}=I\angle\varphi_\mathrm{i}\quad 或\quad \dot{I}_\mathrm{m}=I_\mathrm{m}\mathrm{e}^{\mathrm{j}\varphi_\mathrm{i}}=I_\mathrm{m}\angle\varphi_\mathrm{i}\tag{2-4-17}$$

三、复数阻抗

复数阻抗，简称复阻抗，是阻抗的一种复数形式，但不是正弦量。复阻抗 Z 等于电压的复数形式与电流的复数形式的比值，即

$$Z=\frac{\dot{U}}{\dot{I}}\tag{2-4-18}$$

各种交流电路中电流相量、电压相量及复阻抗之间的关系见表 2-4-2。

表 2-4-2 电路中电流、电压及复阻抗的关系

序号	电路形式	电流相量	电压相量	复阻抗	相位差
1	纯电阻	$\dot{I}=I\mathrm{e}^{\mathrm{j}0}$	$\dot{U}=U\mathrm{e}^{\mathrm{j}0}$	$Z=R$	0
2	纯电感		$\dot{U}=U\mathrm{e}^{\mathrm{j}\frac{\pi}{2}}$	$Z=\mathrm{j}X_\mathrm{L}$	$\frac{\pi}{2}$
3	纯电容		$\dot{U}=U\mathrm{e}^{-\mathrm{j}\frac{\pi}{2}}$	$Z=-\mathrm{j}X_\mathrm{C}$	$-\frac{\pi}{2}$

续表

序号	电路形式	电流相量	电压相量	复阻抗	相位差
4	电阻与电感串联	$\dot{I}=Ie^{j0}$	$\dot{U}=Ue^{j\varphi}$	$Z=R+jX_L$	$\tan^{-1}\dfrac{X_L}{R}$
5	电阻与电容串联		$\dot{U}=Ue^{j\varphi}$	$Z=R-jX_C$	$\tan^{-1}\dfrac{X_C}{R}$
6	电阻、电感及电容串联		$\dot{U}=Ue^{j\varphi}$	$Z=R+j(X_L-X_C)$	$\tan^{-1}\dfrac{X_L-X_C}{R}$

完成工作任务指导

一、电工仪表与器材准备

1. 仪器仪表

数字式万用表、交流电流表、交流电压表、函数发生器、双踪示波器。

2. 器材

计算机、EWB 仿真软件、电阻元件、电感元件、电容元件。

二、探究实验的方法与步骤

1. 串联谐振电路的搭建

根据图 2-4-1 所示 RLC 串联电路搭建 EWB 仿真实验电路，如图 2-4-7 所示。

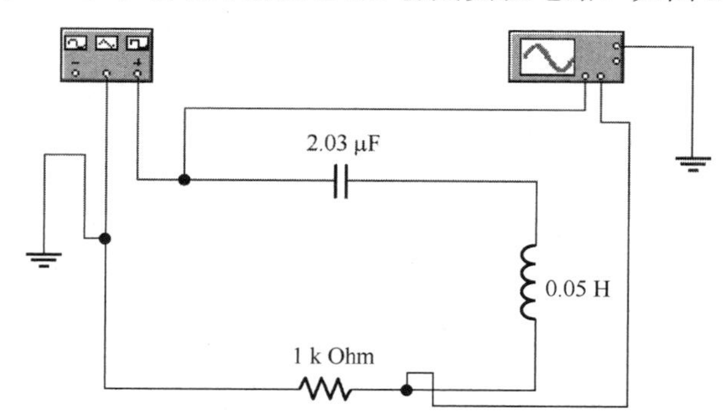

图 2-4-7　RLC 串联的 EWB 仿真电路

2. 频率特性的测试

（1）参数设置

函数发生器选择正弦波信号，其电压幅值，以及元器件等参数按表 2-4-3 中的数据设置。

表 2-4-3　RLC 串联电路频率特性的探究实验数据记录表　　U=10V

序号	R/Ω	L/H	C/μF	T_2-T_1/ms	f_0/Hz	仿真结论
1	1k	0.05	2.03	2	500	
2	4k	0.05	2.03	2	500	
3	1k	0.2	2.03	4	250	
4	1k	0.05	8.12	4	250	

（2）电路运行

① 单击“启动/停止”开关，激活电路进行测试。

② 双击示波器图标，弹出放大的示波器面板图，如图 2-4-8(b)所示，观察波形图；双击信号发生器，如图 2-4-8(a)所示。选择正弦交流信号幅值，并调节频率的大小直至两个输出信号波形同相位为止。将此时的频率值记录在表 2-4-3 中。

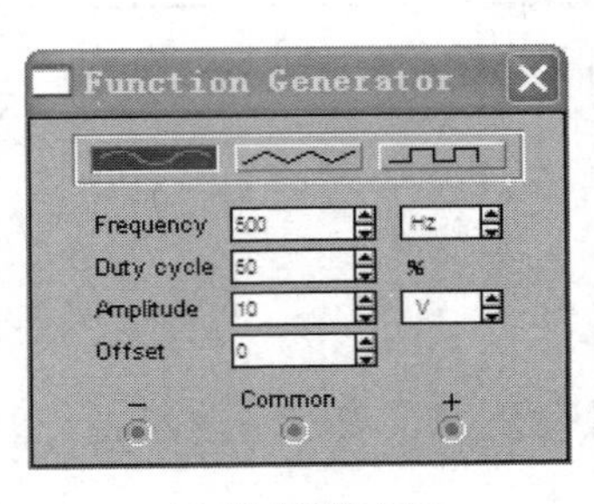

(a) 信号源的参数

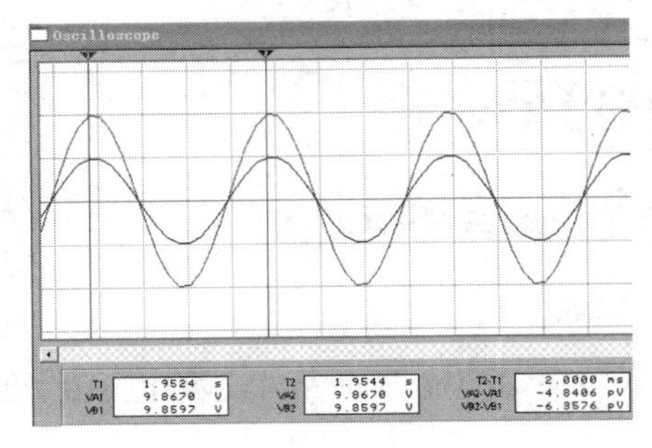

(b) 串联谐振时的波形

图 2-4-8　参数设置及示波器的波形

③ 步骤同①、②，按表 2-4-3 中的数据重新设置参数。设置后，再次单击“启动/停止”开关，调节信号源频率，使两个输出信号波形同相位。将谐振频率的测试值记录在表 2-4-3 中。

（3）实验结论

根据表 2-4-3 中的实验数据及图 2-4-8(b)所示的波形图，探究 RLC 串联交流电路的频率特性：

① 电路参数，与谐振频率的关系；

② 谐振频率的测试值与理论计算值的对比情况。

请你将实验结论填入表 2-4-3 中。

三、工作任务评价表

请你填写谐振电路的探究工作任务评价表（表 2-4-4）。

表 2-4-4　谐振电路的探究工作任务评价表

序号	评价内容	配分	评价细则	自我评价	教师评价
1	电工仪表与器材	5	① 仪器、仪表少选或错选，扣 1 分/个 ② 元器件少选或错选，扣 1 分/个 ③ 仪器、仪表属性设置不正确，扣 1 分/个 ④ 元器件参数设置不正确，扣 1 分/个		
2	仿真软件的使用	10	⑤ 仿真软件不会使用者，扣 10 分 ⑥ 经提示后会使用仿真软件者，扣 2 分/次		
3	电路搭接	15	⑦ 不按原理图连接导线，扣 5 分/处 ⑧ 连接线少接或错接，扣 2 分/条 ⑨ 连接线不规范、不美观，扣 1 分/条		
4	电路参数测量	30	⑩ 不能一次仿真成功者，扣 5 分 ⑪ 电路参数少测或错测，扣 2 分/个 ⑫ 测量方法错误，扣 2 分/次		

续表

序号	评价内容	配分	评价细则	自我评价	教师评价
5	数据记录与分析	30	⑬ 仿真数据或波形图记录不完整或错误，扣 2 分/个 ⑭ 测量数据分析结论不完整，扣 5 分/处 ⑮ 测量数据分析结论不正确，扣 10 分/处		
6	安全文明操作	10	⑯ 违反安全操作规程者，扣 5 分/次，并予以警告 ⑰ 实验结束未及时整理实验台及场所，扣 2 分 ⑱ 发生严重事故者，10 分全扣，并立即予以终止作业		
合计		100			

思考与练习

一、填空题

1．在具有电感和电容元件的交流电路中，当调节电源的______和电路的______使电压与电流同相位，这时电路中就发生谐振现象，按电路结构的不同，谐振现象可分为______谐振和______谐振。

2．在 RLC 串联电路中，当电路满足_________的谐振条件时，电路中的电流为________，且等于_________；谐振时的谐振频率为__________________。

3．由于串联谐振时电路中的______最大，电容和电感上的______都很高，往往比电源电压要高出许多倍，因此，串联谐振又称______谐振。

4．品质因数 Q 值的大小决定着谐振曲线的形状。在电路的 L 和 C 值不变，只改变 R 的情况下，R________，Q 值________，则谐振曲线就_________，电路的选择性就______。

5．在 RLC 并联电路中发生谐振时，电路中的阻抗______，且等于________；电流______；电源电压与电流________，谐振频率为________________。

6．观察 RLC 串联电路的谐振曲线。当电源频率 f 从零开始增加，电路中电流、阻抗及电路的性质将发生变化，请你将其变化情况填写在表 2-4-5 中。

表 2-4-5　电路中电流、阻抗及电路性质与电源频率的关系

序号	频率	电流	阻抗	电路性质
1	$f<f_0$			
2	$f=f_0$			
3	$f>f_0$			

二、简答题

1．什么叫串联谐振？为什么串联谐振又称电压谐振？

2．什么叫并联谐振？为什么并联谐振又称电流谐振？

3．串联谐振的条件是什么？谐振频率与哪些因素有关？请你说一说谐振现象的利与弊。

4．请你说一说，如何用 EWB 电路仿真软件测试 RLC 串联交流电路的谐振频率？测试结果与理论计算值能相等吗？

5．什么叫复阻抗？复阻抗的模及其幅角分别表示什么？

三、计算题

1．电路如图 2-4-1 所示，已知 R=1kΩ，L=3.18H，C=1.59μF，输入电压 $u=10\sqrt{2}\sin 314t$ V，求：（1）图中电流表及电压表的读数；（2）计算视在功率、有功功率和无功功率；（3）写出电流的解析式。

2．电阻、电感及电容组成串联电路，其中 R=18.8Ω，L=60mH，C=0.422μF，输入电压 U=10V，假设电路发生串联谐振，试求：（1）谐振频率；（2）品质因数；（3）各元件的分电压。

3．在 RLC 串联电路中，已知 R=30Ω，X_L=50Ω，X_C=20Ω，电流为 $\dot{I}=0.5e^{j0}$ A。求：（1）复阻抗；（2）总电压及各元件分压的相量。

4．试用旋转矢量法或相量法，证明如图 2-4-1 所示 RLC 串联电路发生串联谐振时的频率 f_0 为

$$f_0 = 1/2\pi\sqrt{LC}$$

※5．证明：在 RLC 串联电路中，通频带宽度 Δf、品质因数 Q 及谐振频率 f_0 三者之间的关系为

$$\Delta f = \frac{f_0}{Q}$$

四、仿真实验题

请你搭建一 RLC 并联的 EWB 仿真电路，如图 2-4-9 所示。电路参数按图中设置，正弦交流信号的电压幅值为 10V，试通过仿真实验测试该电路发生并联谐振时的谐振频率 f_0。

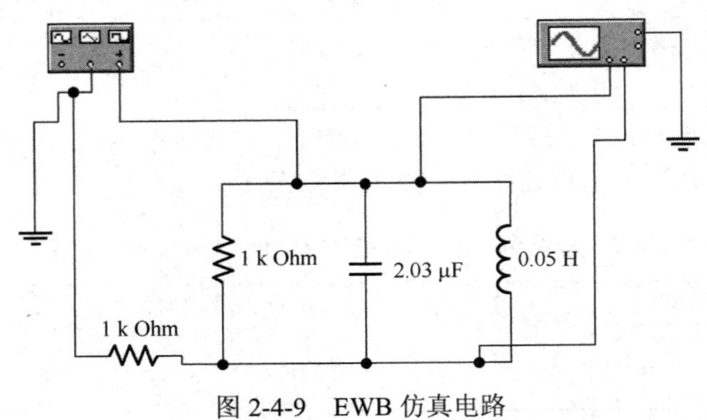

图 2-4-9　EWB 仿真电路

模块三

三相交流电路

三相交流电是由三个频率相同、幅值相等、相位依次相差 120° 的交流电动势组成的电源，在电力系统中得到了广泛的应用。单相交流电就是三相交流电的其中一相，从三相交流电源中获得。与单相交流电相比，三相交流电具有很多优点，比如，三相交流发电机比尺寸相同的单相发电输出的功率要大；在生产中，常以三相异步电动机作为拖动机械，而且三相异步电动机的结构简单，工作可靠平稳；在输送相同功率的情况下，三相输电线要比单相输电线节省更多的有色金属，而且线路上的电能损耗也比较少。

本模块通过完成电源配电板的制作、三相交流电路的探究这两个工作任务，了解三相交流电的基本概念，理解相序的概念；了解三相四线供电制，理解中线的意义；掌握三相对称负载的星形和三角形接法及其简单计算；认识安全用电的重要性。

任务 3-1 电源配电板的制作

工作任务

根据如图 3-1-1 所示的电源配电板的系统图和如图 3-1-2 所示的板上元器件布置图，请你在电源配电板上完成元器件的安装与接线工作任务。

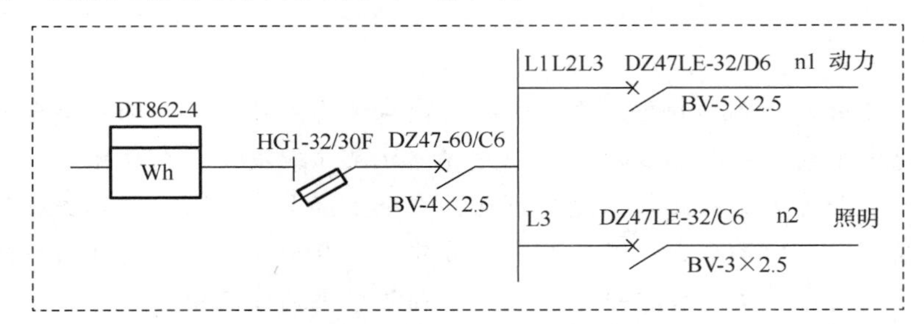

图 3-1-1 电源配电板系统图

在完成电源配电板的器件安装与接线工作任务时，必须满足以下敷设工艺要求：

① 器件安装位置合理、固定牢固，不倾斜；断路器按配电系统图要求选配。

② 盘上电器按配电系统图要求接线，相线、零线、接地线等按配电系统图线径要求配线和分色。

③ 敷设导线时，应做到横平竖直、无交叉、集中归边、贴面走线。

④ 一个接线端接线不超过两根，端子压接要牢固，不露铜或压皮；端子按图纸要求进行编码。

⑤ 通电检测时，输出电压均正常。

请注意：在完成工作任务的全过程中，严格遵守电气安装与维修的安全操作规程！

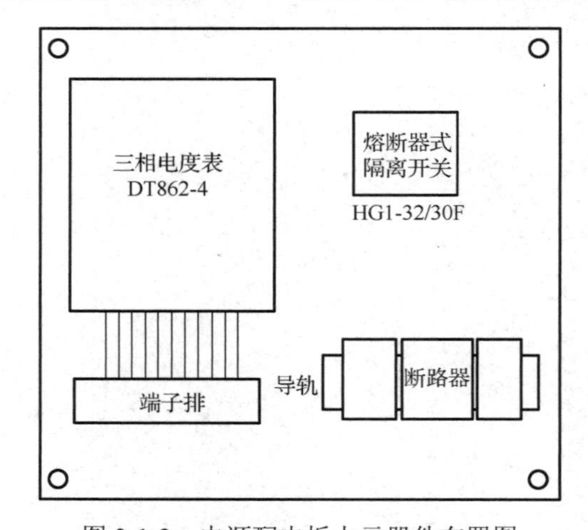

图 3-1-2 电源配电板上元器件布置图

一、三相交流电源

1．三相交流电的产生

如图 3-1-3(a)所示，在磁场内有三个相同且互成 120°的线圈 AX、BY、CZ 同时转动，电路里就产生三个交流电动势，这种发电机叫做三相交流发电机，所产生的电流称为三相交流电流。以 A 相为参考，则可得出

$$\begin{cases} e_{\mathrm{A}} = E_{\mathrm{m}} \sin \omega t \\ e_{\mathrm{B}} = E_{\mathrm{m}} \sin(\omega t - 120°) \\ e_{\mathrm{C}} = E_{\mathrm{m}} \sin(\omega t + 120°) \end{cases} \tag{3-1-1}$$

上式表示的三相交流电动势为正弦交流电动势，表示三相交流电的波形图及旋转矢量如图 3-1-3(b)、(c)所示。

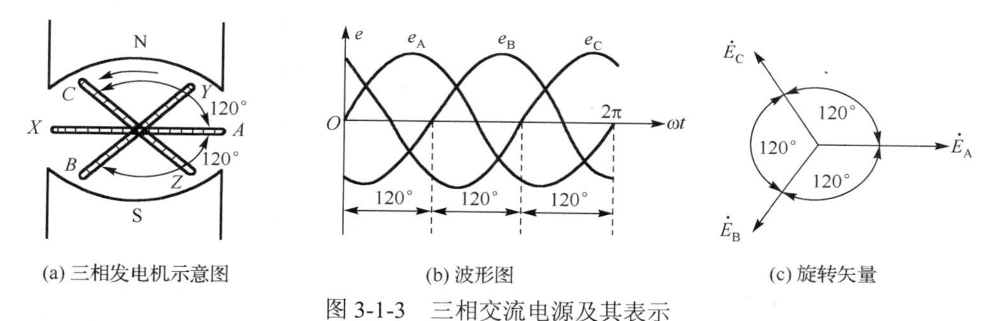

(a) 三相发电机示意图　(b) 波形图　(c) 旋转矢量

图 3-1-3　三相交流电源及其表示

从图 3-1-3 可以看出三相交流电的两个特点：

① 三个电动势的最大值和周期都相同。因此，所输出的交流电的电压最大值和周期也都相同，即有效值和频率都相同。

② 三个电动势到达最大值的时间依次滞后 1/3 个周期，相位差相同，均为 120°。因此，所输出的交流电压的相位差也为 120°。

三相交流电出现正最大值（或相应零值）的顺序称为相序。在此，相序为 $A \to B \to C$。若规定 $A \to B \to C$ 为顺相序，则 $C \to B \to A$ 为逆相序。

可以证明，三相交流电动势是对称的，其瞬时值或相量之和为零，即

$$\begin{cases} e_{\mathrm{A}} + e_{\mathrm{B}} + e_{\mathrm{C}} = 0 \\ \dot{E}_{\mathrm{A}} + \dot{E}_{\mathrm{B}} + \dot{E}_{\mathrm{C}} = 0 \end{cases} \tag{3-1-2}$$

2．三相交流电的连接

三相发电机的每一个绕组都是独立的电源，都可以单独向负载供电。而实际上，发电机的三相绕组是按照一定的方式连接后，再向负载供电的。这种连接方式通常采用星形（Y）连接，如图 3-1-4(a)所示，即将三个绕组的末端 X、Y、Z 连接在一起，这个连接点称为中点或零点，用 N 表示。

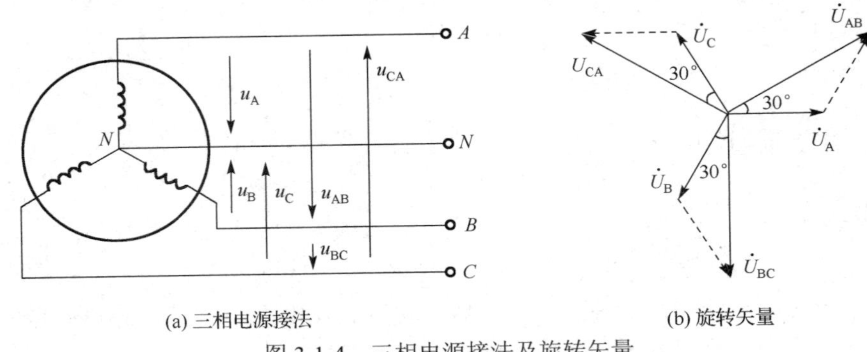

(a) 三相电源接法　　(b) 旋转矢量

图 3-1-4　三相电源接法及旋转矢量

（1）相线与中线

从始端 A、B、C 引出的三根导线称为相线，俗称火线；从中点引出的导线称为中性线，简称中线，俗称零线。

按规定，三根火线的导线颜色依次为黄色、绿色、红色，零线的导线颜色为浅蓝色。

（2）相电压与线电压

由三根相线和一根中线所组成的供电系统称为三相四线制供电系统，用符号“Y_0”表示，通常在低压配电系统中采用。

三相四线制供电系统中可输送两种电压，分别是相电压和线电压。

① 相电压。

在图 3-1-4(a)中，每相始端与末端之间的电压，即相线与中线间的电压，称为相电压，其有效值用 U_A、U_B、U_C 或用 U_p 表示。旋转矢量如图 3-1-4(b)所示。

② 线电压。

在图 3-1-4(a)中，任意两始端之间的电压，即相线与相线间的电压，称为线电压，其有效值用 U_{AB}、U_{BC}、U_{CA} 或用 U_l 表示。旋转矢量如图 3-1-4(b)所示。

可以证明，线电压与相电压之间的大小关系为

$$U_l=\sqrt{3}\,U_p \tag{3-1-3}$$

且线电压与相电压的相位关系为线电压超前相应的相电压 30°。因此，相电压是对称的，线电压也是对称的。

通常所说的照明线路用的电压为 220V，就是指相电压。那么，它的 $\sqrt{3}$ 倍，即 380V 就是指线电压。

二、配电装置

将各种配电设备及电器元件按照一定的组合方式接线而成的配电装置叫开关柜或配电盘，有屏、台和箱式结构之分，按电压等级可分为高压配电装置和低压配电装置。

低压配电箱适用于 500V，额定电流 1500A 及以下的三相交流系统，分为低压动力配电箱和低压照明配电箱。

1．供配电系统图的识读

供配电系统图说明了系统的基本组成、主要设备、元器件之间的连接关系，以及线路的规格型号、参数等，它是进行安装施工和电气维修的重要依据。

（1）干线系统图

如图 3-1-5 所示，干线系统图可以直接反映出总配电箱到各个分配电箱的连接方式，有放射式、树干式或混合式；还可以反映出分支路的数目及各支路的供电范围。图中反映了电源配电箱与电气控制箱、照明配电箱之间的电能分配关系，“BV-3×2.5CT”表示电源配电箱与电气控制箱之间的连接线路是用 5 根 2.5mm^2 铜芯塑料绝缘导线，通过桥架敷设方式连接的；“BV-3×1.5PR”表示电源配电箱与照明配电箱之间的连接线路是用 3 根 1.5mm^2 铜芯塑料绝缘导线，通过硬质塑料线槽敷设方式连接的。

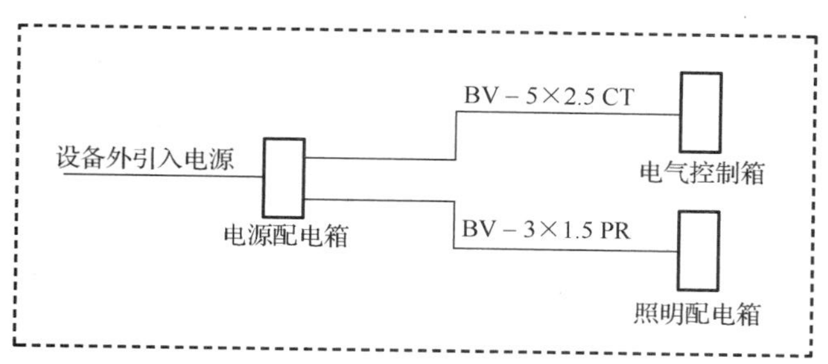

图 3-1-5　干线系统图

（2）电源配电箱系统图

如图 3-1-1 所示，电源配电箱系统图反映了电源配电箱内部各元器件之间的连接关系，同时也对箱内各器件的规格型号、线路等进行了标注。

2. 电源配电箱

电源配电箱是连接电源和用电设备的一种电气装置，如图 3-1-6 所示。电源配电箱面板上有指示灯、电压表、电流表等；箱内一般配置有电度表、隔离开关、断路器等器件，装置具有计量、隔离、正常分断、短路、过载、漏电保护及电源指示等功能。主要器件介绍如下。

（1）电度表

电度表是用来测量电能的仪表，由电磁机构、计数器、传动机构、制动机构及其他部分组成。当负荷电流在 40A 及以下时，采用直接接法，如图 3-1-7 所示。当负荷电流超过 40A 时，电度表必须采用与电流互感器连接的方法进行接线，这里就不作介绍了。

图 3-1-6　电源配电箱

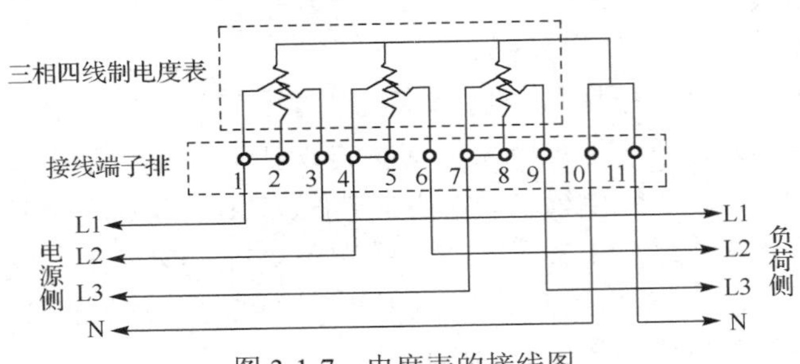

图 3-1-7　电度表的接线图

（2）熔断器式隔离开关

如图 3-1-8 所示，熔断器式隔离开关就是带有熔断器装置的隔离开关，开关由底座和罩盖（载熔装置）两部分组成，呈三相并列封闭式结构。具有体积小巧、使用安全可靠、熔体装卸方便、操作力小等优点。

熔断器式隔离开关主要用于有高短路电流的电路或电动机电路场合，具有电源开关、隔离开关和应急开关的作用。

熔断器是根据电流超过规定值一定时间后，以其自身产生的热量使熔体熔化，从而使电路断开的原理制成的一种电流保护器。熔断器式隔离开关广泛应用于低压配电系统、控制系统及用电设备中，作为短路和过电流保护，是应用最普遍的保护器件之一。

图 3-1-8　熔断器式隔离开关

熔断器主要由熔体和熔管两个部分及其外加填料等组成，常用的有瓷插式、螺旋式、无填料封闭式和有填料封闭式等几种。其型号由 R（熔断器）、结构特征（C-瓷插式）、设计序号、熔断器额定电流及熔体额定电流等内容组成。

（3）断路器

低压断路器又称自动空气开关或自动空气断路器，是一种重要的控制和保护电器，能自动切断故障电路并兼有控制和保护功能，实物如图 3-1-9 所示。

图 3-1-9 中 3P+N 和 1P+N 均为带漏电保护功能的断路器。漏电保护器的主要部件是一个磁环感应器，火线和零线采用并列绕法在磁环上缠绕几圈，在磁环上还有一个次级线圈。当火线和零线在正常工作时，电流产生的磁通正好抵消，在次级线圈不会感应出电压；如果某一线有漏电，或未接零线，在磁环中通过的火线和零线的电流就不会平衡，产生穿过磁环的磁通在次级线圈中感应出电压，通过电磁铁使脱扣器动作跳闸切断电源，起到漏电保护作用。

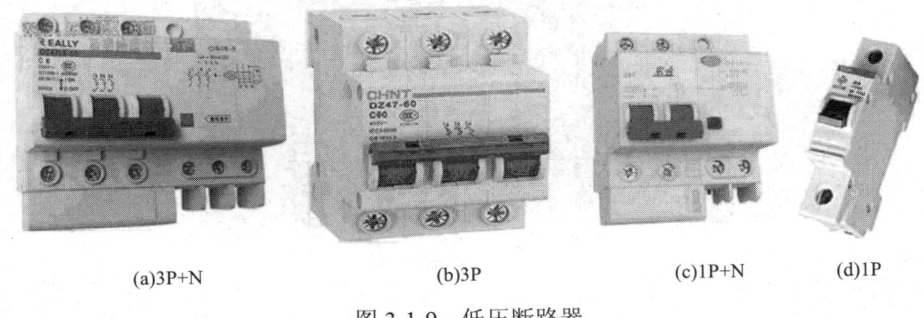

(a)3P+N　　(b)3P　　(c)1P+N　　(d)1P

图 3-1-9　低压断路器

3．配电板的安装

（1）电器元件定位的要求

① 电能表一般安装在板的上方，偏左侧位置。

② 各回路的开关及熔断路要相互对应，放置的位置要便于操作和维护。

③ 垂直装设的开关、断路器等器件上端接电源，下端接负载；横装电器则左侧接电源，右侧接负载。

④ 板上器件的分布应均匀、整齐、美观，排列的间距要合理。比如，电能表之间的间距不应小于 60mm；开关、熔断器等之间的距离不应小于 30mm；各元器件距板四周边缘的距离不应小于 50mm 等。

（2）低压断器及漏电保护开关安装的要求

① 低压断路器应垂直安装，倾斜度不超过 5°，且位置为“合”在上、“分”在下。

② 电源进线应接在断路器、漏电保护开关的上母线上，而负载出线则应接在下母线上。

③ 安装时，严格区分中性线和保护线。中性线应接入漏电保护开关，而保护线不得接入漏电保护开关。

（3）板前布线工艺规范的要求

① 布线时，同一平面的导线应高低一致或前后一致，不能交叉。在非交叉不可时，导线应在接线端子引出时就水平架空跨越，但必须走线合理。

② 导线应横平竖直，不交叉；集中归边，贴面走线。

③ 布线时，严禁损伤线芯和导线绝缘。

④ 一个接线端子接线不超过两根，端子压接必须牢固，不压绝缘层、不反圈、不露铜过长；端子号按图纸要求进行编制。

⑤ 导线颜色按规范选配，相线分别用黄、绿、红颜色，中性线用浅蓝色，保护接地线用黄绿相间颜色。

例题 3-1-1　已知在三相四线制供电系统中，A 相电动势的解析式为

$$e_A = 220\sqrt{2}\sin 314t \text{ V}$$

试求：①B、C 相电动势的解析式；②AB 相之间的电压解析式。

解：①根据如图 3-1-3(c)所示三相交流电的电动势的矢量图，得出另外两相电动势的解析式为

$$e_B = 220\sqrt{2}\sin(314t - 120°) \text{ V 和 } e_C = 220\sqrt{2}\sin(314t + 120°) \text{ V}$$

②根据如图 3-1-10 所示的矢量图，可得 AB 相之间的电压的相量，即

$$\dot{U}_{AB} = \dot{U}_A - \dot{U}_B = \dot{U}_A + (-\dot{U}_B)$$

从如图 3-1-10 所示相量图（旋转矢量），得

线电压的大小：$U_{AB} = 2 \times U_A \cos 30° = 2 \times \frac{\sqrt{3}}{2} U_A = \sqrt{3} U_A$

线电压的相位：比相应的相电压超前 30°，因此，线电压的解析式为

$$u_{AB} = 380\sqrt{2}\sin(314t + 30°) \text{ V}$$

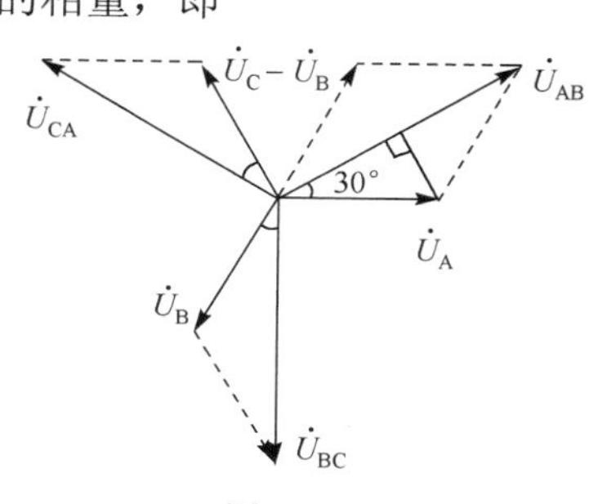

图 3-1-10

工厂供电与安全用电概述

随着我国经济的快速发展，电能越来越成为现代人们生产和生活中的重要能量，它广泛应用于工业农业、交通运输、国防科技和人们生活中。

电能是通过其他形式的能量，如水位能、火能、风能、太阳能、热能、核能等转化而来的，主要通过发电厂生产，又通过电力网来传输和分配，最后输送到工厂、住宅等用电场所。

一、工厂供电

电能的生产、传输与分配是通过电力系统来实现的。我们把发电厂、电力网和用户组成的一个整体系统称为电力系统，如图 3-1-11 所示。

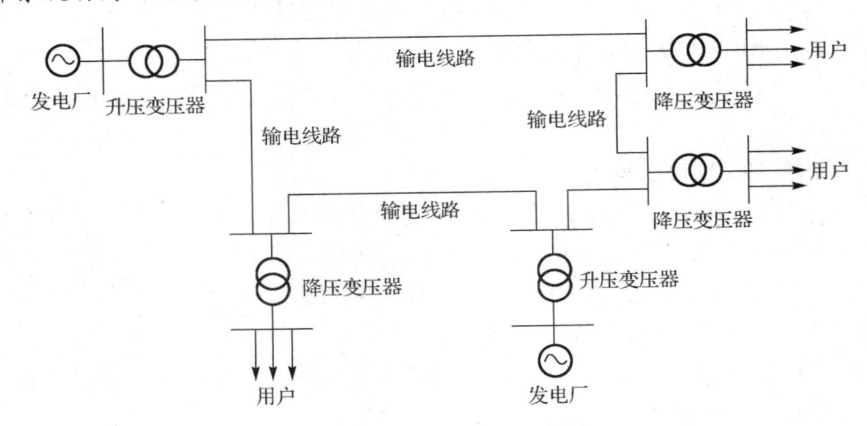

图 3-1-11　电力系统示意图

1. 发电厂

发电厂是电力生产部门，由发电机产生交流电。根据发电厂所用能源，可分为水力、火力、核能、风力、太阳能发电等。目前，由于我国的煤矿资源和水力资源比较丰富，所以火力发电和水力发电占据我国电力生产的主导地位。各种能源的发电站如图 3-1-12 所示。

2. 电力网

电力网是发电厂与用户之间的联系环节，负责电能的输送和分配，一般由变电所和输电线路组成。变电所分为升压变电所和降压变电所两大类，升压变电所一般建在发电厂，降压变电所一般建在负荷中心的地点。输电线路是电力系统中实施电能远距离传输的环节，一般由架空线路及电缆线路组成。

为了提高电力系统的稳定性，保证用户的供电质量和供电可靠性，通常将多个发电厂、变电所联合起来，构成一个大容量的电力网，采取集中管理、统一调度电的办法。

电力网按其功能可分为输电网和配电网，输电网通常由 35kV 及以上的输电线路及与其相连的变电所组成；而配电网的电压等级一般有 10kV、6kV、3kV、380/220V 等多种，在配电过程中，通常将各动力配电线路和照明配电线路分开，这样可以减小局部故障带来的影响。

3. 用户

用户就是指电力系统中的用电负荷。根据不同的用户对供电可靠性的要求的不同，可以把用户分为以下三个等级。

(a)水力发电站

(b)火力发电站

(c)风力发电站

(d)太阳能光伏发电站

(e)热能发电站

(f)核能发电站

图 3-1-12 各种能源的发电站

① 一级负荷。这类负荷一旦中断供电，将造成人身事故，重大电气设备严重损坏，群众生活发生混乱，使生产、生活秩序较长时间才能恢复。

② 二级负荷。这类负荷一旦中断供电，将造成主要电气设备严重损坏，影响生产，造成较大经济损失和影响群众生活秩序等。

③ 三级负荷。除了一、二级负荷以外的其他负荷统称三级负荷。

二、安全用电

随着现代生产技术的发展和生活水平的提高，人们在生产和生活中已离不开电，但在使用电的过程中，如果不注意安全用电，就可能造成触电伤亡、电气设备损坏、电气火灾，或影响电力系统的安全运行等意外事故的发生。因此，在使用电的同时，必须注意安全用电，以保证人身、设备、电力系统等方面的安全，防止事故的发生。

1. 触电的种类和形式

（1）触电的种类

人体因触及带电体而承受过高的电压，导致死亡或局部受伤的现象称为触电。触电依伤害程度的不同可分为电击和电伤两种类型。

① 电击。电击是指因电流通过人体而使内部器官受伤的现象，它是最危险的触电事故。当通过人体内的电流超过 50mA 时，中枢神经就会遭受损害，从而使心脏停止跳动而死亡。

如果人体的电阻以 800Ω 计算，那么当人体触及 36V 电源时，流过身体的电流为 45mA。这个电流值对人体安全威胁不大，所以规定 36V 及以下的电压为安全电压。

② 电伤。电伤是指人体外部由于电弧或熔丝熔断时飞溅起的金属沫等而造成烧伤的现象。

触电对人体的伤害程度，与通过人体电流的频率和大小、通电时间的长短、电流流过人体的途径，以及触电者本人的情况有关。

（2）触电的形式

按照人体接触带电体的方式和电流通过人体的途径，触电可分为以下三种形式。

① 单相触电。如图 3-1-13(a)所示，当人体在地面或其他接地导体上，人体的某一部位触及一根带电导体或接触到漏电的电气设备金属外壳所引起的触电事故，称为单相触电。这时，人体承受 220V 的相电压。

② 两相触电。如图 3-1-13(b)所示，当人体有两处同时触及两相带电导体时所引发的触电事故，称为两相触电。这时，人体承受 380V 的线电压，所以两相触电是最危险的触电。

③ 跨步电压触电。如图 3-1-13(c)所示，如果发生高压电网接地点、防雷接地点、高压相线断落或者绝缘损坏，就会有电流流入接地点，电流在接地点周围产生电压降，当人体走近接地点附近，两脚之间就有电位差电压，称为跨步电压，由此引起的触电事故就称为跨步电压触电。

当发生触电时，应及时采取正确的方法，如拉闸、拨离、拽衣等迅速地将触电者脱离电源；触电者脱离电源后，应采取相应的医疗急救措施，同时向医务部门呼救。

实施急救的方法包括人工呼吸法和胸外按压法，请读者自行查阅相关资料。

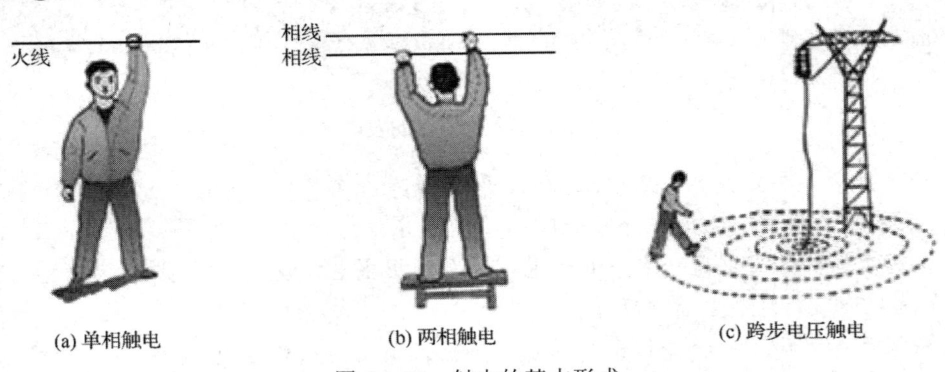

(a) 单相触电　(b) 两相触电　(c) 跨步电压触电

图 3-1-13　触电的基本形式

2. 安全用电的措施

根据国际电工委员会规定，低压配电系统按接地方式的不同可分为 TN、TT、IT 系统。

① TN 系统：电力变压器中性点接地，电气设备金属外壳采用保护接零。根据电气设备金属外壳与系统连接的不同方式又可分为 TN-C（三相四线制，工作零线兼作保护线，用 PEN

表示）、TN-S（三相五线制，工作零线与保护线严格分开，分别用 N、PE 表示）、TN-C-S（电源进线点前，N 线和 PE 线合一；电源进线点后，N 线和 PE 线分开）。

② TT 系统：电力变压器中性点接地，电气设备金属外壳采用保护接地。

③ IT 系统：电力变压器中性点不接地，而电气设备金属外壳采用保护接地。

总而言之，接地的主要作用就是保证人身和设备的安全。下面分别介绍保护接地、保护接零、工作接地和重复接地的工作原理。

（1）保护接地

按接地目的及工作原理的不同，主要可分为保护接地、保护接零、工作接地和重复接地 4 种。如图 3-1-14 所示，将电气设备在正常情况下不带电的金属外壳与接地体可靠连接，称为保护接地。这种保护接线方式一般用于配电变压器中性点不接地（三相三线制）的供电系统中，保证当电气设备因绝缘损坏而漏电时产生的对地电压不超过安全范围。

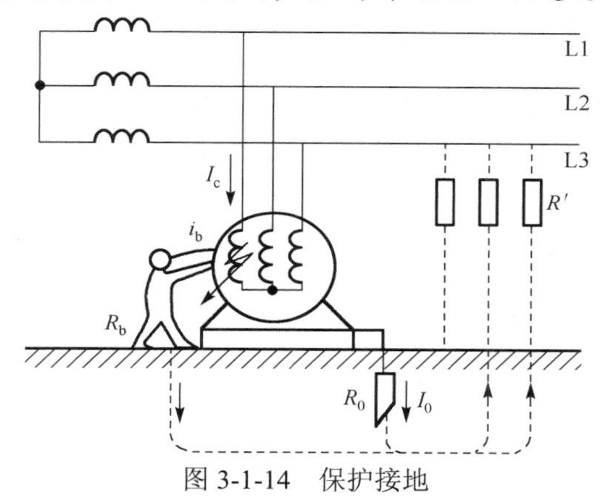

图 3-1-14　保护接地

在中性点不接地系统中，在电动机某一相绕组因绝缘受损与电动机碰壳的情况下，若人体触及电动机外壳时，由于人体电阻 R_b 与接地电阻 R_0 并联，且 $R_b>>R_0$，漏电电流绝大部分流过接地装置而通过人体的电流很小，所以人不会有危险。

相反，电动机外壳不做保护接地处理，若人体触及电动机外壳时，就相当于单相触电，故障电流 I_e 的大小取决于人体电阻 R_0 和绝缘电阻 R'（每根相线对大地的绝缘电阻）。当系统的绝缘下降时，人就会有触电的危险。

（2）保护接零

如图 3-1-15 所示，将电气设备在正常情况下不带电的金属外壳与零线连接，称为保护接零。这种保护接线方式一般用于配电变压器中性点接地（三相四线制）的供电系统中。

当电动机某一相绕组因绝缘受损与电动机碰壳时，就形成单相短路，短路电流足以使该相中的保护装置（自动开关或熔断器）迅速动作，切断电源，从而使设备外壳不至于长时间存在危险的电压，保证了人身安全。

（3）工作接地

如图 3-1-16 所示，电力系统中，为保证用电设备的安全运行，将电力系统中的变压器中性点与大地相连接，称为工作接地。

这种保护接线方式，可降低触电电压，可迅速切断故障设备，可降低电气设备对地的绝缘水平。

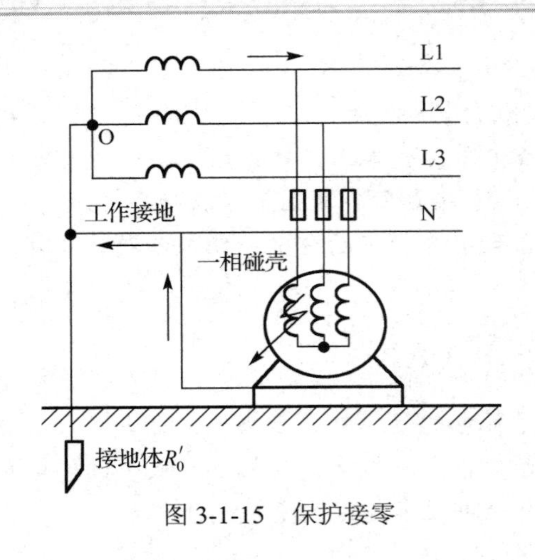

图 3-1-15　保护接零

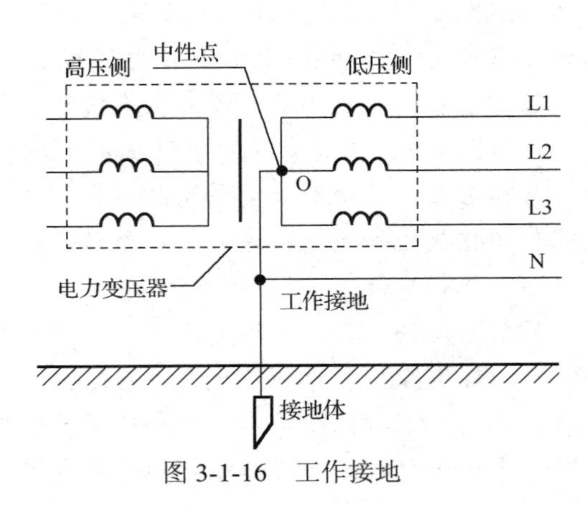

图 3-1-16　工作接地

（4）重复接地

采用保护接零时，不允许中性线断开，否则起不到保护作用。因此除了中性线上不允许安装开关或熔断器外，还要在各用户端把中性线接地。这种在三相四线制保护接零电网中，除了中性点接地之外，在零线上一点或多点与接地体的连接，称为重复接地，如图 3-1-17 所示。

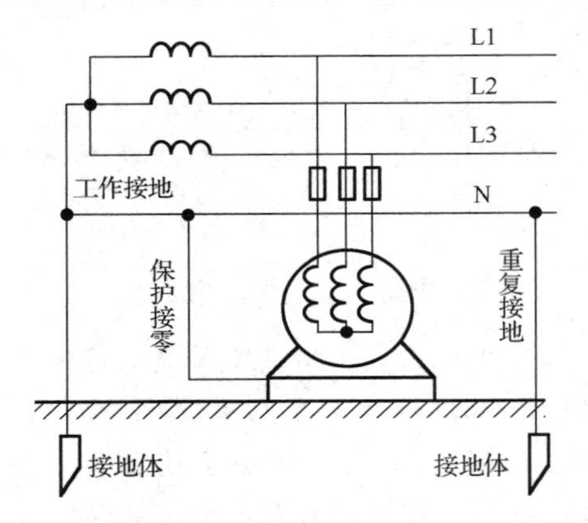

图 3-1-17　重复接地

常用的安全用电措施，还有使用安全色和安全标志、采用漏电保护装置、采用安全电压、保证安全距离、保证电气设备的绝缘性能、正确安装用电设备等。另外，为了保护工作人员的操作安全，要求操作者必须严格遵守操作规程，并使用绝缘手套、绝缘鞋、绝缘工具等。

此外，防雷和防电气火灾也是安全用电的措施，这里就不再叙述了。

完成工作任务指导

一、工具、仪器仪表及器材准备

1. 工具

工作台（备有台虎钳）、测电笔、电动工具（钻孔用）、螺丝刀、尖嘴钳、剥线钳、钢丝钳、画线笔、直尺、角度尺、橡皮檫。

2. 仪器仪表

万用表。

3. 器材

DS-IC 型电工实验台，三相交流电源模块，专用导线若干，2.5mm^2 规格黄、绿、红、蓝及黄绿双色 5 种绝缘硬导线若干，其他所需的元器件见表 3-1-1。

二、施工步骤

1. 阅读任务书

认真阅读工作任务书，理解工作任务的内容，明确工作任务的目标。根据施工单及施工图，做好工具及器材的准备，拟订施工计划。

表 3-1-1　元器件清单表

序号	名称	型号/规格	数量
1	电源配电板	410mm×400mm	1 块
2	三相四线制电度表	DT862-4	1 只
3	熔断器式隔离器	HG1-32/30F	1 只
4	断路器	DZ47-60/C6 3P	1 只
5	断路器	DZ47LE-32/D6 3P+N	1 只
6	断路器	DZ47LE-32/C6 1P+N	1 只
7	端子排	TBC-20	11 位/条
8	导轨	C45	长度：210mm

2. 器件检测、定位与安装

（1）器件检测

根据如图 3-1-1 所示的配电系统图，核对表 3-1-1 元器件清单表所列的元器件，对各元器件进行型号、外观质量的检查，用万用表检测隔离开关、断路器的通断情况。

（2）器件定位与安装

根据元器件定位的基本要求，确定各元器件的安装位置，用笔和尺标出打孔位置，然后使用电动工具进行钻孔加工。

将各元器件放置于相应的位置，进行紧固安装，所有的断路器均安装在导轨上。

3. 电源配电板配线

① 根据配电系统图，选择导线的截面和颜色。

② 预估导线长度后将其剪断，将导线固定在台虎钳上用钢丝钳进行拉直处理。

③ 用尖嘴钳将导线弯出直角，根据导线敷设位置量好长度，重复此步骤，完成该段导线的弯曲制作。

④ 重复以上三个步骤，继续完成其他导线的弯曲。

⑤ 按板前布线工艺规范要求，用螺丝刀将所有的导线固定在配电板上，完成整个配板上的接线安装。

4. 通电检测

① 在断电情况下进行检测，确保没有短路存在。
② 连接三相四线制电源，接通实验台电源总开关。
③ 依次闭合隔离开关、断路器，用万用表交流电压挡测量各断路器输出的电压值。
④ 检测完毕后，依次断开断路、隔离开关、实验台电源总开关，整理实验台。

配电板器件安装、布线、通电检测过程如图 3-1-18 所示。

安全提示：

在完成工作任务过程中，严格遵守实验室的安全操作规程。在完成电路接线后，必须经指导教师检查确认无误后，才允许通电试验。测量过程中若有异常现象，应及时切断实验台电源总开关，同时报告指导教师。只有在排除故障原因后才能申请再次通电试验。

搭建实验电路、更改电路或测量完毕后拆卸电路，都必须在断开电源的情况下进行。

正确使用仪器仪表，保护设备及连接导线的绝缘，避免短路或触电事故发生！

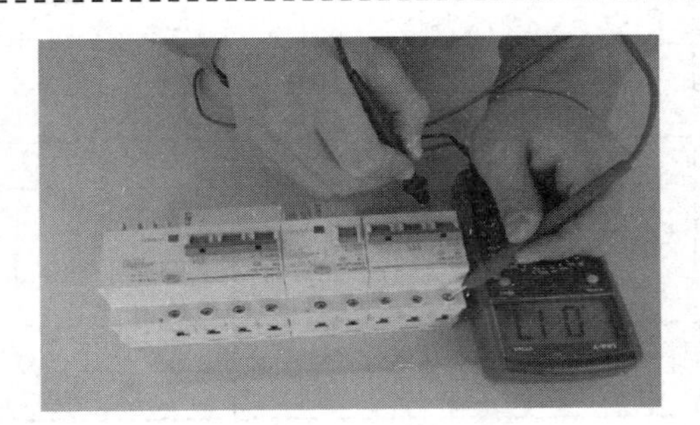

(a) 器件检测

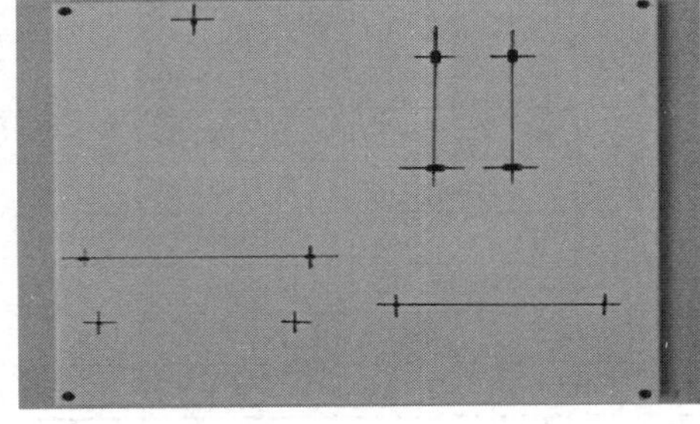

(b) 画线定位打孔

(c) 器件安装

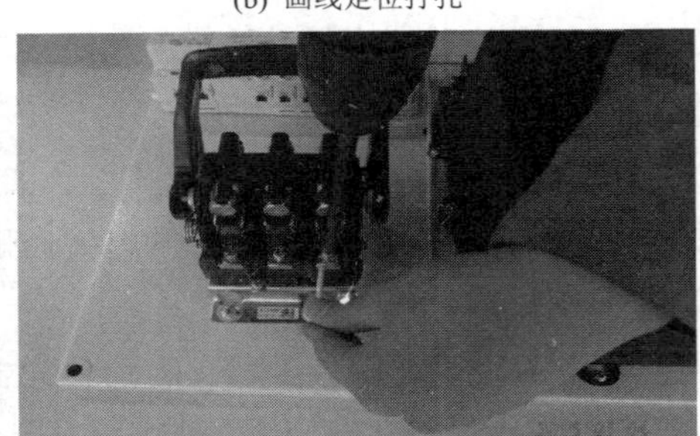

(d) 板上接线安装

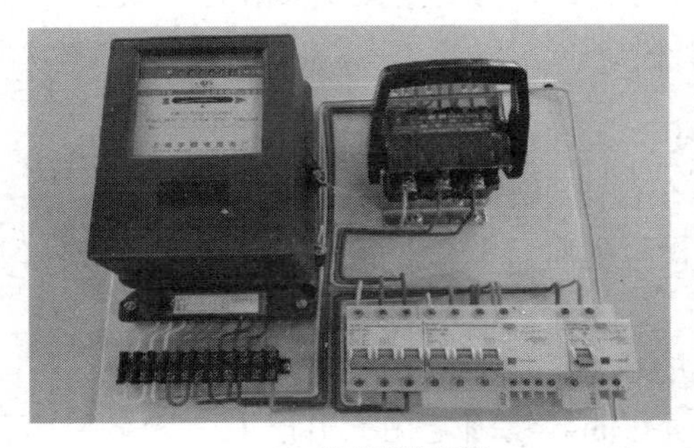

(e) 完成接线安装

(f) 通电检测

图 3-1-18　电源配电板的制作过程

三、工作任务评价表

请你填写电源配电板的制作工作任务评价表（表 3-1-2）。

表 3-1-2 电源配电板的制作工作任务评价表

序号	评价内容	配分	评价细则	自我评价	教师评价
1	仪表、工具及器材	5	① 仪器、仪表少选或错选，扣 1 分/个 ② 工具少选或错选，扣 1 分/个 ③ 元器件少选或错选，扣 1 分/个 ④ 导线选择不正确，扣 1 分/条		
2	器件检测	10	⑤ 万用表使用不当，扣 2 分/次 ⑥ 元器件漏检测，扣 2 分/个		
3	器件定位与安装	15	⑦ 器件布局位置不合理，扣 2 分/处 ⑧ 器件漏装，扣 2 分/个 ⑨ 器件安装倾斜、固定不牢固，扣 2 分/个		
4	板前接线安装	30	⑩ 按配电系统图，少接或错接，扣 3 分/处 ⑪ 导线选型不正确，扣 1 分/条 ⑫ 所接 BV 线不横平竖直、有交叉线、外露铜丝过长、有跨接线、压皮或绝缘受损等，扣 3 分/处		
5	通电检测	30	⑬ 通电检测时，出现短路跳闸现象，扣 10 分/次 ⑭ 通电检测时，隔离开关、各断路器输出电压不正常，扣 5 分/个 ⑮ 通电检测时，全部功能不能实现，扣 30 分		
6	安全文明操作	10	⑯ 违反安全操作规程者，扣 5 分/次，并予以警告 ⑰ 作业完成后未及时整理实验台及场所，扣 2 分 ⑱ 发生严重事故者，10 分全扣，并立即予以终止作业		
合计		100			

思考与练习

一、填空题

1．三相交流电是由三个________相同、________相等、相位依次________的交流电动势组成的电源，在电力系统中得到了广泛的应用。

2．在三相交流电中，若 A 相为 $e_A = E_m \sin \omega t$，则 B 相为________、C 相为________。

3．在三相四线制供电系统中，相线与中线之间的电压称为________，相线与相线之间的电压称为________，线电压是相电压的________倍。

4．三相发电机绕组 AX、BY、CZ 中，将 X、Y、Z 三个端子连接起来并引出一条线称为________；由其余三个端分别引出另外三条线称为________。这种连接称为________连接法。

5．供配电系统图说明了系统的________、________、________之间的连接关系，以及线路的________、________等，它是进行安装施工和电气维修的重要依据。

6．电源配电箱是连接________和________的一种电气装置，配电箱内一般配置有________、________、________等器件，具有计量、隔离、正常分断、________、________、________及电源指示等功能。

7．电能是通过其他形式的能量，如水位能、热能、________、________、________等转化而来的，主要是通过________来生产的，又通过________来传输和分配。

二、简答题

1．请你总结在完成电源配电板接线安装工作任务中，在工具的使用、敷设导线的方法和步骤方面的体会和经验。

2．电力系统是由哪三个部分组成的？

3．什么叫触电？触电的种类和形式各是什么？

4．请你谈一谈安全用电方面的基本常识。

5．保护接地与保护接零有什么区别？为什么在同一线路上，不允许一部分电气设备保护接地，另一部分电气设备保护接零？

6．请你上网查找以下相关资料：①电工安全操作规程与电工实验室安全用电的注意事项；②在发生电气火灾时，如何运用正确的方法灭火；③触电对人体的伤害程度及不同大小的电流对人体的影响；⑤节约用电的意义与方法。

三、计算题

1．证明：三相交流电动势是对称的，其瞬时值或相量之和为零。

2．证明：三相四线制供电系统中，线电压与相应的相电压的关系为：（1）线电压为相电压的$\sqrt{3}$倍；（2）线电压的相位较相应的相电压超前30°。

任务 3–2　三相交流电路的探究

工作任务

根据如图 3-2-1 所示三相负载星形连接电路和图 3-2-2 所示三相负载三角形连接电路，请你完成以下工作任务。

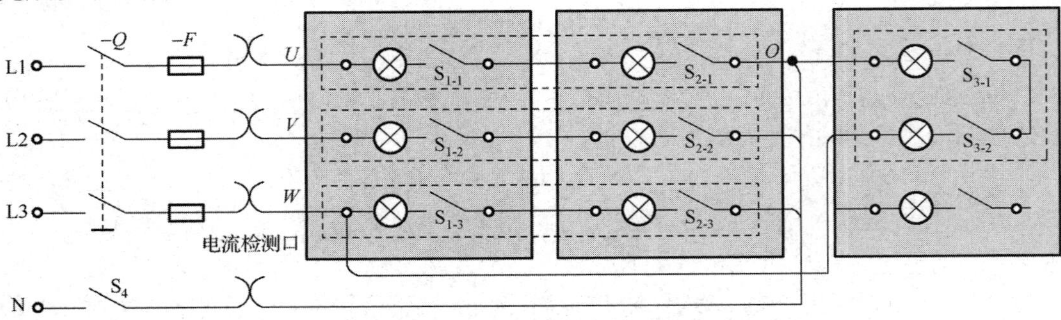

图 3-2-1　三相负载星形连接电路

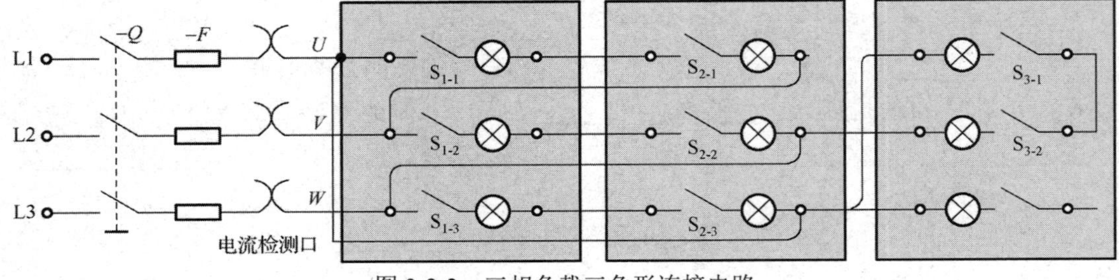

图 3-2-2　三相负载三角形连接电路

（1）电路的连接

根据电路原理图，选择合适元器件，用专用导线连接器件分别完成两个电路的连接。

（2）电路的测试

① 三相负载接成星形时，分对称负载和不对称负载两种情况进行测试。测试线电压、线电流、相电压和中线电流。

② 三相负载接成三角形时，分对称负载和不对称负载两种情况进行测试。测试线电压、线电流、相电压和相电流。

（3）实验数据分析

① 根据实验数据，分析三相负载星形接法时，负载对称与否、中线存在与否，线电压与相电压的关系，线电流与相电流、中线电流之间的关系。

② 根据实验数据，分析三相负载三角形接法时，负载对称与否，线电压与相电压的关系，线电流与相电流之间的关系。

相关知识

平常所见到的用电设备统称负载，负载可分为单相负载和三相负载。单相负载是指只需要单相电源供电的设备，如照明灯具、电炉、电视机等家用电器；三相负载是指需要三相电源供电的设备，如三相异步电动机、大功率三相电炉等。

将三相负载和三相交流电源连接起来，就组成三相交流电路。在三相交流电路中，三相负载的连接主要有星形（Y）和三角形（△）两种连接形式。

一、三相负载的星形连接

将三个负载 Z_U、Z_B、Z_W 的一端连在一起接到三相电源的中线 N 上，另一端分别接到三相电源的三根端线 L1、L2、L3 上，这种连接方式称为三相负载有中线的星形连接法，用符号 Y_N 表示，如图 3-2-3 所示。

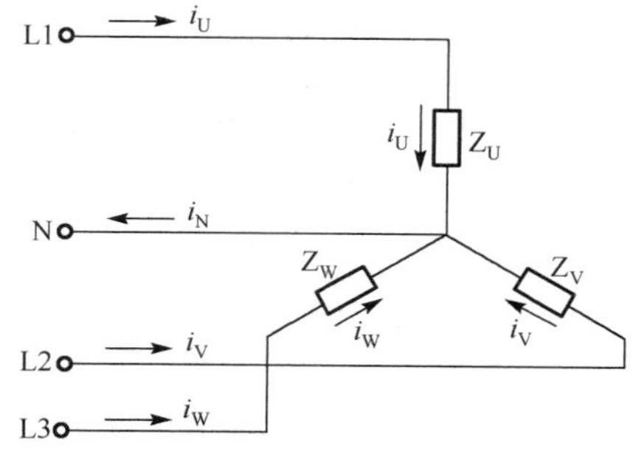

图 3-2-3　三相负载的星形连接

1. 电流与电压的计算

三相负载作星形连接有中线时，每相负载两端的电压称为负载的相电压，用符号 U_{YP} 表示。不考虑输电线阻抗时，负载的相电压等于电源的相电压，负载的线电压也等于电源的线电压。因此，负载的线电压与负载的相电压的关系为

$$U_L = \sqrt{3}U_{YP} \tag{3-2-1}$$

流过每根相线的电流称为线电流，用 I_L 表示；流过每一相负载的电流称为相电流，用 I_{YP} 表示；流过中线的电流就称为中线电流，用 I_N 表示。显然，在三相负载星形有中线时，线电流与相电流的关系为

$$I_L = I_{YP} \tag{3-2-2}$$

各相负载的相电流的计算可参考单相交流电路的计算方法。

根据基尔霍夫电流定律，中线电流与各相电流的关系为

$$i_N = i_U + i_V + i_W \quad 或 \quad \dot{I}_N = \dot{I}_U + \dot{I}_V + \dot{I}_W \tag{3-2-3}$$

2. 三相对称负载Y形连接时的情况

在三相负载中，如果每相负载的电阻、电抗即复数阻抗相等，这样的负载称为三相对称负载。

① 三相对称负载作Y形连接时，各相电流大小相等、相位互差120°，即对称。

② 三相负载对称时，中线电流为零。

既然中线电流为零，便可以省去中线，这就构成了三相三线制，如三相异步电动机的三相绕组作Y形连接时，就是采用三相三线制电源供电的。

3. 三相不对称负载Y形连接时的情况

（1）有中线

尽管三相负载不对称，但是由于有中线的存在，使得负载中点与电源中性点N电位相等，即加在每相负载上的相电压都等于电源相应的相电压，因此负载能正常工作。

三相负载不对称时，中线电流一般情况下就不等于零了。中线电流的计算可按式（3-2-3）或通过画旋转矢量图的方法进行求解。

（2）无中线

三相负载不对称且无中线时，各相负载的相电压就不再等于电源的相电压，有的负载所承受的电压高于其额定电压，有的负载所承受的电压低于其额定电压，负载不能正常工作，甚至引发严重事故。因此，在三相四线制中，规定中线不允许安装熔断器和开关，有时中线还采用钢芯导线来加强其机械强度，以免断开。另一方面，在连接三相负载时，不能集中在某一相中，而应尽量使其基本均衡，以减小中线电流。

三相负载不对称且无中线时，各相负载的相电流及相电压的计算较为复杂，所以这里就不再叙述了，请读者自行分析与计算。

例题 3-2-1 三相四线制照明电路如图 3-2-4(a)所示。每一相都是两个220V/100W的白炽灯泡，求：①开关均闭合时，各线电流及中线电流；②除开关K5、K6断开外，其余开关均闭合时，各线电流及中线电流。

解：① 开关均闭合，即三相对称负载采用星形接法时

各相电流为 $I_U = I_V = I_W = \dfrac{P}{U_P} = \dfrac{2\times 100}{220} = 0.9(\text{A})$，所以各线电流 $I_L = I_P = 0.9\text{A}$，中线电流 $I_N = 0$。

② 开关K1～K4闭合，K5、K6断开，即三相不对称负载采用星形接法时，因为各相电

流为 $I_{\mathrm{U}}=I_{\mathrm{V}}=0.9\mathrm{A}$，$I_{\mathrm{W}}=0$，所以线电流为 $I_{\mathrm{L1}}=I_{\mathrm{L2}}=0.9\mathrm{A}$，$I_{\mathrm{L3}}=0$；中线电流可根据基尔霍夫电流定律，通过如图 3-2-4(b)所示旋转矢量图求得，即中线电流为 $I_{\mathrm{N}}=0.9\mathrm{A}$。

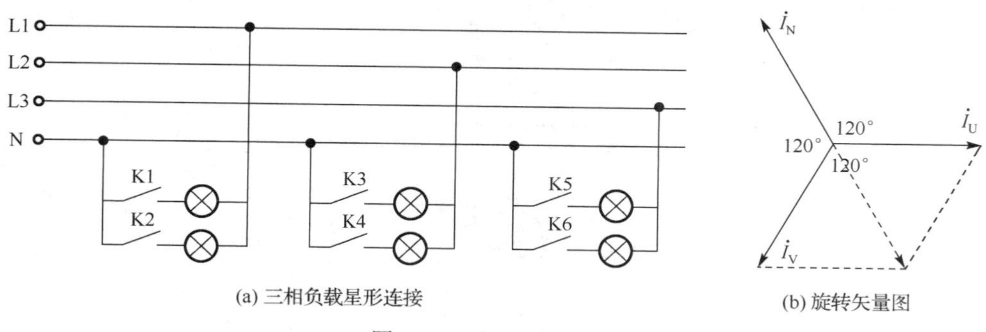

(a) 三相负载星形连接　　(b) 旋转矢量图

图 3-2-4　例题 3-2-1 图

二、三相负载的三角形连接

将三个负载 Z_{UV}、Z_{BW}、Z_{WU} 的两端分别接到三相电源的两根相线之间，这种连接方式称为三相负载的三角形连接，用符号“△”表示，如图 3-2-5 所示。

由图可知，各相负载的相电压就是电源的线电压，即

$$U_{\mathrm{L}}=U_{\triangle \mathrm{P}} \tag{3-2-4}$$

且三个负载的相电压也是对称的。

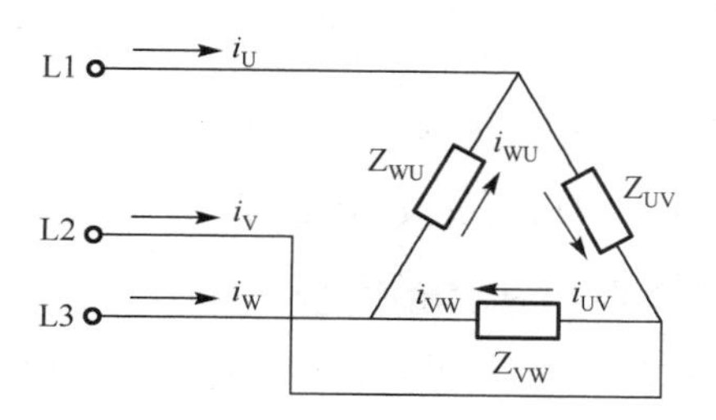

图 3-2-5　三相负载的三角形连接

各相电流的计算方法，与单相电路相同；而各线电流的计算，可根据基尔霍夫电流定律求得，即

$$\begin{cases} i_{\mathrm{U}}=i_{\mathrm{UV}}-i_{\mathrm{WU}}, i_{\mathrm{V}}=i_{\mathrm{VW}}-i_{\mathrm{UV}}, i_{\mathrm{W}}=i_{\mathrm{WU}}-i_{\mathrm{VW}} \\ \dot{I}_{\mathrm{U}}=\dot{I}_{\mathrm{UV}}-\dot{I}_{\mathrm{WU}}, \dot{I}_{\mathrm{V}}=\dot{I}_{\mathrm{VW}}-\dot{I}_{\mathrm{UV}}, \dot{I}_{\mathrm{W}}=\dot{I}_{\mathrm{WU}}-\dot{I}_{\mathrm{VW}} \end{cases} \tag{3-2-5}$$

不难推得，三相对称负载作三角形连接时，各相电流都相等且对称；各线电流也相等且对称，线电流滞后相应相电流 30°。各线电流与相电流的大小关系为

$$I_{\mathrm{L}}=\sqrt{3}I_{\triangle \mathrm{P}} \tag{3-2-6}$$

综上所述，三相负载采用哪种接法，是根据负载的额定电压和电源的电压决定的。即负载的额定电压等于电源的相电压时，三相负载应采用星形接法；负载的额定电压等于电源的线电压时，三相负载应采用三角形接法。

例题 3-2-2 三相电炉电路如图 3-2-6(a)所示，三相电炉为对称负载三角形接法，每相电炉丝电阻均为 144.4Ω。①三相电炉正常工作时的各线电流是多少？②若三相电炉发生图中“×”所示的断点故障，试求此时各线电流。

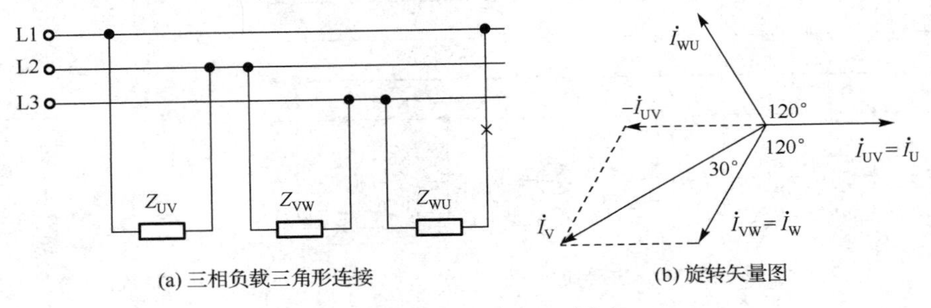

(a) 三相负载三角形连接　　(b) 旋转矢量图

图 3-2-6　例题 3-2-2 图

解：① 三相电炉正常工作时，即为三相对称负载采用三角形接法。

各相电流为 $I_{UV}=I_{VW}=I_{WU}=\dfrac{U_L}{Z_P}=\dfrac{380}{144.4}=2.63(A)$，根据图 3-2-6(b)所示旋转矢量图，得各线电流为 $I_L=\sqrt{3}I_{\triangle P}=1.73\times 2.63=4.55(A)$

② 三相电炉发生如图所示“×”断点故障时：

各相电流为 $I_{UV}=I_{VW}=2.63(A)$，$I_{WU}=0$；图中故障为 WU 相，所以，各线电流为

$I_U=I_{UV}=2.63A$，$I_W=I_{VW}=2.63A$，$I_V=\sqrt{3}I_{\triangle P}=1.73\times 2.63=4.55(A)$

三、三相电功率

一般情况下，三相电路的总有功功率等于各相有功功率之和，即

$$P=P_U+P_V+P_W=U_UI_U\cos\varphi_U+U_VI_V\cos\varphi_V+U_WI_W\cos\varphi_W \tag{3-2-7}$$

三相电路的总无功功率等于各相无功功率之和，即

$$Q=Q_U+Q_V+Q_W=U_UI_U\sin\varphi_U+U_VI_V\sin\varphi_V+U_WI_W\sin\varphi_W \tag{3-2-8}$$

三相电路的总视在功率为

$$S=\sqrt{P^2+Q^2} \tag{3-2-9}$$

上述各式中，U_U、U_V、U_W、I_U、I_V、I_W 和 φ_U、φ_V、φ_W 分别表示各相负载的相电压、相电流和阻抗角。

如果三相负载是对称的，各相有功功率、无功功率及视在功率都相等，因而三相电路的总有功功率、总无功功率及总视在功率为

$$\begin{cases}P=\sqrt{3}U_LI_L\cos\varphi\\Q=\sqrt{3}U_LI_L\sin\varphi\\S=\sqrt{3}U_LI_L\end{cases} \tag{3-2-10}$$

式中，U_L、I_L 分别表示三相负载的线电压、线电流；φ 表示各相负载的阻抗角，也是各相负载的相电压与相应的相电流的相位差，其值由负载的电路参数确定，与负载的连接形式无关。

常用电工材料与室内照明

一、常用电工材料

1. 绝缘材料

绝缘材料又称电介质。它在外加电压作用下，只有微小的电流通过，其电阻率大于 1.0 ×107Ω·m。在技术上主要用于隔离带电导体或不同电位的导体，以保障人身和设备的安全。绝缘材料分有机绝缘材料、无机绝缘材料以及这两种材料加工制成的各种成形材料。常见的绝缘材料，如绝缘漆、绝缘油、塑料制品、橡胶制品、电瓷制品、层压制品、绝缘包带等。

用于导线的绝缘材料主要有橡胶与聚氯乙烯。

2. 导电材料

导电材料必须具有较高的导电性能、不易氧化、不易腐蚀，且具有足够的机械强度、易加工和易于焊接等特点。当前大量用于制作电线、电缆的金属材料主要是铜、铝及其合金等。常用导电材料的用途见表 3-2-1。

表 3-2-1　常用导电材料用途

序号	名称	特点	用途
1	纯铜	含铜量 99.95%	制造电线、电缆等
2	无氧铜	含铜量 99.97%	制造电子元器件等
3	银铜合金	柔软，电阻率小，不耐高温	制造电子元器件的引脚、精密仪器仪表等
4	镍锡铜等铜合金	机械性能好，耐高温	制造插件、开关元器件等
5	铝镁等铝合金	重量轻，延伸性好	制造架空线、电缆线等

常用导电材料分为电线电缆、电热材料和电刷三种。

（1）电线电缆

常用电线、电缆分为裸导线、橡皮绝缘电线、聚氯乙烯绝缘电线、漆包圆铜线、低压橡胶护套电缆等。它们的型号、名称及其用途见表 3-2-2。

表 3-2-2　常用电线、电缆的型号、名称及用途

大类	型号	名称	用途
电线电缆	BV	聚氯乙烯绝缘铜芯线	交、直流 500V 及以下的室内照明和动力线路的敷设，室外架空线路
	BLV	聚氯乙烯绝缘铝芯线	
	BX	铜芯橡皮线	
	BLX	铝芯橡皮线	
	BLXF	铝芯氯丁橡皮线	
	LJ	裸铝绞线	室内高大厂房绝缘子配线和室外架空线
	LGJ	钢芯铝绞线	
	BVR	聚氯乙烯绝缘铜芯软线	活动不频繁场所电源连接线
	BVS	聚氯乙烯绝缘双根铜芯绞合软线	交、直额定电压为 250V 及以下的移动式电具、吊灯电源连接线
	RVB	聚氯乙烯绝缘双根平行铜芯软线	

续表

大类	型号	名称	用途
电线电缆	BXS	棉纱纺织橡皮绝缘双根铜芯绞合软线（花线）	交、直额定电压为250V及以下的吊灯电源连接线
	BVV	聚氯乙烯绝缘护套铜芯线（双根或3根）	交、直额定电压为500V及以下室内外照明和小容量动力线路敷设
	RHF	氯丁烯绝缘护套铜芯软线	250V室内外小型电气工具电源连接线
	RVZ	聚氯乙烯绝缘护套铜芯软线	交、直额定电压为500V及以下的移动式电具电源连接线
电磁线	QZ	聚脂漆包圆铜线	耐热130℃，用于密封的电动机、电器绕组或线圈
	QA	聚氨脂漆包圆铜线	耐热120℃，用于电工仪表细微线圈或电视机线圈等高频线圈
	QF	耐冷冻剂漆包圆铜线	在氟里昂等制冷剂中工作的线圈，如电冰箱、空调器压缩机绕组
通信电缆	HY HE HP HJ GY	H系列及G系列光纤电缆	电报、电话、广播、电视、传真、数据及其他电信息的传输

（2）电热材料

在工程上，电热材料主要用于制造各种加热设备中的发热元件，作为电阻体接在电路中，把电能转换成热能，使设备温度升高，如电炉、电饭煲、电热水器等电器中的发热体。要求它在高温下具有良好的抗氧化性能和一定的机械强度，电阻率较高，电阻温度系数较小，易于加工成形。常用电热材料见表3-2-3。

表3-2-3 常用电热材料

大类	名称/型号	特点	用途
电热材料	镍铬合金	工作温度在1150~1250℃，电阻率较高，高温下机械强度好，易于加工，基本无磁性	用于家用和工业电热设备
	高熔点纯金属（铂、钼、钽、钨等）	工作温度在1600~2400℃，电阻率低，温度系数大	用于实验室及特殊高温要求的设备
电热元件	硅碳棒 硅碳管	最高工作温度可达1500℃，高温强度高，质硬而脆，电阻值一致性差，易老化，电阻率随使用时间而增大	用于高温电加热设备发热元件
	管状电热元件	工作温度在550℃以下，结构简单，热效率高，可直接在各种介质（空气、液体）中加热，机械强度高	用于液体、易熔金属加热、空气加热、干燥及日用电热器具的发热元件

（3）电刷

电刷用在发电机和调压器等设备中的换向器、集电环等上面，作为传导电流的滑动接触件。常用电刷分为电化石墨电刷（D型）、石墨电刷（S型）、金属石墨电刷（J型）等。由于它们类别、型号的不同，其电阻率、摩擦系数、额定电流等参数存在较大的差异。

3. 磁性材料

磁性材料分为软磁性材料、硬磁性材料和矩磁性材料等三大类，见表3-2-4。

表 3-2-4 磁性材料

大类	名称/型号	特点	用途
软磁性材料	硅钢片	在铁材料中加入少量（约在4.5%以内）的硅，加工成0.05~0.5mm厚的片状，表面具有绝缘层，用以减小涡流损耗。硅钢片分热扎和冷扎两大类	用于制作电动机、变压器、电磁铁等
	铁镍合金	在铁中加入30%～82%的镍，经真空冶炼而成，具有较高的频率特性	用于制作小功率变压器、脉冲变压器、微电动机、继电器、磁放大器等的铁芯元件
	铁铝合金	在铁中加入一定量的铝，铝含量为6%~16%	用于制作小功率变压器、脉冲变压器、高频变压器、微电动机、互感器、磁放大器、电磁阀、分频器等的铁芯
	铁氧体材料	铁氧体由陶瓷工艺制作而成，硬而脆、不易加工、不耐冲击，是内部以 Fe_2O_3 为主要成分的软磁性材料，高频导磁性能较好	用于中频变压器、高频变压器、脉冲变压器、开关电源变压器、高频电焊变压器、高频扼流圈、中波与短波天线等的磁性材料
硬磁性材料	铸造铝镍钴系	硬磁性材料又称永磁材料，具有较强的剩磁和矫顽力，在外加磁场撤去后仍然能保留较强剩磁	用于磁电式仪表、永磁发电机、微电动机、扬声器、里程表、速度表、流量表等内部的磁性材料
	粉末烧结铝镍钴系		
	铁氧体系		用于制作永磁发电机、磁分离器、扬声器、受话器、磁控管等内部的磁性元件
	稀土钴系		用于制作力矩电动机、启动电动机、大型发电机、传感器、拾音器等的磁性元件
矩磁性材料	锰锌铁氧体等	这类材料在很弱的外磁场作用下就能被磁化，并达到饱和，当撤去外磁场后，磁性仍保持，与磁饱和状态相同	用于制造计算机中存储器的磁芯等

二、室内照明

利用一定的装置和设备将电能转换成光能，为人们在室内的活动安全和舒适的生活提供照明就叫室内照明（图 3-2-7）。在人们的现代生活中，光不仅仅是室内照明的条件，而且是表达空间形态、营造环境气氛的基本元素。因此，室内照明也是室内环境设计的重要组成部分。

电气照明，主要由供电线路、控制装置和电光源组成。

图 3-2-7 室内照明

1. 常用电光源及其灯具

常用的电光源有热辐射光源和气体放电光源两大类，见表 3-2-5。

表 3-2-5　常用的电光源及其灯具

大类	名称	特点	用途
热辐射光源	白炽灯	灯泡主要由灯丝（钨丝）、玻璃泡、触头和绝缘体等组成。灯丝具有极高的熔点（300~3400℃）和很大的机械强度。钨丝因炽热而发光，但发光效率很低，寿命短	适用于各种场所
	卤钨灯	发光原理与白炽灯一样，所不同的是灯管内充入了一定比例的微量卤素物质。它是利用充填气体中卤素物质的化合物使灯丝发光的一种钨线灯，如碘钨灯	因碘钨灯在工作时管壁温度很高，可达600℃，因此碘钨灯禁止在有易燃、易爆等物品的场所使用，碘钨灯必须水平安装且不宜在剧烈振动场所使用
气体放电光源	荧光灯	它具有发光效率高、寿命长、光色柔和等优点。但灯具附件多，造价较高，功率因数低等缺点，如日光灯	广泛应用于办公室和家庭照明
	高压汞灯	又叫高压水银灯，使用寿命是白炽灯的 2~3 倍，发光效率是白炽灯的 3 倍，耐振、耐热性能好。但其造价高，启辉时间长，对电压波动适应能力差	一般用于道路、广场、厂房等处的照明
气体放电光源	高压纳灯	一种高压钠蒸气放电光源，光色呈金白色。具有光色好、功率大、发光效率高等优点。不足的是，中断电源后，即使重新接通电源，也不能立即发光，必须使管内温度下降后才能重新点燃	多用于室外照明，如大型广场、路灯、工厂车间等
	LED 灯	一种新型的电光源，能直接将电能转换为可见光的固态半导体器件。LED 的心脏是一个半导体的晶片，晶片中的 PN 结就是它的发光原理，光的颜色是由形成 PN 结的材料所决定的	用于室内照明和户外景观亮化，如室内的天花灯、筒灯、日光灯、吸顶灯等，户外景观的洗墙灯、投光灯、应急灯，还有仪表盘上背景灯、汽车灯等
	霓虹灯	一种特殊的低气压冷阴极辉光放电发光的电光源。采用低熔点的钠-钙硅酸盐玻璃做灯管，靠充入玻璃管内的低压惰性气体在高压电场下冷阴极辉光放电而发光。其光色由充入惰性气体的光谱特性决定。具有高效率、温度低、低能耗、寿命长、灵活多样等特点	用于制作室外广告牌、各种场合的亮化和装饰等

灯具用来固定光源器件，防护光源器件免受外部损伤，消除或减弱炫光，使光源发出的光线向需要的方向照射，装饰、美化建筑物等。

灯具的种类有直射照明型、半直射照明型、均匀漫射型、间接照明或半间接照明型，根据灯具的结构也可分为开启型、闭合型、封闭型、密闭型、防爆安全型、隔爆型、防腐型等多种形式。

室内照明灯具的安装方式，常见的主要有吸顶式、嵌入式、悬吊式、壁式、台式和落地式等。

螺口灯头的接线要求火线接在中心触头的端子上，零线接在螺纹的端子上。

2. 控制装置

（1）开关

开关的作用是在照明电路中接通或断开照明灯具。按其安装形式分为明装式和暗装式；按其结构分单联开关、双联开关和旋转开关等。开关应串联在通往灯头的火线上。用两个单联双控开关异地控制一盏灯的电路如图 3-2-8 所示。

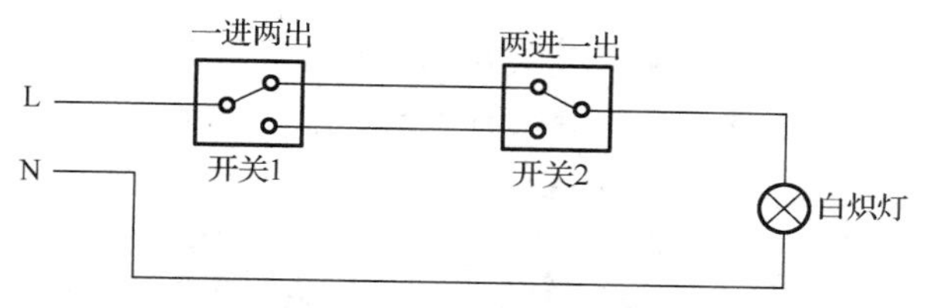

图 3-2-8　两个单联双控开关接线原理图

（2）插座

插座的作用是为移动式照明电路、家用电器或其他用电设备提供电源，如台灯、风扇、电视机、电冰箱、空调器等。

插座的样式有单相两眼（孔）插座、单相三眼（孔）插座、三相三眼（孔）插座、三相四眼（孔）插座等。接线规范要求如下：

① 单相两孔插座：面对插座的右孔或上孔与相线相连接，左孔或下孔与中性线相连接，俗称“左零右火”或“下零上火”。

② 单相三孔插座：面对插座的右孔与相线相连接，左孔与零线相连接，上面的孔与保护中性线相连接，俗称“左零右火上保护”。

③ 三相四孔插座：面对插座按逆时针方向依次接相线 L1、L2、L3，上面孔接地线。同一场所的三相插座，接线的相序也应一致。插座的样式及其规范接线要求如图 3-2-9 所示。

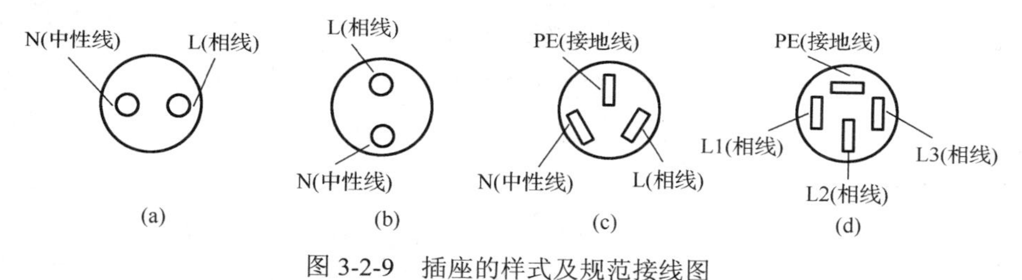

图 3-2-9　插座的样式及规范接线图

3. 供电线路

室内照明线路是指室内接到照明灯具、电扇、空调器、电热器具等用电设备供电和控制的线路，包括所有安装在室内的导线（或电缆），以及它们的支持物、固定和保护导线用的配件。

（1）线路敷设

室内照明线路的敷设方式有许多种，敷设的位置也不同，按其在建筑物结构内外敷设，可分为暗敷和明敷；按其在建筑物结构上的位置，可分为沿顶棚、沿梁、沿柱、沿地面敷设；按其敷设方式，可分为瓷夹板配线、鼓形绝缘子配线、槽板配线、线管配线、护套线配线等；按其使用性质，可分为照明线路和动力线路。室内照明线路的敷设方式如图 3-2-10 所示。

（2）导线的选择

正确地选择绝缘导线的导体截面积，是保证安全用电的最重要措施之一。绝缘导线的安全载流量，主要取决于导体的材料和截面积，还与绝缘导线的绝缘材质、敷设方式、环境温度等有关。

绝缘导线的安全载流量是指该导线在一定环境温度（通常为 25℃）下工作，当其线芯温度不超过某一最高温度界线（即超过该温度长期工作时有可能影响导线及其绝缘材料的使用寿命）时，导线允许通过的电流。它是一个与导线长度无关的量，也称导线的允许载流量。

(a)明敷设

(b)暗敷设

图 3-2-10　室内照明线路的敷设方式

为了防止导线的绝缘材料因过热而损坏，防止裸导线连接点氧化或熔化，规定导线的最高允许温度：低压绝缘导线为 65℃，裸导线为 70℃。

绝缘导线的安全载流量计算可参照表 3-2-6 所列的经验值。

表 3-2-6　绝缘导线的安全载流量

导线规格/mm^2	1	1.5	2.5	4	6	10	16	25	35 及以上
载流量/A	9	14	28	35	48	65	91	120	5/mm^2

例题 3-2-3　设某个家庭用电设备功率统计如下：照明与电热设备功率为 4.3kW，空调器等电感类（功率因数约 0.8）设备功率为 4.7kW。主线采用塑料绝缘铜芯导线同穿在一根 PVC 管内的敷设方式。试通过计算，确定该家庭用电主线横截面积、总断路器、总熔断器等的使用规格。已知 500V 铜芯绝缘导线长期连接负载允许通过的电流见表 3-2-7，断路器的额定电流规格有 16A、20A、25A、32A、50A、63A、80A、100A、160A、200A、250A、315A、400A、500A、630A、800A 等，熔断器其熔体规格见表 3-2-8。

解：① 工作电流的计算

照明与电热设备的电流

$$I_1=\frac{P}{U}=\frac{P}{220}=4.5\times P=4.5\times4.3=19.4(\text{A})$$

电感类设备的电流

$$I_2=\frac{P}{U\cos\varphi}=\frac{P}{220\times0.8}=\frac{4.5\times P}{0.8}=\frac{4.5\times4.7}{0.8}=26.4(\text{A})$$

主线电流约为 $I=I_1+I_2=19.4+26.4=45.8(\text{A})$

② 导线及其器件的选择

导线的选择：依据表 3-2-7，选择导线为截面积为 10mm^2 的塑料绝缘铜芯导线。

总断路器的选择：额定电流为 50A，漏电流动作电流≤30mA，时间为 0.1s。

熔断器的选择：依据表 3-2-8，选择熔管额定电流为 60A，其熔体额定电流为 60A。

表 3-2-7 500V 铜芯绝缘导线长期连续负载允许通过的电流/25℃

导线规格 S/mm²	导线明敷 I/A		橡皮绝缘导线同穿一根管内时允许负载负载电流 I/A						塑料绝缘导线同穿一根管内时允许负载负载电流 I/A					
	橡皮	塑料	穿金属管			穿塑料管			穿金属管			穿塑料管		
			2 根	3 根	4 根	2 根	3 根	4 根	2 根	3 根	4 根	2 根	3 根	4 根
1.0	21	19	15	14	12	13	12	11	14	13	11	12	11	10
1.5	27	24	20	18	17	17	16	14	19	17	16	16	15	13
2.5	35	32	28	25	23	25	22	20	26	24	22	24	21	19
4	45	42	37	33	30	33	30	26	35	31	28	31	28	25
6	58	55	49	43	39	43	38	34	47	41	37	41	36	32
10	85	75	68	60	53	59	52	46	65	57	50	56	49	44
16	110	105	86	77	69	76	68	60	82	73	65	72	65	57
25	145	138	113	100	90	100	90	80	107	95	85	95	85	75

表 3-2-8 RM10 系列无填料封闭管式熔断器主要技术数据

名称	电压/V	额定电流/A		极限分断能力/A	备注
		熔管	熔体		
无填料封闭管式熔断器	交流 50Hz380V 或直流 440V	15	6，10，15	1200	160A 以上熔体须两片并联使用
		60	15，20，25，35，45，60	3500	
		100	60，80，100	10000	
		200	100，125，160，200	10000	
		350	200，225，260，300，350	10000	
		600	350，430，500，600	10000	
		1000	600，700，850，1000	12000	

完成工作任务指导

一、电工仪表与器材准备

1. 仪器仪表

数字式万用表、指针式万用表、交流电流表（DS-C04P04，量程为 500mA）、交流电流表（DS-C31P07，量程为 100mA）。

2. 器材

DS-IC 型电工实验台、380V 交流电源、三相负荷开关（HK8 380V/16A，DS-C18）、电流测量插口（DS-C23）、灯泡负载（DS-C21）模块三块、专用导线若干。

二、三相负载的星形（Y）连接探究实验的方法与步骤

1. 电路的连接

① 根据工作任务书上的具体要求，正确选择元器件并检查其质量的好坏。

② 将选择好的元器件放置在实验台架上合理位置。

③ 根据如图 3-2-1 所示电路，用专用连接导线将元器件连接，完成电路的连接任务，如图 3-2-11 所示。

(a)元器件摆放

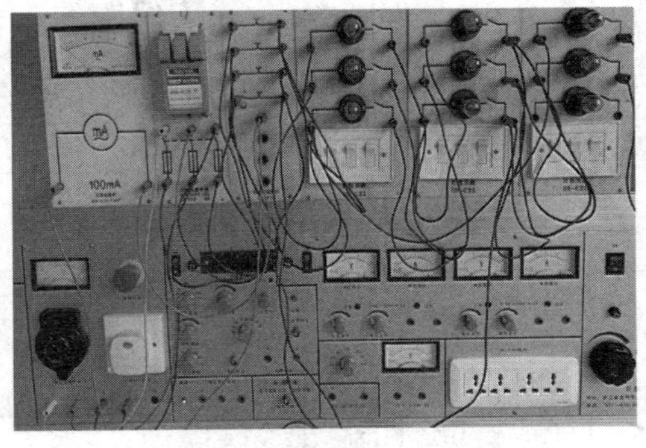

(b)连接电路

图 3-2-11 电路的连接

2. 电路的测试

（1）对称负载

① 闭合开关 S_{1-1}～S_{2-3}（S_{3-1}、S_{3-2} 均断开），闭合开关 S_4，构成三相对称负载有中线的星形接法。

② 闭合电源总开关 QS，接通三相负载电路，6 盏白炽灯泡全亮。

③ 用万用表合适的交流电压挡测量电路中线电压、相电压，用交流电流表（通过专用导线与电流测量口对接）测量线电流及中线电流。将测量数据记录在表 3-2-9 中。

④ 断开开关 S_4，去掉中线的连接，观察各灯泡的亮度是否变化，并按步骤 3 测量线电压、相电压及线电流，将测量数据记录在表 3-2-9 中。

⑤ 断开电源总开关 QS。

（2）不对称负载

① 闭合开关 S_{1-1}～S_{3-2}，闭合开关 S_4，构成三相不对称负载有中线的星形接法。

② 闭合电源总开关 QS，接通三相负载电路，8 盏白炽灯泡全部亮。

③ 用万用表合适的交流电压挡测量电路中线电压、相电压，用交流电流表测量线电流及中线电流。将测量数据记录在表 3-2-10 中。

④ 断开开关 S_4，去掉中线的连接，观察各灯泡的亮度是否变化，并按步骤 3 测量线电压、相电压及线电流，将测量数据记录在表 3-2-10 中。

⑤ 断开电源总开关 QS。

三相负载星形接法电路的测试工作任务过程如图 3-2-12 所示。

表 3-2-9 三相负载的星形连接实验数据记录表 测试条件：负载对称

序号	中线存在与否	相电压/V				线电压/V				线电流/mA			中线/mA
		U_U	U_V	U_W	U_P	U_{UV}	U_{VW}	U_{WU}	U_L	I_U	I_V	I_W	I_N
1	有中线	219	218	221	219	382	378	381	380	42	42	43	0
2	无中线	220	221	221	221	381	378	381	380	42	42	43	—

计算：$U_P=(U_U+U_V+U_W)/3$、$U_L=(U_{UV}+U_{VW}+U_{WU})/3$

表 3-2-10 三相负载的星形连接实验数据记录表 测试条件：负载不对称

序号	中线存在与否	相电压/V				线电压/V				线电流/mA			中线/mA
		U_U	U_V	U_W	U_P	U_{UV}	U_{VW}	U_{WU}	U_L	I_U	I_V	I_W	I_N
1	有中线	219	219	219	219	382	380	382	381	42	42	84	44
2	无中线	264	263	143	—	381	382	382	382	47	47	65	—

3. 实验数据分析

① 对称负载时，线电压是相电压的 $\sqrt{3}$ 倍；中线电流为零。因此，可以省去中线。

② 不对称负载有中线时，线电压是相电压的 $\sqrt{3}$ 倍，但中线电流不为零。

③ 不对称负载无中线时，各相电压中有的大于 220V，有的小于 220V，影响负载的正常工作。

(a)对称时相电压

(b)线电压

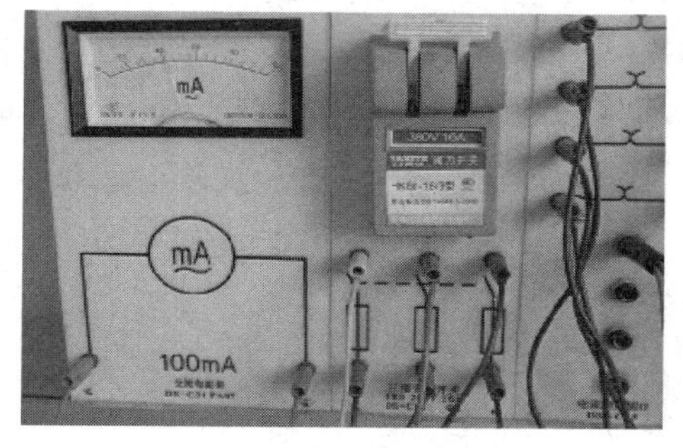

(c)对称时线电流

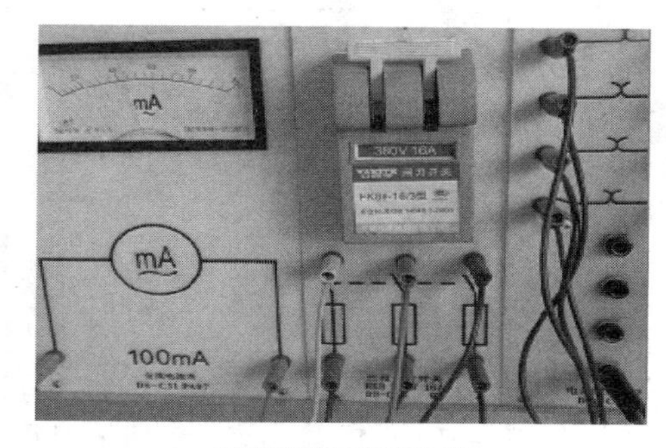

(d)不对称时中线电流

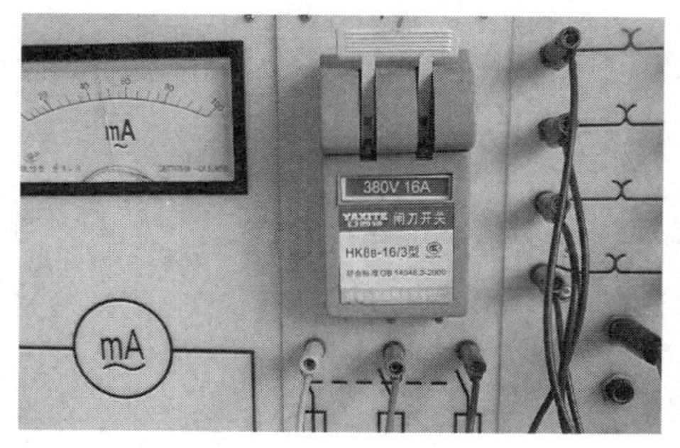

(e)不对称无中线时线电流

(f)不对称无中线时相电压

图 3-2-12 电路的测量

三、三相负载的三角形连接探究实验的方法与步骤

1．电路的连接

① 根据工作任务书上的具体要求，正确选择元器件并检查其质量的好坏。

② 将选择好的元器件放置在实验台架上合理位置。

③ 根据如图 3-2-2 所示电路，用专用连接导线将元器件连接，完成电路的连接任务，如图 3-2-13 所示。

2．电路的测试

（1）对称负载

① 闭合开关 S_{1-1}～S_{2-3}（S_{3-1}、S_{3-2} 均断开），构成三相对称负载的三角形接法。

② 闭合电源总开关 QS，接通三相负载电路，6 盏白炽灯泡全亮。

③ 用万用表合适的交流电压挡测量电路中线电压、相电压，用交流电流表测量线电流及相电流。将测量数据记录在表 3-2-11 中。

④ 断开电源总开关 QS。

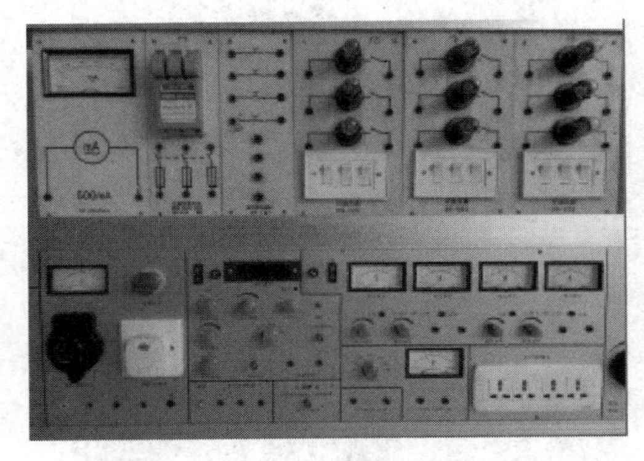

(a)合理放置元器件

(b)连接电路

图 3-2-13　电路的连接

（2）不对称负载

① 闭合开关 S_{1-1}～S_{3-2}，构成三相不对称负载的三角形接法。

② 闭合电源总开关 QS，接通三相负载电路，8 盏白炽灯泡全部亮。

③ 用万用表合适的交流电压挡测量电路中线电压、相电压，用交流电流表（500mA 量程）测量线电流及相电流。将测量数据记录在表 3-2-11 中。

④ 断开电源总开关 QS。

三相负载星形接法电路的测试工作任务过程，与星形接法电路相同。

3．实验数据分析

① 线电压等于相电压，与三相负载是否对称无关。

② 三相负载对称时，线电流是相电流的 $\sqrt{3}$ 倍；三相负载不对称时，上述关系不成立。

完成实验工作任务，整理实验台及场所。

表 3-2-11　三相负载的三角形连接实验数据记录表

序号	负载对称与否	线电流/mA				相电流/mA				相电压/V		
		I_U	I_V	I_W	I_L	I_{UV}	I_{VW}	I_{WU}	I_P	U_{UV}	U_{VW}	U_{WU}
1	对称负载	90	90	90	90	60	60	60	60	378	380	382
2	不对称负载	150	90	150	—	60	60	140	—	378	380	382

计算：$I_L=(I_U+I_V+I_W)/3$、$I_P=(I_{UV}+I_{VW}+I_{WU})/3$

安全提示：

在完成工作任务过程中，严格遵守实验室的安全操作规程。在完成电路接线后，必须经指导教师检查确认无误后，才允许通电试验。测量过程中若有异常现象，应及时切断实验台电源总开关，同时报告指导教师。只有在排除故障原因后才能申请再次通电试验。

搭建实验电路、更改电路或测量完毕后拆卸电路，都必须在断开电源的情况下进行。正确使用仪器仪表，保护设备及连接导线的绝缘，避免短路或触电事故发生！

四、工作任务评价表

请你填写三相交流电路的探究工作任务评价表（表 3-2-12）。

表 3-2-12　三相交流电路的探究工作任务评价表

序号	评价内容	配分	评价细则	自我评价	教师评价
1	选用工具、仪表及器件	10	① 工具、仪表少选或错选，扣 2 分/个 ② 电路单元模块选错型号和规格，扣 2 分/个 ③ 单元模块放置位置不合理，扣 1 分/个		
2	器件检查	10	④ 电器元件漏检或错检，扣 2 分/处		
3	仪表的使用	10	⑤ 仪表基本会使用，但操作不规范，扣 1 分/次 ⑥ 仪表使用不熟悉，但经过提示能正确使用，扣 2 分/次 ⑦ 检测过程中损坏仪表，扣 10 分		
4	电路连接	20	⑧ 连接导线少接或错接，扣 2 分/条 ⑨ 电路接点连接不牢固或松动，扣 1 分/个 ⑩ 连接导线垂放不合理，存在安全隐患，扣 2 分/条 ⑪ 不按电路图连接导线，扣 10 分		
5	电路参数测量	20	⑫ 电路参数少测或错测，扣 2 分/个 ⑬ 不按步骤进行测量，扣 1 分/个 ⑭ 测量方法错误，扣 2 分/次		
6	数据记录与分析	20	⑮ 不按步骤记录数据，扣 2 分/次 ⑯ 记录表数据不完整或错记录，扣 2 分/个 ⑰ 测量数据分析不完整，扣 5 分/处 ⑱ 测量数据分析不正确，扣 10 分/处		
7	安全文明操作	10	⑲ 未经教师允许，擅自通电，扣 5 分/次 ⑳ 未断开电源总开关，直接连接、更改或拆除电路，扣 5 分 ㉑ 实验结束未及时整理器材，清洁实验台及场所，扣 2 分 ㉒ 测量过程中发生实验台电源总开关跳闸现象，扣 10 分 ㉓ 操作不当，出现触电事故，扣 10 分，并立即予以终止作业		
合计		100			

思考与练习

一、填空题

1．在三相交流电路中，三相负载的连接方式主要有________和________两种连接形式。

2. 三相负载作星形连接，相电流等于________；有中线时，相电压是线电压的________倍；三相负载对称时，中线________电流。

3．在三相四线制中，规定中线不允许安装________和________，有时中线还采用钢芯导线来加强其机械强度，以免断开；另一方面，在连接三相负载时，不能________在某一相中，而应尽量使其________，以________中线电流。

4．三相对称负载作三角形连接时，各相电流都________；各线电流也________，线电流________相应相电流 30°，且线电流是相电流的________倍。

5．常用电工材料有________、________和________三大类。

6．电气照明主要由________、________和电光源三部分组成。常用电光源有________光源和________光源两大类，如白炽灯、碘钨灯为________光源；荧光灯、高压汞灯、LED 灯等为________光源。

二、简答题

1．中线的作用是什么？为什么中线上不允许安装熔断器或开关？

2．在照明线路中，为什么三相负载采用星形连接形式？三相电源采用三相四线制供电呢？

3．三相负载采用星形接法还是三角形接法？是根据什么而定的？

三、计算题

1．有三个 380Ω 电阻连接成三角形，接到线电压为 380V 的三相四线制电源上。（1）求相电压、相电流、线电压和线电流；（2）若其中一相电阻断开，此时线电流各是多少？

2．三相交流电动机定子绕组可看成三相对称负载，已知每相绕组的电阻 R=6Ω，感抗 X_L=8Ω。电动机启动时绕组为星形连接，启动后，绕组切换为三角形连接。试比较星形和三角形连接时的相电流、线电流和有功功率。

3．证明：电压相等、输送功率相等、供电距离相等、线路功率损耗也相等，则三相输电线（设负载对称）的用铜量为单相输电线的用铜量的 3/4。

4．图 3-2-3 所示的是三相四线制电路，电源线电压 U_L＝380V。三个电阻性负载连接成星形，其电阻 R_U=110Ω，R_V=R_W=220Ω。（1）试求负载相电压、相电流及中线电流；（2）当 U 相负载断开时，求其余两相负载的相电压、相电流及中线电流；（3）当 U 相负载断开且无中线时，求其余两相负载的相电压、相电流及负载中点的电压（指负载中点与电源中点之间的电压）。

模块四

磁路与变压器

变压器是用来改变电压大小的供电设备。它是根据电磁感应原理，把某一等级的电压变换成同频率的另一等级的电压，以满足不同负载的需要，解决了输电和用电之间的矛盾。因此，变压器在电力系统中占有相当重要的地位。除此之外，变压器也是电子线路和电工测量中应用较为广泛的电气设备。

本模块通过完成小型电源变压器的制作、变压器主要参数的测试这两项工作任务，了解磁场、磁路的基本概念和基本物理量，了解单相变压器的基本结构与工作原理，理解并掌握单相变压器的电压比、电流比及阻抗变换的简单计算，学会小型电源变压器的制作方法和主要参数测试的基本技能。

任务 4-1 小型电源变压器的制作

工作任务

如图 4-1-1 所示，图 4-1-1(a)为单相小型变压器的外形，图 4-1-1(b)为变压器的原理图，图中标注变压器的主要技术数据。请你完成小型电源变压器的制作，具体工作任务如下。

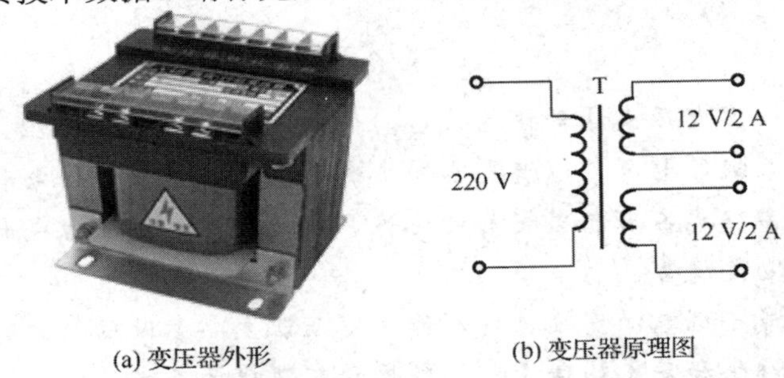

(a) 变压器外形 (b) 变压器原理图

图 4-1-1 小型电源变压器

① 根据给定的变压器主要技术数据，进行设计计算。确定硅钢片型号规格、漆包线的型号、绝缘纸类型等。

② 根据设计计算结果，进行小型变压器的绕制。

③ 对已绕制好的变压器进行主要参数的测试，测试项目为绝缘电阻、空载电压、空载电流。

④ 绝缘处理。

在完成小型电源变压器的制作过程中，应注意以下几个问题：

① 绕线时，拉力大小要控制适当。绕线要与骨架垂直、平顺，绕紧。层数尽量少，因为线圈离铁芯越近，变压器的效率越高。先绕低电压绕组，再绕高电压绕组。

② 骨架与铁芯要配套，松紧适度。铁芯镶片时，要求紧密、整齐，但不能损伤骨架和线包。

③ 应做好层间、绕组间的绝缘，尽量选择高质量的绝缘纸，纸薄耦合得好。绕组抽头要加黄蜡管绝缘。

④ 为防潮和增加绝缘强度，应做绝缘处理。一般采用先预热、浸漆、通风凉干、再用烘箱烘干等工序流程，完成变压器的绝缘处理。

⑤ 在进行变压器的测试时，要注意安全操作规范。

相关知识

一、电磁基础知识

1. 磁场

（1）磁铁的磁场

有些物体能吸引铁、钴、镍等物质，说明这些物体具有磁性，我们把这种具有磁性的物体称为磁体。磁体分为天然磁体和人造磁体，如常见的条形磁铁、蹄形磁铁、针形磁铁等都是人造磁体。

实验表明，任何磁体都有两个磁极，一个是N极，另一个是S极；而且，磁极之间存在相互作用力，同名磁极相互排斥；异名磁极相互吸引。

磁极之间没有接触，却存在相互的作用力，就是通过一种特殊物质来传递，我们把这种存在于磁体周围的特殊物质称为磁场。磁场能使位于其中自由转动的小磁针朝着固定方向，这说明磁场具有方向性。磁场的方向定义为小磁针N极所指的方向。

如图4-1-2所示，把条形磁铁、蹄形磁铁放在撒满一层铁屑的玻璃板下，当轻轻地敲打玻璃时，铁屑就会逐步排列成许多条顺滑的曲线。用此实验方法来形象描述磁铁的磁场分布情况。

磁场是无形、看不见的东西。为了形象地表达磁场的强弱和方向的分布情况，在磁场中画出一系列带箭头的曲线，使这些曲线上每一点切线方向，都跟该点的磁场方向一致，这些曲线就称为磁感线。磁感线具有以下几个特征。

① 在磁铁外部，磁感线从N极到S极；在磁铁内部，磁感线从S极到N极。磁感线是互不相交的闭合曲线。

② 磁感线上任意一点的切线方向，就是该点的磁场方向。

③ 磁感线越密表示磁场越强，磁感线越疏表示磁场越弱。

条形磁铁和蹄形磁铁的磁场磁感线分布情况如图4-1-3所示。

(a) 条形磁铁

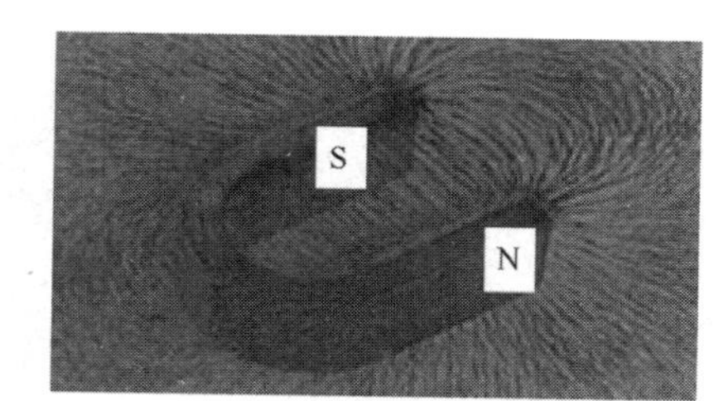

(b) 蹄形磁铁

图4-1-2　磁铁的磁场

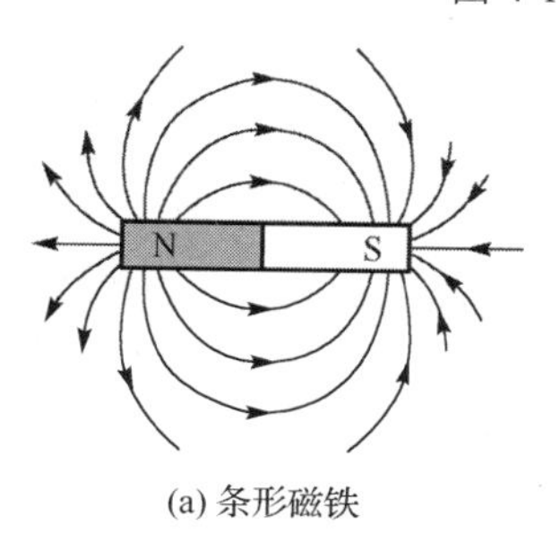

(a) 条形磁铁

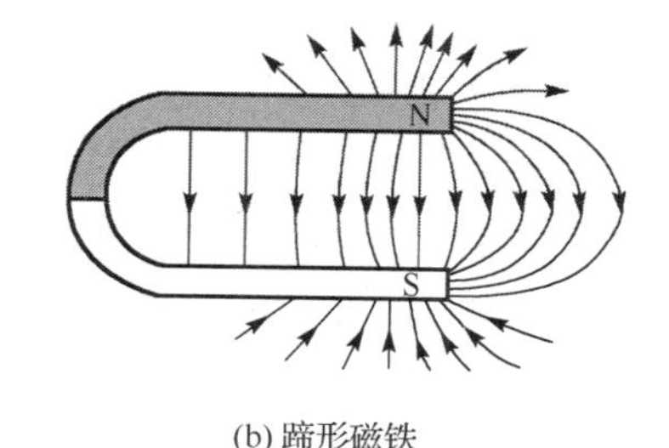

(b) 蹄形磁铁

图4-1-3　磁铁磁场的磁感线分布

（2）电流的磁场

磁铁并不是磁场的唯一来源。1820年，丹麦物理学家奥斯特在实验中发现：放在导线旁边的小磁针，当导线通过电流时，磁针会发生偏转，如图4-1-4所示。这说明电流也能产生磁场，电与磁是有密切联系的。磁铁的磁场和电流的磁场一样，都是由电荷运动产生的，这就是法国科学家安培提出的分子电流假设，从而揭示了磁现象的电本质。

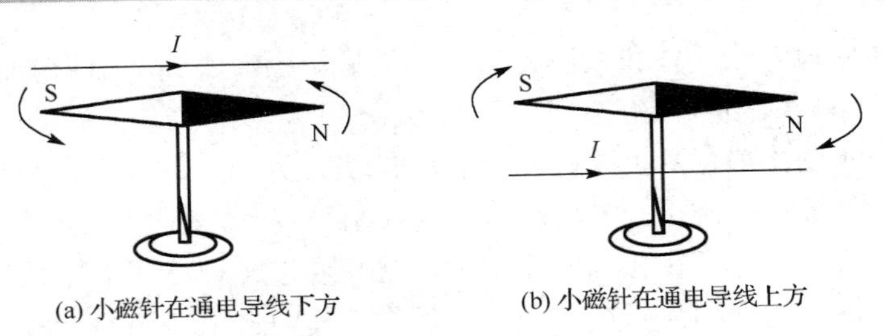

(a) 小磁针在通电导线下方　　(b) 小磁针在通电导线上方

图 4-1-4　奥斯特实验

通电导体产生的磁场，其方向与电流方向的关系可以用安培定则来判断，安培定则也叫右手螺旋法则。判断方法如下。

① 通电直导线的磁场。

用右手握住导线，让伸直的大拇指所指方向与电流方向一致，则弯曲的四指所指的方向就是磁感线的环绕方向，即通电直导线的磁场方向，如图 4-1-5(a)所示。

② 环形电流的磁场。

让右手弯曲的四指与环形电流的方向一致，那么伸直的大拇指所指的方向就是环形导线中心轴线上磁感线的方向，即环形电流产生的磁场，如图 4-1-5(b)所示。

③ 通电螺线管的磁场。

用右手握住螺线管，让弯曲的四指所指的方向与电流的方向一致，那么大拇指所指方向就是螺线管内部磁感线的方向，即磁场的方向，如图 4-1-5(c)所示。

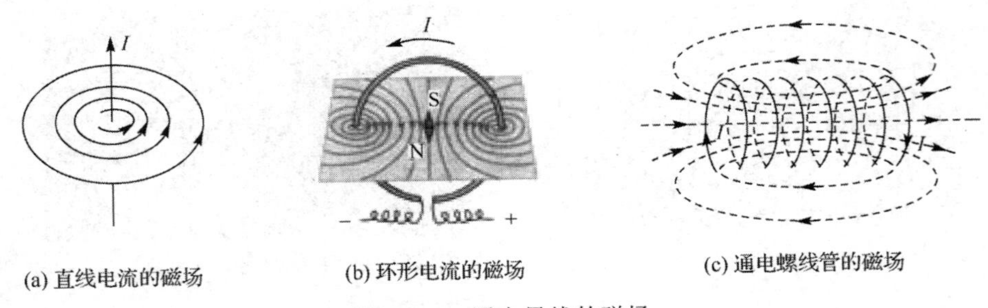

(a) 直线电流的磁场　　(b) 环形电流的磁场　　(c) 通电螺线管的磁场

图 4-1-5　通电导线的磁场

2．磁场的基本物理量

（1）磁感应强度

磁场有强弱之分，巨大的电磁铁能吸起成吨的钢铁，小磁铁却只能吸起几个铁钉。表示磁场内某点的磁场强弱和方向的物理量称为磁感应强度，用字母 B 表示。它是一个矢量。磁场中某点的磁感应强度的方向就是磁场中该点所在磁感线的切线方向，其大小可用一小段通电直导线所受到的磁力来表示，即

$$B=\frac{F}{IL} \tag{4-1-1}$$

式中，B 表示磁感应强度，国际单位是特斯拉，符号为 T。在实际应用中，也常用高斯（Gs），两者的换算关系为 $1\text{Gs}=10^{-4}\text{T}$；$F$ 表示电磁力，单位为牛顿，符号为 N；I 表示通电的电流强度，单位为安培，符号为 A；L 表示通电直导线的长度，单位是米，符号为 m。

如图 4-1-6 所示，图 4-1-6(a)所示的实验表明：在磁场中，通电导线受到电磁力 F 的大小与磁感应强度 B、导线的长度 L 及通电电流 I 成正比，以此检验公式（4-1-1）。

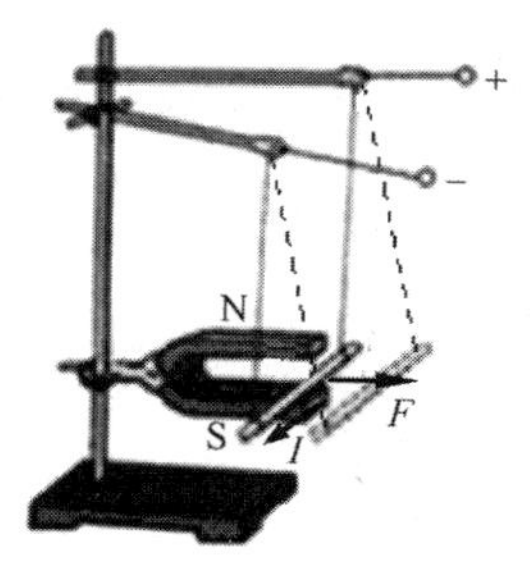

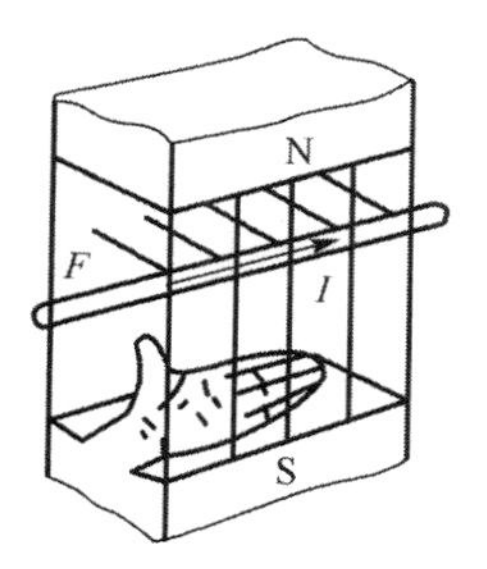

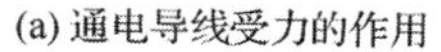
(a) 通电导线受力的作用　　(b) 左手定则判断电磁力的方向

图 4-1-6　电磁力与左手定则

图 4-1-6(b)所示，电磁力又称安培力，其方向可用左手定则判断：伸出左手，使大拇指与其余四指垂直，并与手撑在同平面内，让磁力线垂直穿过手心，四指指向电流方向，则大拇指所指方向为通电导线所受安培力的方向。

如果磁场内各点的磁感强度的大小相等，方向相同，这样的磁场则称为均匀磁场，也称匀强磁场。如图 4-1-3(b)所示，在 N、S 磁铁之间有疏密均匀、互相平行的磁感线区域，这个区域的磁场即为匀强磁场。

（2）磁通

磁感线的疏密只能定性地表示磁场在空间的分布情况，而磁通是可以定量地描述磁场在某一范围内分布情况的物理量，用字母 Φ 表示。定义磁感应强度 B 与垂直于磁场方向的面积 S 的乘积，称为通过该面积的磁通，即

$$\Phi = BS \tag{4-1-2}$$

式中，Φ 表示磁通，也叫磁通量。单位是韦伯，简称韦，用符号 Wb 表示。工程上有时也用麦克斯韦，用 Mx 表示，两者的换算关系是 $1\text{Mb}=10^8\text{Mx}$；B 表示磁感应强度，单位是特斯拉，用符号 T 表示；S 表示与磁场方向垂直的某一面积，单位是平方米，用符号 m^2 表示。

由式（4-1-2）可见，磁感应强度在数值上可以看成为与磁场方向相垂直的单位面积所通过的磁通，故磁感应强度又称磁通密度。

磁通是一个标量，只有大小而没有方向。

（3）磁场强度

磁场强度 H 是计算磁场时所引用的一个物理量，也是矢量，通过它来确定磁场与电流之间的关系，即

$$\int \vec{H}\mathrm{d}\vec{l} = \sum I \tag{4-1-3}$$

式中，$\int \vec{H}\mathrm{d}\vec{l}$ 表示磁场强度 H 沿任意闭合曲线 l 的线积分，$\sum I$ 表示穿过闭合曲线所包围面积的电流的代数和。

以如图 4-1-7 所示的环形线圈为例，其中介质是均匀的，应用式（4-1-3）来计算线圈内部各点的磁场强度。取磁感线作为闭合曲线，且以其方向作为曲线的围绕方向，于是

$$\int \vec{H}\mathrm{d}\vec{l} = H_{\mathrm{r}} l_{\mathrm{r}} = H_{\mathrm{r}} \times 2\pi r$$

$$\sum I = IN$$

所以

$$H_{\mathrm{r}} \times 2\pi r = IN$$

即

$$H_{\mathrm{r}} = \frac{IN}{2\pi r} = \frac{IN}{l_{\mathrm{r}}} \qquad (4\text{-}1\text{-}4)$$

上式中，N 是线圈的匝数；$l_{\mathrm{r}} = 2\pi r$ 是半径为 r 的圆周长；H_{r} 是半径 r 处的磁场强度。其中，式中电流与线圈匝数的乘积 IN 称为磁动势，用字母 F 表示，即

$$F = IN \qquad (4\text{-}1\text{-}5)$$

因此，磁通也可以看成是磁动势产生的，它的单位为安培（A）。

磁场强度的单位为安培/米，用符号 A/m 表示。

（4）磁导率

磁导率是一个用来表示磁场介质导磁性能的物理量，用字母 μ 表示。它与磁场强度的乘积就等于磁感应强度，即

$$B = \mu H \qquad (4\text{-}1\text{-}6)$$

在图 4-1-7 所示的环形线圈中，线圈内部半径为 r 处各点的磁感应强度就可以由式（4-1-4）得出，即

$$B_{\mathrm{r}} = \mu H_{\mathrm{r}} = \mu \frac{IN}{l_{\mathrm{r}}} \qquad (4\text{-}1\text{-}7)$$

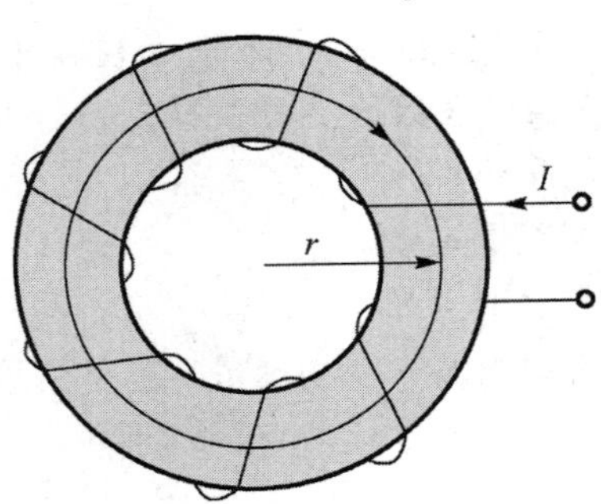

图 4-1-7　环形线圈

由式（4-1-4）和式（4-1-7）可见，磁场内某一点的磁场强度 H 只与电流大小、线圈匝数，以及该点的几何位置有关，而与磁场介质的磁性无关；但磁感应强度 B 与磁场介质的磁性有关。

磁导率 μ 的国际单位是

$$[\mu]=\frac{[B]}{[H]}=\frac{\mathrm{Wb/m^2}}{\mathrm{A/m}}=\frac{\mathrm{Vs}}{\mathrm{Am}}=\frac{\Omega\mathrm{s}}{\mathrm{m}}=\frac{\mathrm{H}}{\mathrm{m}}$$

式中，“$\Omega\cdot\mathrm{s}$”又称亨利，简称亨，用符号 H 表示，是电感 L 的单位。

由实验测出，真空中的磁导率是一个常数，即 $\mu_0=4\pi\times10^{-7}$ H/m。

为了便于比较各种物质的导磁性能，任一物质的磁导率 μ 和真空的磁导率 μ_0 的比值称为该物质的相对磁导率 μ_r，即

$$\mu_r=\frac{\mu}{\mu_0} \tag{4-1-8}$$

此式表明，相对磁导率是一个比值，大小说明了在其他条件相同的情况下，介质的磁感强度是真空中的 μ_r 倍。几种常见铁磁物质的相对磁导率见表 4-1-1。

表 4-1-1　常见铁磁物质的相对磁导率

铁磁物质	相对磁导率	铁磁物质	相对磁导率
钴	174	软钢	2180
未退火的铸铁	240	硅钢片	7000～10000
已经退火的铸铁	620	真空中熔化的电解铁	12950
镍铁铁氧体	1000	镍铁合金	60000
镍	1120	坡莫合金	115000

当磁场介质是非磁性材料时，其磁导率都是常数，因此，B 与 H 成正比，即 Φ 与 I 也成正比，如图 4-1-8 所示。

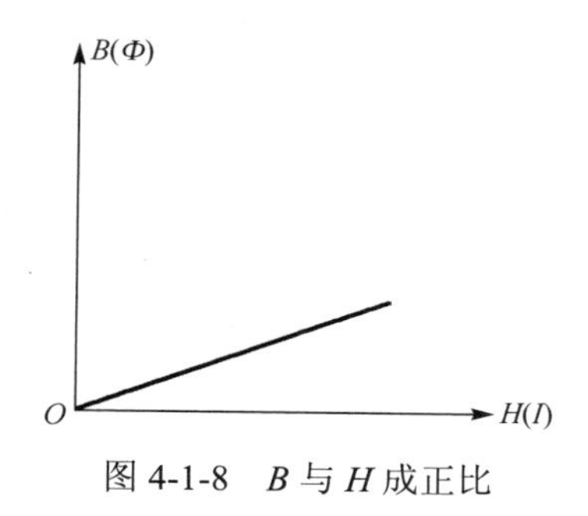

图 4-1-8　B 与 H 成正比

3．磁性材料的性质

磁性材料主要是指铁、镍、钴及其合金，它们具有高导磁性、磁饱和性、磁滞性等性质。

（1）高导磁性

本来不具有磁性的物质，在外磁场作用下产生磁性的现象称为磁化。只有铁磁性物质才能被磁化，而非铁磁性物质是不能被磁化的。

铁磁性物质是由许多被称为“磁畴”的磁性小区域所组成的，每一个磁畴相当于一个小磁铁，在没有外磁场的作用时，各个磁畴排列混乱，磁场互相抵消，对外不显磁性，如图 4-1-9(a)所示。在外磁场作用下，磁畴就会沿着磁场的方向做取向排列，对外显示磁性，并且随外加磁场的增强而增强，如图 4-1-9(b)所示。

有些铁磁性物质在去掉外磁场以后，磁畴的一部分或大部分仍然保持取向一致，对外仍显示磁性，这就成了永久磁铁。

铁磁性物质被磁化的性质广泛应用于电子电工设备中，例如电动机、变压器及各种铁磁元件的线圈中都放有铁芯。利用相对磁导率较高的铁磁性物质可使同一容量的电动机等设备的重量和体积大大减轻和缩小。

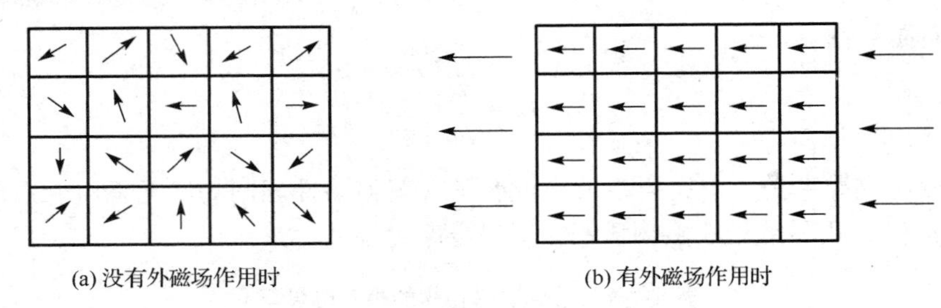

(a) 没有外磁场作用时　　(b) 有外磁场作用时

图 4-1-9　铁磁性物质的磁化

（2）磁饱和性

铁磁性物质的磁感应强度 B 随磁场强度 H 而变化的曲线称为磁化曲线，如图 4-1-10 所示。由图可以看出，B 与 H 的关系是非线性的，即 $\mu=B/H$ 不是常数。B—H 曲线可以分成以下 4 段。

① O～a 段：曲线上升缓慢，当磁场强度 H 从 0 开始增加时，磁感应强度 B 增加缓慢，称为起始磁化段。

② a～b 段：随着磁场强度 H 的增大，磁感应强度 B 几乎呈直线上升，这是由于磁畴在外磁场作用下，大部分都趋向磁场强度方向，磁感应强度增加很快，曲线较陡。

③ b～c 段：曲线上升又缓慢，这是由于大部分磁畴方向已转向磁场强度方向，随着 H 的增加只有少数磁畴继续转向，磁感应强度 B 增加变慢。

④ c 点以后：到达 c 点以后，磁畴几乎全部转到了外磁场方向，再增大磁场强度 H，磁感应强度 B 也几乎不再增加，达到了磁饱和，曲线变得平坦。不同的铁磁性物质，达到磁饱和时的磁感应强度值也不同。

各种铁磁性物质的磁化曲线可通过实验得出，在磁路计算上极为重要。

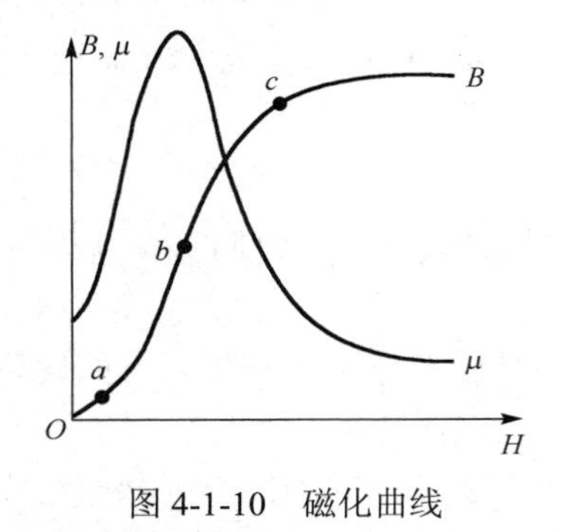

图 4-1-10　磁化曲线

（3）磁滞性

在实际应用中，铁磁性物质是工作在交变磁场中的，反复被磁化。在交变磁场变化一次时，磁感应强度 B 随磁场强度 H 而变化的关系如图 4-1-11 所示。我们把表示 B 与 H 变化关系的闭合曲线 *abcdefa* 称为磁滞回线。从图中可以看出：

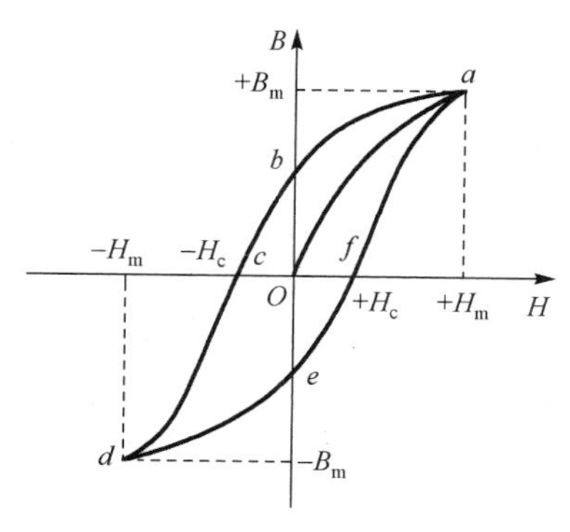

图 4-1-11 磁滞回线

① 当磁感应强度 B 随磁场强度 H 沿起始磁化曲线达到饱和值以后，逐渐减小磁场强度 H，磁感应强度 B 并不沿起始磁化曲线减小，而是沿另一条在它上面的曲线 *ab* 下降。

当磁场强度 H 减小到零时，磁感应强度 B 却保留一定的数值，称为剩磁，用 B_r 表示。

② 当磁场强度 H 反向增强时，磁感应强度 B 则随之减小，起退磁作用。当反向磁场 H 增大到一定值时，磁感应强度 B 等于零，退磁完毕。这时的磁场强度称为矫顽磁力，用 H_c 表示，如图中 *bc* 段。

③ 当反向磁场 H 继续增大，磁感应强度 B 改变方向从零开始增加，并达到反向饱和，如曲线中 *cd* 段。

④ 使反向磁场 H 减弱至零，B—H 曲线沿 *de* 段变化，在 e 点时磁场强度 H 为零，再逐渐增大正向磁场 H，B—H 曲线沿 *efa* 变化，完成一个闭合循环。

从整个过程看，磁感应强度 B 的变化总是落后于 H 的变化，这种现象称为磁滞现象。

铁磁性物质产生磁滞的原因是铁磁性物质中磁畴的惯性和摩擦。在反复磁化过程中，磁畴要来回翻转，相互摩擦，产生能量损耗，这种损耗称为磁滞损耗。实验表明，磁滞回线所包围的面积越大，磁滞损耗就越大。

根据磁滞回线形状的不同，可以将铁磁性物质分为三大类：硬磁性材料、软磁性材料和矩磁性材料。这三种材料的磁滞回线如图 4-1-12 所示。

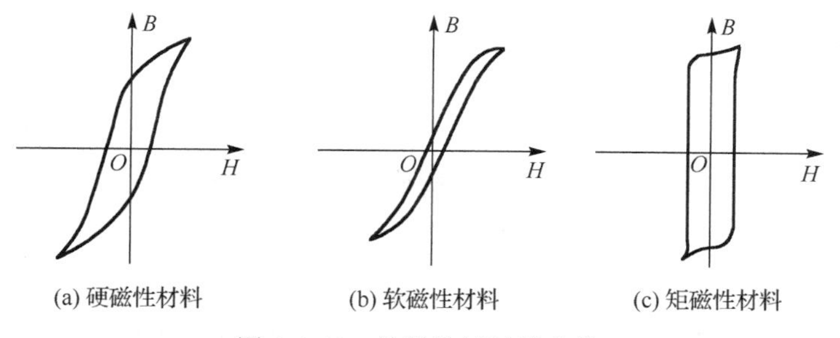

图 4-1-12 铁磁性材料的分类

4. 电磁感应

1820 年丹麦物理学家奥斯特发现电流的磁效应以后，许多科学家不懈地探索，在 1831

年，英国物理学家法拉第终于发现了电磁感应现象，变化的磁场也能产生电流。

（1）电磁感应现象

如图 4-1-13(a)所示，导体 *ab* 放置在匀强磁场中，其两端分别与灵敏电流计的接线柱连接形成闭合电路。当导体 *ab* 在磁场中做切割磁感线运动时，电流计指针偏转，表明闭合电路中电流；当导体 *ab* 静止或平行于磁场方向运动时，电流计指针不偏转，表明闭合电路中没有电流。

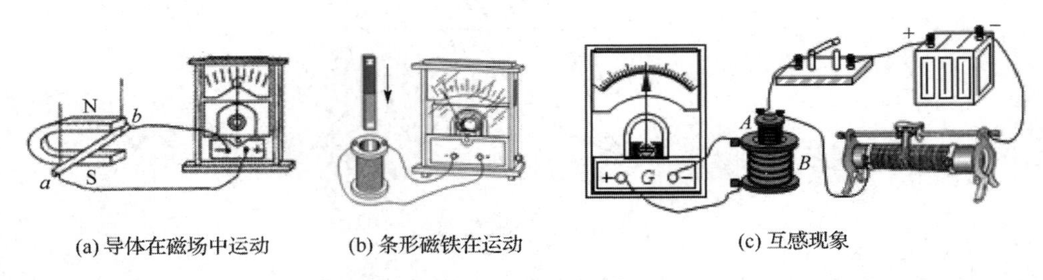

(a) 导体在磁场中运动　(b) 条形磁铁在运动　(c) 互感现象

图 4-1-13　电磁感应现象实验

如图 4-1-3(b)所示，空心线圈的两端分别与灵敏电流计的接线柱连接形成闭合电路。当条形磁铁快速插入或拔出时，电流计指针都会偏转，表明闭合电路有电流；当条形磁铁静止不动时，电流计指针不偏转，表明闭合电路没有电流。

如图 4-1-3(c)所示，空心线圈 B 的两端分别与灵敏电流计的接线柱连接形成闭合电路。当另一线圈 A 回路中的开关闭合或断开关瞬间，或改变滑动变阻器的阻值时，电流计指针都会偏转，表明闭合电路 B 有电流；当开关一直闭合或断开，或滑动变阻器的阻值不变时，电流计指针不偏转，表明闭合电路 B 没有电流。

由此可见，不论是闭合电路中的一部分导体做切割磁感线运动，还是闭合电路中的磁场发生变化，都可以看成是穿过闭合电路的磁通发生变化，只要穿过闭合电路的磁通发生变化，闭合电路就会有电流产生。这种利用磁场产生电流的现象称为电磁感应现象。所产生的电动势和电流分别称为感应电动势和感应电流。其中，图 4-1-13(c)所示是一种特殊的电磁感应现象，称为互感现象。

（2）电磁感应定律

线圈中感应电动势的大小与穿过线圈的磁通的变化率成正比，这个规律称为法拉第电磁感应定律。用公式表示为

$$e = N\frac{\Delta\Phi}{\Delta t} \quad (4\text{-}1\text{-}9)$$

式中，e 表示线圈在 Δt 时间内产生的感应电动势，单位是伏特（V）；$\Delta\Phi$ 表示线圈在 Δt 时间内磁通的变化量，单位是韦伯（Wb）；Δt 表示磁通变化所需的时间，单位是秒（s）；N 表示线圈的匝数。

如图 4-1-14 所示，闭合电路中的一段导体在磁场中做切割磁感线运动时，导体内产生的感应电动势 e 可用以下公式表示，即

$$e = BLv\sin\theta \quad (4\text{-}1\text{-}10)$$

式中，e 表示导体产生的感应电动势，单位是伏特（V）；B 表示磁感应强度，单位是特斯拉

(T)；L 表示导体做切割磁感线运动的有效长度，单位是米（m）；v 表示导体的切割运动速度，单位是米/秒（m/s）；θ 表示导体的切割运动方向与磁场方向的夹角。

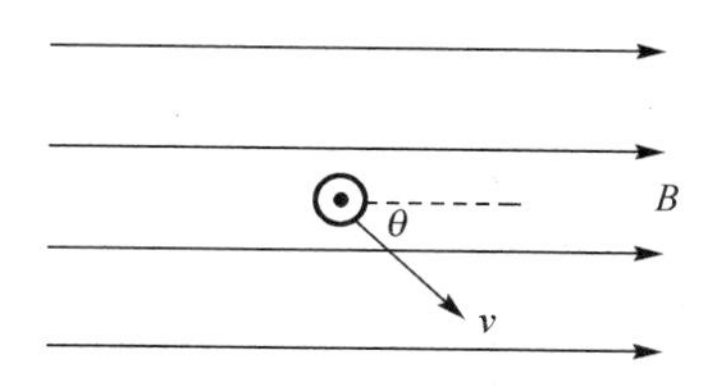

图 4-1-14　导体运动方向与 B 成 θ 角

（3）右手定则与楞次定律

如图 4-1-15 所示，闭合电路中的一部分导体做切割磁感应线运动时，感应电动势或电流的方向可以用右手定则来判定，即伸出右手，让大拇指与四指在同一平面内且与四指垂直，让磁感线垂直穿过手心，大拇指指向导体运动方向，则四指所指的方向就是感应电动势和电流的方向。

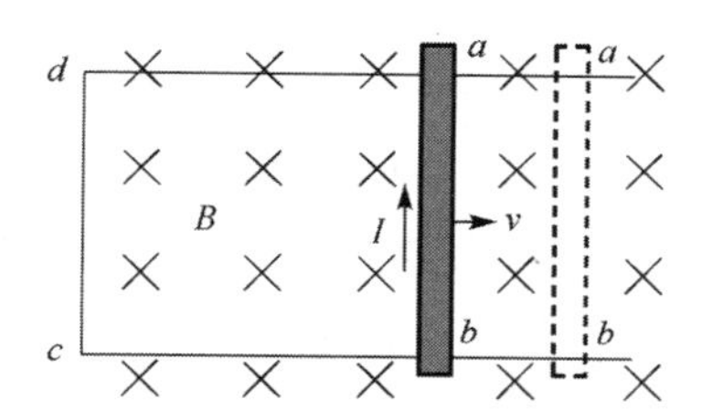

图 4-1-15　导体在平行导轨上运动

俄国物理学家楞次概括了相关的实验结果，于 1834 年得出如下结论：闭合电路中产生的感应电流的方向，总是要使感应电流的磁场阻碍引起感应电流的原磁通的变化，这就是楞次定律。应用楞次定律来判定感应电流方向的一般步骤是：

① 首先明确原来磁通的方向，以及穿过闭合回路的磁通是增加还是减少。

② 再根据楞次定律确定感应电流的磁通方向，即穿过闭合电路的磁通增加时，感应电流的磁通方向与原来磁通的方向相反，阻碍磁通的增加；穿过闭合电路的磁通减少时，感应电流的磁通方向与原来磁通的方向相同，阻碍磁通的减少。

③ 最后利用安培右手定则来确定感应电流的方向。

请读者自行分析如图 4-1-15 所示的导体 ab 往右运动时感应电流 I 的方向。

（4）涡流

将整块硅钢材料放置于交流磁场中或让它在磁场中运动时，硅钢块内将产生垂直于磁通方向的感应电流，如图 4-1-16(a)所示。这种在铁磁性物质内形成涡流状闭合的环形电流，很像水的漩涡，所以称为涡电流，简称涡流。涡流的大小与铁芯的电阻有关，铁芯电阻越小涡流越大。由于整块铁芯电阻很小，所以涡流很大，这就不可避免地会使铁芯发热，温度上升，把消耗的电能转化成热能。这种电能损耗称为涡流损耗。

① 涡流的应用。

在一些特殊的场合，涡流可以被利用。如工业上用的高频感应炉，就是利用涡流进行有色金属和特种合金的冶炼。高频感应炉的主要结构是一个与大功率高频交流电源相连接的线圈，被加热的金属就放在线圈内的坩埚内，当线圈中通以强大的高频电流时，所产生的交变磁场在坩埚内的金属中形成强大的涡流，产生热量使金属熔化。

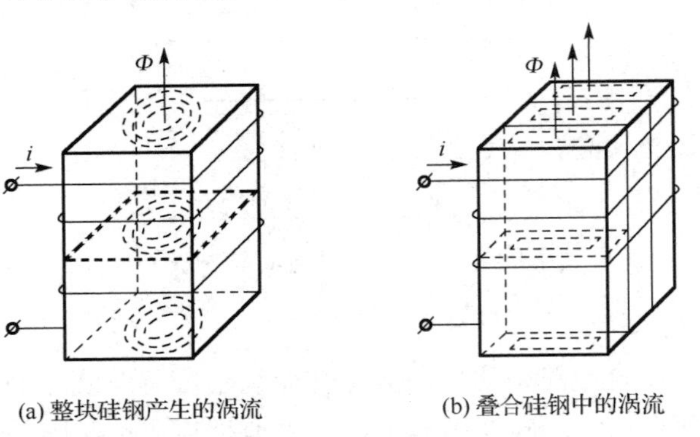

(a) 整块硅钢产生的涡流　　(b) 叠合硅钢中的涡流

图 4-1-16　涡流的形成与减小措施

日常生活中用电磁炉加热和烹饪食物也是根据涡流原理工作的一个典型实例。

② 减少涡流损耗的方法。

但是，涡流也有有害的一面，应尽可能地加以限制。为了减少涡流损耗，在顺磁场方向铁芯可由彼此绝缘的硅钢片叠成，如图 4-1-16(b)所示。这样就可以限制涡流只在较小的截面内流通。此外，通常所用的硅钢片中含有少量的硅占（0.8%～4.8%），因而电阻率较大，这也可以使涡流减小。有关资料表明，硅钢片的涡流损耗只是普通电工纯铁的 1/5～1/4。

③ 磁屏蔽。

在电子技术应用中，为了防止干扰免受外界磁场的影响，将器件屏蔽起来，这种措施称为磁屏蔽。

最常用的屏蔽措施就是利用铁磁性材料制成屏蔽罩，将需要屏蔽的器件放在罩内。因为铁磁性材料的磁导率是空气的许多倍，所以外界的磁场在铁磁性材料中容易通过，而进入屏蔽罩内的磁场就大大减弱了，从而起到磁屏蔽的作用。

对高频变化的磁场而言，就不用铁磁性材料做屏蔽罩，而用导电性能良好的铜或铝等金属制成屏蔽罩。因为高频变化的磁场在金属屏蔽罩上会产生很大的涡流，利用涡流的去磁作用来达到磁屏蔽的目的。

二、单相变压器

单相变压器是由一个矩形铁芯和两个互相绝缘的线圈所组成的装置，它是利用互感原理工作的。

1．变压器的结构

（1）铁芯

铁芯是变压器中主要的磁路部分，为了减少涡流和磁滞损耗，铁芯通常由含硅量较高，厚度为 0.35～0.5mm 且其表面涂有绝缘漆的硅钢片交错叠装而成，铁芯结构的基本形式一般分为芯式和壳式两种，如图 4-1-17 所示。

（2）线圈

线圈又称绕组。绕组是变压器的电路部分，它是用绝缘漆包的铜线绕成的。与电源相连的绕组称为一次绕组（原绕组），与负载相连的绕组称为二次绕组（副绕组）。小容量变压器的绕组多用高强度漆包线绕制，大容量变压器的绕组可用绝缘铜线或铝线绕制。

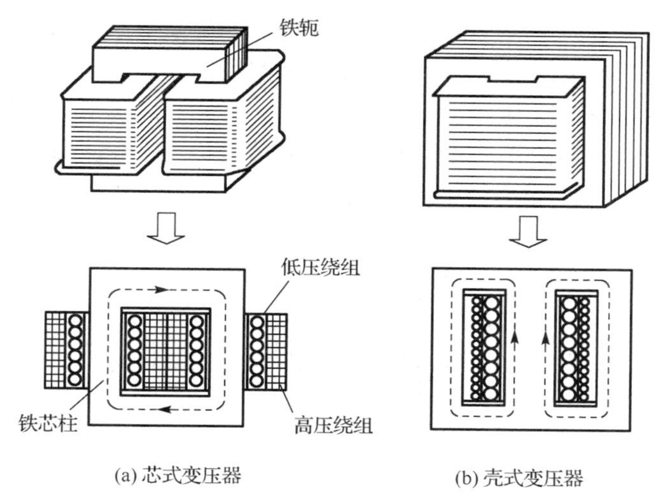

(a) 芯式变压器　　(b) 壳式变压器

图 4-1-17　变压器的结构

变压器在工作时铁芯和线圈都要发热，为了防止变压器温度过高而被烧坏，必须采取冷却措施。小容量的变压器多采用空气自冷式；中容量电力变压器采用油冷式，即将其放置在有散热管的油箱中；大容量变压器还要用油泵使冷却液在油箱与散热管中作强制循环。

变压器的种类很多，按相数可分为单相变压器和三相变压器；按冷却方式可分为干式和油浸式变压器；按用途可分为电力变压器和仪用变压器；按绕组结构可分为自耦变压器和多绕组变压器；按铁芯结构形式可分为芯式和壳式变压器。几种常用的变压器如图 4-1-18 所示。

尽管变压器的种类很多，但是它们的基本结构和工作原理是相同的。

(a) 三相电力变压器

(b) 开关变压器

(c)电源变压器

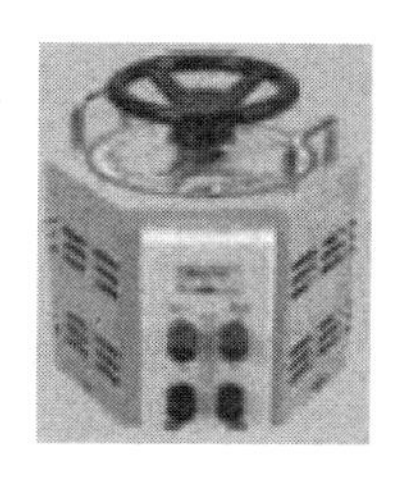

（d）自耦变压器

图 4-1-18　几种常用的变压器

2．变压器的工作原理

如图 4-1-19 所示是变压器的原理图。为了便于分析，我们将一次绕组和二次绕组分别画在两边。一次绕组和二次绕组的匝数分别为 N_1 和 N_2。

当一次绕组接上交流电压 u_1 时，一次绕组中便有电流 i_1 通过，产生的磁通绝大部分通过铁芯而闭合，并且在两个绕组中感应出电动势 e_1 和 e_2。若二次绕组接有负载，那么二次绕组中就有电流 i_2 通过，也产生磁通，其绝大部分也通过铁芯而闭合。因此，铁芯中的磁通是一个由一次绕组和二次绕组共同产生的叠加磁通，称为主磁通，用 $\varPhi$ 表示。以下讨论均不考虑绕组的电阻压降及漏磁通部分的影响。

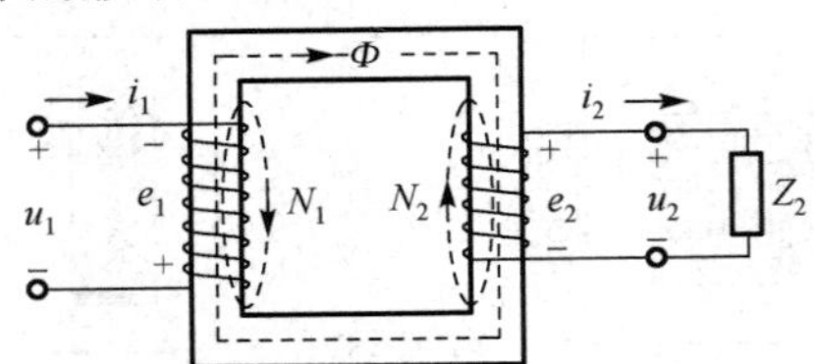

图 4-1-19　变压器的原理图

（1）电压变换关系

根据基尔霍夫电压定律，分别对一次绕组和二次绕组回路列出电压方程，即

$$u_1 \approx -e_1,\quad u_2 \approx e_2 \tag{4-1-11}$$

根据法拉第电磁感应定律，两个绕组的感应电动势与主磁通的关系为

$$e_1 = N_1 \frac{\Delta \varPhi}{\Delta t},\quad e_2 = N_2 \frac{\Delta \varPhi}{\Delta t} \tag{4-1-12}$$

若用 U_1 和 U_2 分别表示为 u_1 和 u_2 的有效值时，电压变换关系为

$$\frac{U_1}{U_2} = \frac{N_1}{N_2} = K \tag{4-1-13}$$

上式表示，变压器一次、二次绕组电压之比等于绕组匝数之比。即当电源电压 U_1 一定时，只要改变绕组匝数比 K，就可得出不同的输出电压 U_2。其中，K 为变压器的匝数比，也称变比。

在变压器空载时，$I_2 = 0$、$U_2 = U_{20}$。因此，式（4-1-13）可改写为

$$\frac{U_1}{U_{20}} = \frac{N_1}{N_2} = K \tag{4-1-14}$$

变压器有载运行时，二次绕组的输出电压 U_2 会比空载时的输出电压 U_{20} 有所下降。电压下降的幅度可用电压调整率表示，即

$$\Delta U = \frac{U_{20} - U_{2\mathrm{N}}}{U_{20}} \times 100\% = \frac{\Delta U_2}{U_{20}} \times 100\% \tag{4-1-15}$$

电压调整率反映了供电电压的稳定性，是变压器的外特性指标，ΔU 越小输出电压越稳定。常用的电力变压器，从空载到满载，电压调整率为 3%～5%。

（2）电流变换关系

由式（4-1-12）得

$$U_1 \approx E_1 = 4.44 f N_1 \Phi_{\mathrm{m}} \tag{4-1-16}$$

上式表示在电源电压 U_1 及频率 f 不变的情况下，不论变压器是空载运行还是有载运行，铁芯中的主磁通 Φ 基本不变。

因此，有载运行时产生主磁通的一次、二次绕组的叠加磁动势（$i_1N_1+i_2N_2$）应该与空载时产生主磁通的一次绕组的磁动势 i_0N_1 基本相等，即

$$i_1N_1+i_2N_2 \approx i_0N_1$$

由于空载电流很小，一般为一次绕组额定电流 I_{1N} 的 10%以内，所以相比之下可以忽略 I_0。于是上式可写成

$$\frac{I_1}{I_2} \approx \frac{N_2}{N_1} = \frac{1}{K} \tag{4-1-17}$$

上式表明，变压器一次、二次绕组的电流之比近似等于它们的匝数比的倒数。其中，I_1、I_2 分别是一次、二次绕组电流的有效值。

（3）阻抗变换关系

如图 4-1-20 所示为变压器二次绕组接上阻抗为 Z_2 负载的原理图。在忽略一次、二次绕组阻抗的情况下，二次绕组的电流为

$$I_2 = \frac{U_2}{Z_2}$$

从一次绕组两端往里面看进去，变压器的等效阻抗 Z_1 为

$$Z_1 = \frac{U_1}{I_1} = \frac{KU_2}{I_2 / K} = K^2 Z_2 \tag{4-1-18}$$

此式表明，折算到一次绕组的阻抗 Z_1 近似等于二次绕组抗值 Z_2 的 K^2 倍。

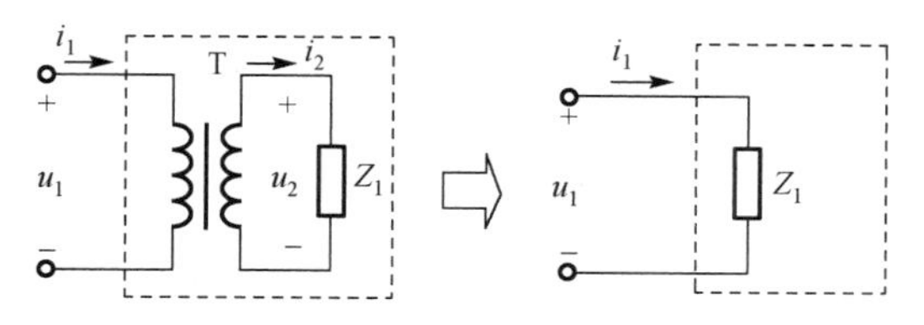

图 4-1-20　负载阻抗的等效变换

根据变压器的阻抗变换关系，可以通过改变绕组匝数比 K，使负载阻抗变换为所需要的、比较合适的数值。这种做法称为阻抗匹配。

例题 4-1-1　一台单相变压器，一次绕组电压 $U_1 = 220\text{V}$，二次绕组电压 $U_2 = 24\text{V}$。如果二次绕组接 $P = 48\text{W}$ 的负载，求变压器一次、二次绕组的电流。

解： ① 变压器的变比 $K=U_1/U_2=220/24=9.17$

② 二次绕组电流 $I_2=P/U_2=48/24=2$（A）

一次绕组电流 $I_1=I_2/K=2/9.17=0.22$（A）

3. 变压器的主要技术数据

和其他电器一样，变压器在铭牌上都附有额定数据，这些数据是正确使用变压器的依据。主要数据有型号、额定电压、额定电流、额定频率、接线组别、变压器变比、绝缘等级、阻抗百分比等。

（1）型号

变压器的型号分两部分，前部分由汉语拼音字母组成，代表变压器的类别、结构特征和用途；后一部分由数字组成，表示产品的容量（kVA）和高压绕组电压（kV）等级。例如，S7-315/10 表示三相变压器，绕组为铜芯线，容量为 315kVA，高压侧电压为 10kV，设计序号 7 为节能型。

（2）额定值。

① 额定频率。

变压器铁芯损耗与频率关系很大，所以应根据使用频率来设计和使用，这种频率称为额定频率，我国额定工频为 50Hz。

② 额定电压。

根据变压器的绝缘强度和允许温升而规定的加在一次绕组上的电压称为一次绕组额定电压。一次绕组加上额定电压时，二次绕组的空载电压称为二次绕组额定电压，分别用 U_{1N} 和 U_{2N} 表示。

③ 额定电流。

变压器一次绕组加上额定电压时，根据变压器允许温升而规定的一次、二次绕组中长时间允许通过的最大电流称为额定电流，分别用 I_{1N} 和 I_{2N} 表示。

④ 额定容量。

二次绕组的额定电压与额定电流的乘积称为变压器的额定容量，即二次绕组额定视在功率，用 S_N 表示

$$S_N = U_{2N} I_{2N} \text{（VA）} \tag{4-1-19}$$

（3）绝缘等级

变压器的绝缘等级是指其所用绝缘的耐热等级，分 A（105℃）、E（120℃）、B（130℃）、F（155℃）、H（180℃）级。

大修和运行中的电力变压器绝缘电阻值应考虑表 4-1-2 中的数值。

表 4-1-2　变压器线圈绝缘电阻合格值

额定电压/kV	温度/℃ 绝缘电阻/MΩ	10	20	30	40	50	60	70	80
3～10	良好值	900	450	225	120	64	36	19	12
	最低值	600	300	150	80	43	24	13	8
20～35	良好值	1200	600	300	155	83	50	27	15
	最低值	800	400	200	105	55	33	18	10
60～220	良好值	2400	1200	600	315	165	100	50	30
	最低值	1600	800	400	210	110	65	35	21

（4）变压器的功率

① 输出功率。

输出功率 P_2，与二次电压 U_2、二次电流 I_2 以及负载的功率因数 $\cos\varphi_2$ 有关，即

$$P_2 = U_2 I_2 \cos\varphi_2 \tag{4-1-20}$$

② 输入功率。

输入功率 P_1，与一次电压 U_1、一次电流 I_1 以及变压器的功率因数 $\cos\varphi_1$ 有关，即

$$P_1 = U_1 I_1 \cos\varphi_1 \tag{4-1-21}$$

式中，输出功率 P_2、输入功率 P_1 的单位均为瓦特（W）。

（5）变压器的效率

变压器的输出功率与输入功率的百分比称为变压器的效率 η，即

$$\eta = \frac{P_2}{P_1} \times 100\% = \frac{P_2}{P_2 + P_{Cu} + P_{Fe}} \times 100\% \tag{4-1-22}$$

式中，P_2 为输出功率（W）；P_1 为输入功率（W），其中包含铜损耗 P_{Cu} 和铁损耗 P_{Fe} 部分。

铜损耗是指一次、二次绕组本身电阻所消耗的热能。它与电流 I_1、I_2 有关，即负载越大，铜损耗也越大，故称可变损耗。

铁损耗是指变压器铁芯中的磁滞损耗 P_h 与涡流损耗 P_e 之和。在一次电压和工作频率一定时，铁损耗与变压器的负载无关。因此，铁损耗又称固定损耗。

一般小型变压器满载时的效率为 80%～90%，大型变压器满载时的效率可达 98%～99%。

4．特殊变压器

下面介绍几种具有特殊用途的变压器。

（1）自耦变压器（图 4-1-21）

(a) 实物图

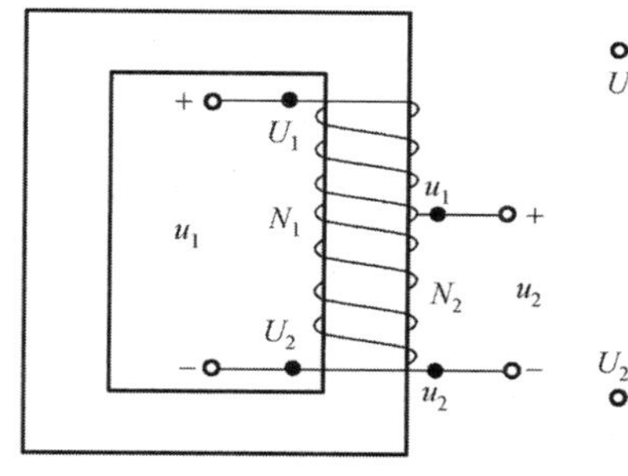

(b) 原理图

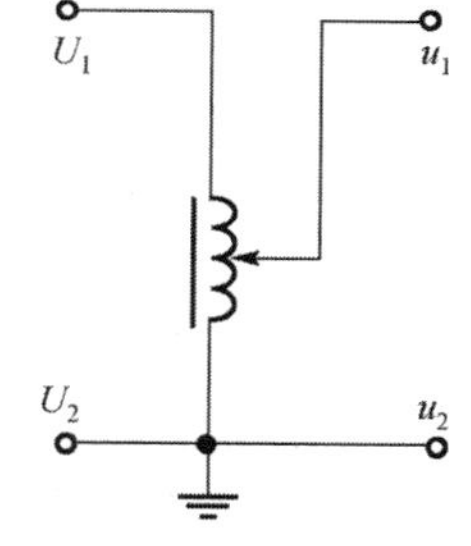

(c) 电路符号

图 4-1-21　自耦变压器

如图 4-1-21 所示，自耦变压器只有一个绕组，二次绕组是一次绕组中的一部分，两个绕组之间不仅有磁的耦合，而且在电路上是直接连通的。

在一次绕组中加上电压 u_1 后，二次绕组将获得电压 u_2，若接有负载则两绕组的电流分别为 i_1、i_2，各绕组电压及电流用式（4-1-13）和式（4-1-17）计算。

自耦变压器具有结构简单、节省材料、体积小、成本低等优点。但是，其一、二次绕组之间有电的联系，当火线接在公共线上时，二次绕组对地有很高的电压，将造成危险事故，因此自耦变压器不能作为安全变压器使用。

单相自耦变压器可在照明装置中用来调节亮度，三相自耦变压器常用于三相鼠笼式异步电动机的降压启动线路中。

（2）多绕组变压器

多绕组变压器具有多个二次绕组，当一次绕组接上交流电源时，由于各个二次绕组的匝

数不同，可以得到几种不同的电压。在电子技术中，为了减小干扰，常在变压器的一、二次绕组之间装有屏蔽层。如图 4-1-22 所示是一个多绕组变压器的电路图，图中虚线表示屏蔽层。

多绕组变压器的效率高，材料省，体积小，便于安装，常用在自动控制装置和仪表中作为电源变压器使用。

在使用多绕组变压器时，根据需要还可将绕组串联或并联使用，以提高输出电压或提高带负载能力。

① 同极性端。

同极性端，也称同名端，是指每一瞬间，两个绕组中电位极性相同的接线端。通俗地讲，就是指电流都从同名端流入时，各绕组所产生的磁通在同一铁芯柱上的方向是一致的。同极性一般用“•”或“*”符号表示。

同名端的测定可以通过直流法或交流法来完成。如图 4-1-23 所示为同名端的交流法测定电路。将电路接上一交流电源，用交流电压表分别测出U_1、U_2、U_3。如果$U_3 = U_1 - U_2$，表明为“1”、“3”为同名端；如果$U_3 = U_1 + U_2$，则“1”、“3”为异名端。

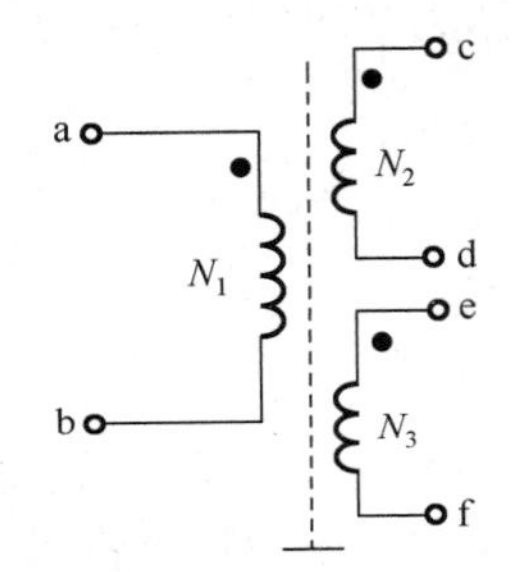

图 4-1-22　多绕组变压器电路图

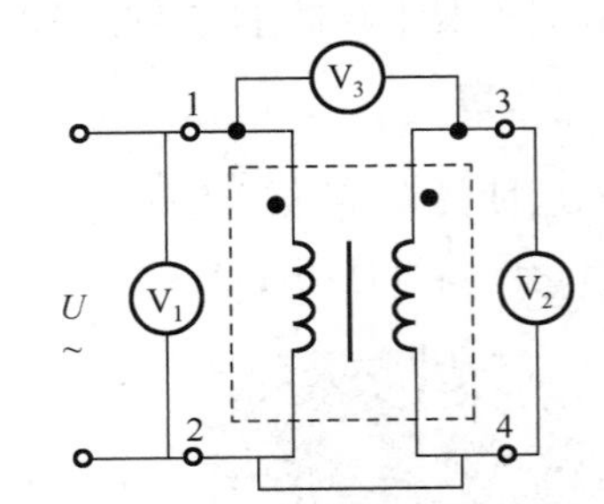

图 4-1-23　绕组同名端交流测定法

② 绕组的串并联接法。

根据同极性端的概念，要得到更高的输出电压就必须将两个绕组或更多绕组串联起来，正确的串联方法是将两个绕组的异名端连接，取另两个异名端作为电压输出端，如图 4-1-24(a)所示。

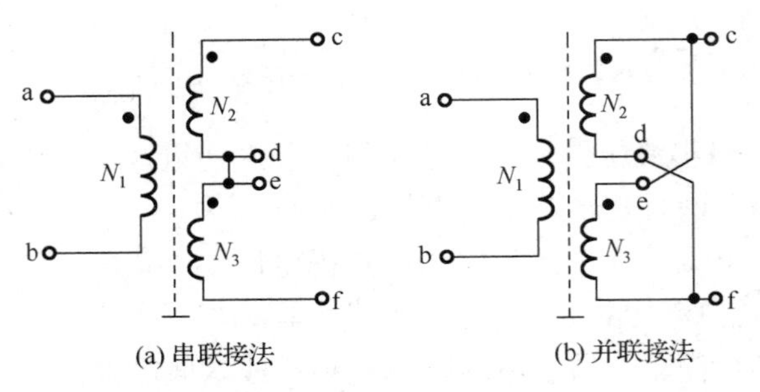

(a) 串联接法　　(b) 并联接法

图 4-1-24　二次绕组的串联或并联

若要提高带负载的能力，就必须把匝数相同的两个或多个绕组并联起来，正确的并联接法就是将两个绕组对应的同名端分别连接，并取它们两端作为电压输出端，如图 4-1-24(b)所示。

（3）电焊变压器

电焊变压器又称弧焊机，它主要由一台特殊的降压变压器构成。在它的二次绕组中串联了一个可变的电抗器，以改变磁路中的空气隙，从而调节焊接电流。图 4-1-25 为电焊变压器的原理图。

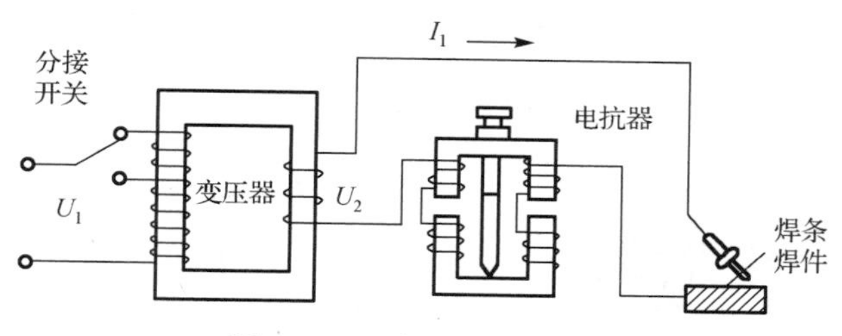

图 4-1-25　电焊变压器原理

电焊变压器在空载时，可通过分接开关来改变一次绕组匝数，调节副边的空载电压以保证电极间产生电弧，引弧电压一般值为 60～70V。为了适应不同的焊件和焊条，可借助于调节可变电抗器的空气隙，以调节焊接电流。

电焊变压器具有电压陡降的外特性，如图 4-1-26 所示。

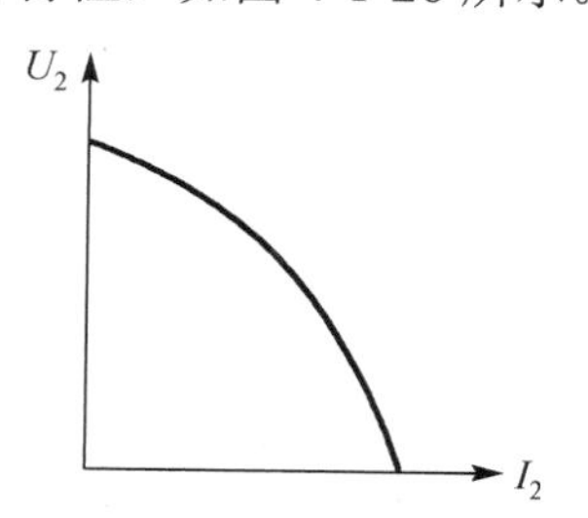

图 4-1-26　电焊变压器的外特性

（4）电压互感器

如图 4-1-27 所示，电压互感器用于测量高电压，其结构与变压器相似。测量时，一次侧并联于被测电路，二次侧接 100V 量程的电压表。测出的电压 U_2 再乘以互感器的变比 k，就得到线路电压 $U_2=kU_1$。常见的规格有 6000/100V、10000/100V 等。

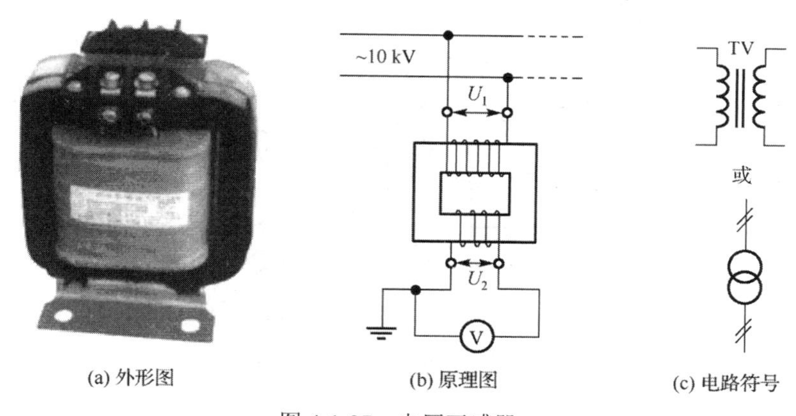

图 4-1-27　电压互感器

使用时要注意绝缘，且铁芯、金属外壳及低压绕组一端必须接地；二次侧不允许短路，用熔断器作短路保护。

（5）电流互感器

如图 4-1-28 所示，电流互感器其实就是一台升压变压器，其结构与普通变压器相似，用于测量大电流。测量时，一次侧串联于被测电路，二次侧接 5A 量程的电流表。测出的电流 I_2 乘以互感器变比的倒数 $\frac{1}{k}$，即为被测线路电流 $I_1=\frac{1}{k}I_2$。常见的规格有 100/5A、50/5A 等。

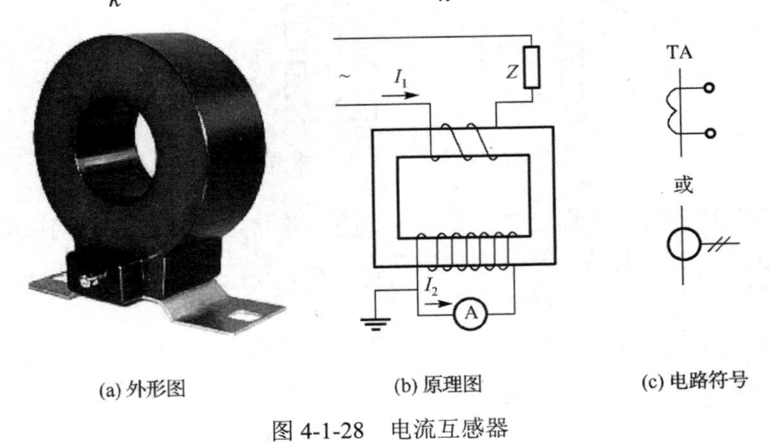

(a) 外形图　(b) 原理图　(c) 电路符号

图 4-1-28　电流互感器

使用电流互感器时应注意：

① 电流互感器的铁芯、金属外壳及二次侧绕组一端必须接地，以防止绝缘损坏时，高压串入而造成危险。

② 二次侧绕组不得开路。由于二次绕组匝数较一次绕组匝数很多，若二次绕组开路，则二次绕组会感应出危险的高电压，危及人身安全。同时铁芯中主磁通剧增，铁损耗增大，使铁芯严重过热，以致烧毁绕组绝缘。

钳形电流表是电流互感器的一种，它由变压器和交流电流表组成。它能在不断电的情况下，直接测量电路中的电流。测量时，压动扳手使铁芯张开，将被测电流的导线放入 U 形钳内，此时通电导线就成为变压器的一次绕组，经过变换后，可直接从接在二次绕组中的电流上读出被测电流值，如图 4-1-29 所示。

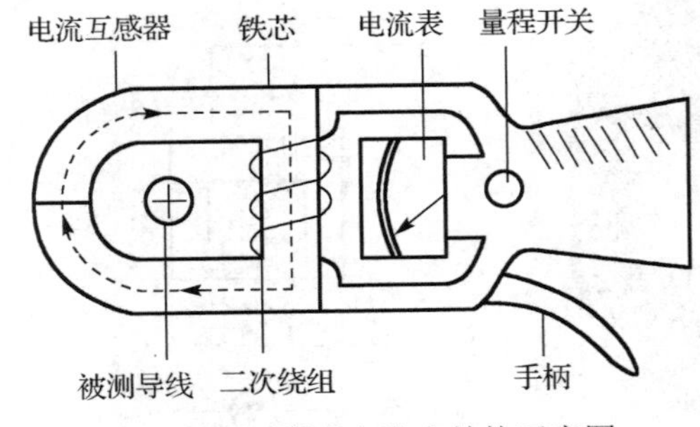

图 4-1-29　钳形电流表结构示意图

三、小型电源变压器的设计计算

小型变压器指容量很小，且常用于电气设备上作为电源变压器、控制变压器及行灯变压器等，电源一般为 380V/220V，容量小于 2kVA。

1．变压器二次输出的总视在功率

$$S_2 = U_{21}I_{21} + U_{22}I_{22} + U_{23}I_{23} + \cdots \tag{4-1-23}$$

式中，S_2表示变压器二次输出的总视在功率，单位为伏安（VA）；U_{21}、U_{22}、U_{23}表示变压器二次每个绕组的额定电压，单位为伏特（V）；I_{21}、I_{22}、I_{23}表示变压器二次每个绕组的额定电流，单位为安培（A）。

2．变压器一次输入的总视在功率

$$S_1 = S_2 / \eta \tag{4-1-24}$$

式中，S_1 表示变压器上次输入的总视在功率，单位为伏安（VA）；η 表示变压器的效率，因为变压器带负载时存在铁损和铜损，故其输入视在功率 S_1 总是大于输出视在功率 S_2。小型变压器的效率可按表 4-1-3 所列的数值选取。

表 4-1-3　变压器的效率

输出视在功率 S_2/VA	10	10～30	30～80	80～200	200～400	400 以上
效率	0.6	0.7	0.8	0.85	0.9	0.95

3．变压器一次输入的电流

$$I_1 = (1.1 \sim 1.2)\frac{S_1}{U_1} \tag{4-1-25}$$

式中，I_1表示变压器一次输入的电流，单位为安培（A）；U_1表示变压器一次额定电压，即电源电压，单位为伏特（V）。（1.1～1.2）为考虑变压器空载励磁电流大小的经验系数。

4．变压器铁芯截面积的计算及硅钢片的选用

（1）截面积的计算

小型变压器的铁芯多采用壳式，在铁芯中柱上放置绕组。铁芯的几何形状及其尺寸如图 4-1-30 所示。它的中柱截面积 A_{Fe} 的大小与变压器二次的总输出视在功率 S_2 的关系为

$$A_{\mathrm{Fe}} = ab = K_0\sqrt{S_2} \tag{4-1-26}$$

式中，A_{Fe} 表示变压器铁芯中柱截面积，单位为厘米^2（cm^2）；a 表示铁芯中柱宽，b 表示铁芯净叠厚，单位均为厘米（cm）；S_2 表示变压器二次的总输出视在功率；K_0 为经验系数，可按表 4-1-4 所列的数值选取。

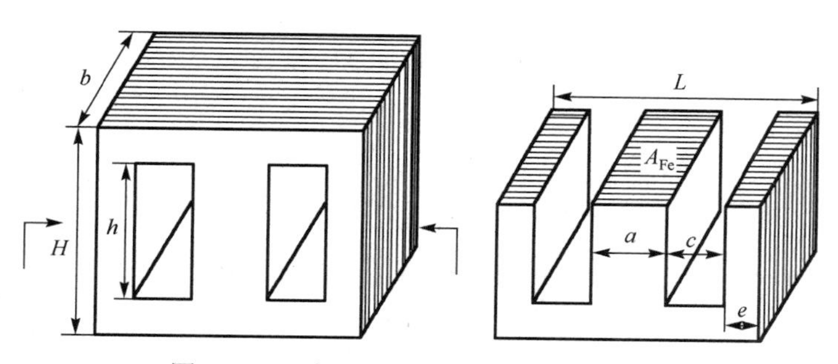

图 4-1-30　变压器铁芯结构及尺寸示意图

表 4-1-4　系数 K_0 参考值

S_2/VA	0～10	10～50	50～500	500～1000	1000 以上
K_0	2	2～1.75	1.5～1.4	1.4～1.2	1

（2）硅钢片的选用

根据计算所得的 A_{Fe} 值，可由 $A_{Fe}=a\times b$ 和 $b=(1\sim2)a$ 的关系确定铁芯中柱宽 a 和铁芯净叠厚 b。其中，a 可根据小型变压器标准铁芯硅钢片尺寸选用。b 的选取应考虑到铁芯是用涂绝缘漆的硅钢片叠成的，漆膜和叠片的间隙存在一定的厚度，所以，铁芯的实际厚度应为 $b'\approx1.1b$。

常用的标准铁芯硅钢片有 GEI 型和 KEI 型两种，前者窗口较小，后者窗口较大。这两种铁芯硅钢片的规格见表 4-1-5，可供参考选择。

表 4-1-5　小型变压器的标准铁芯硅钢片

<table>
<tr><th rowspan="2">硅钢片型号</th><th colspan="18">规格/mm</th><th rowspan="2">窗口面积/cm²</th></tr>
<tr><th>L</th><th>H</th><th>h</th><th>c</th><th>a</th><th>e</th><th colspan="12">标准化叠片厚度 b</th></tr>
<tr><td>GEI-10</td><td>36</td><td>31</td><td>18</td><td>6.5</td><td>10</td><td>6.5</td><td colspan="3">12.5</td><td colspan="3">15</td><td colspan="3">17.5</td><td colspan="3">20</td><td>1.17</td></tr>
<tr><td>GEI-12</td><td>44</td><td>38</td><td>22</td><td>8</td><td>12</td><td>8</td><td colspan="3">14</td><td colspan="3">18</td><td colspan="3">21</td><td colspan="3">24</td><td>1.76</td></tr>
<tr><td>GEI-14</td><td>50</td><td>43</td><td>25</td><td>9</td><td>14</td><td>9</td><td colspan="3">18</td><td colspan="3">21</td><td colspan="3">24</td><td colspan="3">28</td><td>2.25</td></tr>
<tr><td>GEI-16</td><td>56</td><td>48</td><td>28</td><td>10</td><td>16</td><td>10</td><td colspan="3">20</td><td colspan="3">24</td><td colspan="3">28</td><td colspan="3">32</td><td>2.8</td></tr>
<tr><td>GEI-19</td><td>67</td><td>67.5</td><td>33.5</td><td>12</td><td>19</td><td>12</td><td colspan="3">24</td><td colspan="3">28</td><td colspan="3">32</td><td colspan="3">38</td><td>4.02</td></tr>
<tr><td>GEI-22</td><td>78</td><td>67</td><td>39</td><td>14</td><td>22</td><td>14</td><td colspan="3">28</td><td colspan="3">33</td><td colspan="3">38</td><td colspan="3">44</td><td>5.46</td></tr>
<tr><td>GEI-26</td><td>94</td><td>81</td><td>47</td><td>17</td><td>26</td><td>17</td><td colspan="3">33</td><td colspan="3">39</td><td colspan="3">45</td><td colspan="3">52</td><td>7.99</td></tr>
<tr><td>GEI-30</td><td>106</td><td>91</td><td>53</td><td>19</td><td>30</td><td>19</td><td colspan="3">38</td><td colspan="3">45</td><td colspan="3">56</td><td colspan="3">60</td><td>10.07</td></tr>
<tr><td>GEI-35</td><td>123</td><td>105.5</td><td>61.5</td><td>22</td><td>35</td><td>22</td><td colspan="3">44</td><td colspan="3">52</td><td colspan="3">60</td><td colspan="3">70</td><td>13.52</td></tr>
<tr><td>GEI-40</td><td>144</td><td>124</td><td>72</td><td>26</td><td>40</td><td>26</td><td colspan="3">50</td><td colspan="3">60</td><td colspan="3">70</td><td colspan="3">80</td><td>18.7</td></tr>
<tr><td>KEI-10</td><td>40</td><td>35</td><td>25</td><td>10</td><td>10</td><td>5</td><td colspan="2">8</td><td colspan="2">10</td><td colspan="2">12</td><td colspan="2">16</td><td colspan="2">20</td><td colspan="2">25</td><td>2.5</td></tr>
<tr><td>KEI-12</td><td>48</td><td>42</td><td>30</td><td>12</td><td>12</td><td>6</td><td colspan="2">10</td><td colspan="2">12</td><td colspan="2">16</td><td colspan="2">20</td><td colspan="2">25</td><td colspan="2">32</td><td>3.6</td></tr>
<tr><td>KEI-16</td><td>64</td><td>56</td><td>40</td><td>16</td><td>16</td><td>8</td><td colspan="2">12</td><td colspan="2">16</td><td colspan="2">20</td><td colspan="2">25</td><td colspan="2">32</td><td colspan="2">40</td><td>6.4</td></tr>
<tr><td>KEI-20</td><td>80</td><td>70</td><td>50</td><td>20</td><td>20</td><td>10</td><td colspan="2">16</td><td colspan="2">20</td><td colspan="2">25</td><td colspan="2">32</td><td colspan="2">40</td><td colspan="2">50</td><td>10</td></tr>
<tr><td>KEI-25</td><td>100</td><td>87.5</td><td>62.5</td><td>25</td><td>25</td><td>12.5</td><td colspan="2">20</td><td colspan="2">25</td><td colspan="2">32</td><td colspan="2">40</td><td colspan="2">50</td><td colspan="2">63</td><td>15.62</td></tr>
<tr><td>KEI-32</td><td>128</td><td>112</td><td>80</td><td>32</td><td>32</td><td>16</td><td colspan="2">25</td><td colspan="2">32</td><td colspan="2">40</td><td colspan="2">50</td><td colspan="2">63</td><td colspan="2">80</td><td>25.6</td></tr>
<tr><td>KEI-40</td><td>160</td><td>140</td><td>100</td><td>40</td><td>40</td><td>20</td><td colspan="2">32</td><td colspan="2">40</td><td colspan="2">50</td><td colspan="2">63</td><td colspan="2">80</td><td colspan="2">100</td><td>40</td></tr>
</table>

5. 变压器绕组匝数的计算

由变压器绕组感应电动势 E 的计算公式

$$E=4.44fNB_{m}A_{Fe}\times10^{-4}$$

得每伏绕组匝数 N_0 为

$$N_0=N/E=10^4/(4.44fB_{m}A_{Fe})=\frac{45}{B_{m}A_{Fe}} \tag{4-1-27}$$

式中，A_{Fe} 为铁芯中柱的截面积，单位为厘米 ^{2}（cm^2）；f 为交流电的频率，等于 50Hz；B_m 为铁芯的磁感应强度，单位为特斯拉（T）。B_m 的单位还常用高斯（Gs），它与特斯拉的换算关系为 $1GS=10^{-4}T$。不同的硅钢片，所允许的 B_m 值也不同，通常冷扎硅钢片 B_m 可取 1.2～1.4T；

热扎硅钢片 B_m 可取 1.0～1.2T。硅钢片的厚度一般选用 0.35mm。

因此，各个绕组的匝数为

$$N_1=U_1N_0，N_{21}=1.05U_{21}N_0，\ldots，N_{2n}=1.05U_{2n}N_0 \tag{4-1-28}$$

式中，N_0 表示每伏匝数；U_1 表示一次侧绕组电压（V）；U_{21}～U_{2n} 表示二次侧每个绕组的额定电压（V）；N_1，N_{21}～N_{2n} 表示每个绕组的匝数，其中 1.05 是二次侧绕组为了补偿有负载时的电压降的修正系数。

6．变压器绕组导线直径的计算及导线选择

计算绕组导线直径的公式为

$$d=\sqrt{\frac{4I}{\pi j}}=1.13\sqrt{\frac{I}{j}} \tag{4-1-29}$$

式中，d 为裸导线直径，单位为毫米（mm）；I 为绕组的电流，单位为安培（A），j 为导线允许的电流密度，单位为安/毫米^2（A/mm^2）。

铜导线一般选用 j=(2～3)A/mm^2，变压器短时工作时可取大些，如果设计的是稳压电源的电源变压器，则电流密度可取小些。

先由式（4-1-29）计算出绕组导线的直径 d，再由表 4-1-6 查得绕组常用的 QQ 型或 QZ 型高强度漆包线规格和带漆膜后的最大外径 d'。

表 4-1-6　QQ 型、QZ 型漆包线规格

单位：mm

裸线直径 d	最大外径 d'		裸线直径 d	最大外径 d'		裸线直径 d	最大外径 d'		裸线直径 d	最大外径 d'	
	QQ	QZ		QQ	QZ		QQ	QZ		QQ	QZ
0.06	0.09	0.09	0.27	0.32	0.32	0.69	0.77	0.77	1.35	1.46	1.46
0.07	0.10	0.10	0.29	0.34	0.34	0.72	0.80	0.80	1.40	1.51	1.51
0.08	0.11	0.11	0.31	0.36	0.36	0.74	0.83	0.83	1.45	1.56	1.56
0.09	0.12	0.12	0.33	0.38	0.38	0.77	0.86	0.86	1.50	1.61	1.61
0.10	0.13	0.13	0.35	0.41	0.41	0.80	0.89	0.89	1.56	1.67	1.67
0.11	0.14	0.14	0.38	0.44	0.44	0.83	0.92	0.92	1.62	1.73	1.73
0.12	0.15	0.15	0.41	0.47	0.47	0.86	0.95	0.95	1.68	1.79	1.79
0.13	0.16	0.16	0.44	0.50	0.50	0.90	0.99	0.99	1.74	1.85	1.85
0.14	0.17	0.17	0.47	0.53	0.53	0.93	1.02	1.02	1.81	1.93	1.93
0.15	0.19	0.19	0.49	0.55	0.55	0.96	1.05	1.05	1.88	2.00	2.00
0.16	0.20	0.20	0.51	0.58	0.58	1.00	1.11	1.11	1.95	2.07	2.07
0.17	0.21	0.21	0.53	0.60	0.60	1.04	1.15	1.15	2.02	2.14	2.14
0.18	0.22	0.22	0.55	0.62	0.62	1.08	1.19	1.19	2.10	2.23	2.23
0.19	0.23	0.23	0.57	0.64	0.64	1.12	1.23	1.23	2.26	2.39	2.39
0.20	0.24	0.24	0.59	0.66	0.66	1.16	1.27	1.27	2.44	2.57	2.57
0.21	0.25	0.25	0.62	0.69	0.69	1.20	1.31	1.31			
0.23	0.28	0.28	0.64	0.72	0.72	1.25	1.36	1.36			
0.25	0.30	0.30	0.67	0.75	0.75	1.30	1.41	1.41			

7．铁芯窗口的核算

根据绕组匝数 N、漆包线最大外径 d'、绝缘纸厚度 δ 等数据来核算变压器绕组所占铁芯窗口的面积，它应小于窗口实际面积 hc，以保证绕组能可靠放入。

（1）每个绕组每层可绕的匝数

计算公式如下

$$n_i = \frac{h-(2\sim4)\text{mm}}{K_V d'} \tag{4-1-30}$$

式中，n_i 表示每个绕组每层可绕的匝数，n_i 取 1、2、3、…；h 表示预选定的铁芯硅钢片的窗口高度，单位为毫米（mm）；2～4mm 为窗口裕量；d'为漆包线最大外径（带漆膜后的线径），单位为毫米（mm）；K_V 为导线排绕系数，导线直径小于 0.5mm 时取 1.1，直径大于 0.5mm 时取 1.05。

（2）每个绕组需要绕制的层数

计算公式如下：

$$m_i = \frac{N_x}{n_i} \tag{4-1-31}$$

式中，m_i 表示每个绕组需要绕制的层数，m_i 取 1、2、3、…；N_x 表示每个绕组需要绕制的匝数，x 取 1、2、3、…。

（3）每个绕组绕制的厚度

计算公式如下：

$$A_i = m_i(d'+\delta)+\gamma \tag{4-1-32}$$

式中，A_i 表示每个绕组绕制的厚度（mm），i 取 1、2、3、…；δ 表示层间绝缘的厚度（mm）；γ 表示绕组间绝缘的厚度（mm），通常电压不大于 500V 时，用 0.12mm 厚的青壳纸、2～3 层电缆纸或 2 层黄蜡布均可。

（4）所有绕组的总厚度

计算公式如下：

$$A_z = (1.1\sim1.15)(\theta + A_1 + A_2 + \cdots) \tag{4-1-33}$$

式中，A_z 表示所有绕组的总厚度（mm）；θ 表示骨架本身的厚度（mm）。

上述计算结果，若 $A_z<c$，则设计方案可行。若 $A_z>c$，应重新调整方案。一是加大铁芯叠厚，使绕组匝数减少，但必须使 $b=$（1～2）a；二是重新选用硅钢片的尺寸，再进行计算和核算，直到合适为止。

【阅读材料】

简单磁路的分析与计算

一、磁路

磁通经过的路径称为磁路。分为无分支磁路和有分支磁路两种类型，如图 4-1-31 所示。磁路一般由通电电流以激励磁场的线圈（有些场合也可用永久磁体作为磁场的激励源）、由软磁材料制成的铁芯，以及适当大小的空气隙组成。

当线圈通电后，产生的磁通中，绝大部分沿铁芯、衔铁和工作气隙构成回路，这部分磁通称为主磁通；磁通的一小部分经空气自成回路，这部分磁通称为漏磁通。

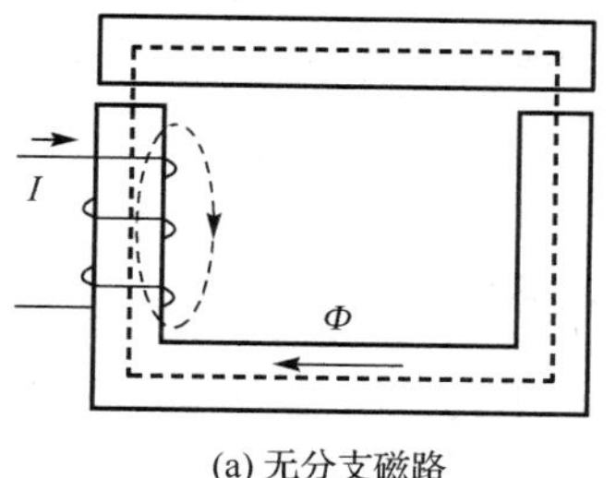

(a) 无分支磁路

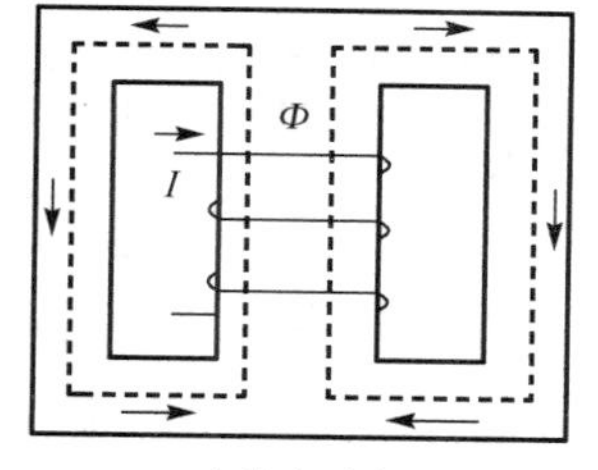

(b) 有分支磁路

图 4-1-31　简单的磁路

以图 4-1-7 所示的环形线圈为例，根据式（4-1-3）

$$\int \vec{H}\mathrm{d}\vec{l} = \sum I$$

得出

$$IN = Hl = \frac{B}{\mu}l = \frac{\Phi}{\mu S}l$$

或

$$\Phi = \frac{IN}{\dfrac{l}{\mu S}} = \frac{F}{R_{\mathrm{m}}} \qquad (4\text{-}1\text{-}34)$$

上式中，$F=IN$ 为磁动势，即由此而产生磁通，单位是安（A）；R_{m} 为磁阻，是表示磁路对磁通具有阻碍作用的物理量，单位是 1/亨（1/H）；l 为磁路的平均长度，单位是米（m）；S 为磁路的截面积，单位是米^2（m^2）。

上式与电路的欧姆定律在形式上相似，所以称之为磁路的欧姆定律。

例题 4-1-2　如图 4-1-7 所示环形铁芯线圈，其匝数为 500，铁芯中的磁感应强度为 0.9T，磁路的平均长度为 50cm。已知几种铁磁材料的磁化曲线如图 4-1-32 所示。试求：①铁芯材料为铸铁时线圈中的电流是多少？②铁芯材料为硅钢片时线圈中的电流又是多少？

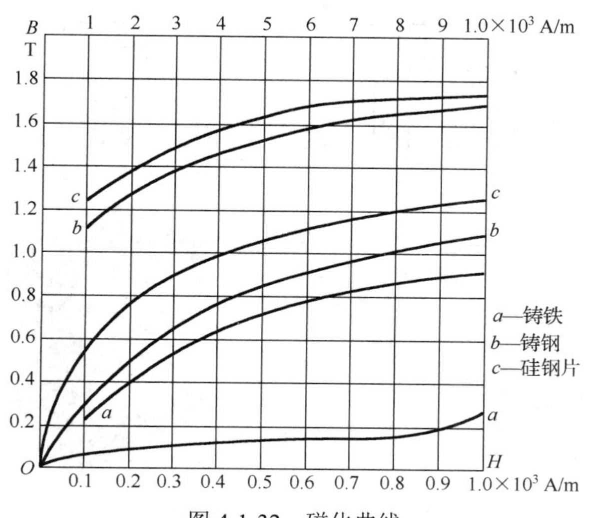

图 4-1-32　磁化曲线

解：先从给定的磁化曲线查出磁场强度 H，然后再根据式（4-1-3）计算出电流。

（1）H_1=9000A/m，$I_1=\dfrac{H_1 l}{N}=\dfrac{9000\times 0.50}{500}=9(\text{A})$

（2）H_2=270A/m，$I_2=\dfrac{H_2 l}{N}=\dfrac{270\times 0.50}{500}=0.27(\text{A})$

例题 4-1-3 如图 4-1-31(a)所示无分支磁路，平均长度为 50.0cm，铁芯材料为铸钢。磁路中含有两段空气隙，每段长度等于 0.1cm。设线圈中通有 2.0A 的电流，如要得到 0.8T 的磁感应强度，试求线圈匝数。

解：从图 4-1-32 所示的铸钢磁化曲线查出，当 B=0.8T 时，H=440A/m，于是

$$H_1 l_1=440\times(50.0-0.2)\times10^{-2}=219(\text{A})$$

空气隙中的磁场强度为

$$H_0=\frac{B_0}{\mu_0}=\frac{0.8}{4\pi\times10^{-7}}=6.4\times10^5(\text{A/m})$$

于是

$$H_0 l_0=6.4\times10^5\times0.2\times10^{-2}=1280（\text{A}）$$

总磁动势为

$$IN=\Sigma（Hl）=H_1 l_1+H_0 l_0=219+1280=1499（\text{A}）$$

线圈匝数为

$$N=\frac{IN}{I}=\frac{1499}{2.0}=750$$

二、电磁铁

电磁铁是利用通电的铁芯线圈吸引衔铁或保持某种机械零件、工件于固定位置的一种电器。当线圈通电时，衔铁的动作可使其他机械装置发生联动；断电时，电磁铁的磁性随着消失，衔铁或其他机械装置被释放。

电磁铁由励磁线圈、铁芯和衔铁三个主要部件构成。根据励磁电源的不同，电磁铁分直流电磁铁和交流电磁铁两种。常见的几种电磁铁如图 4-1-33 所示。

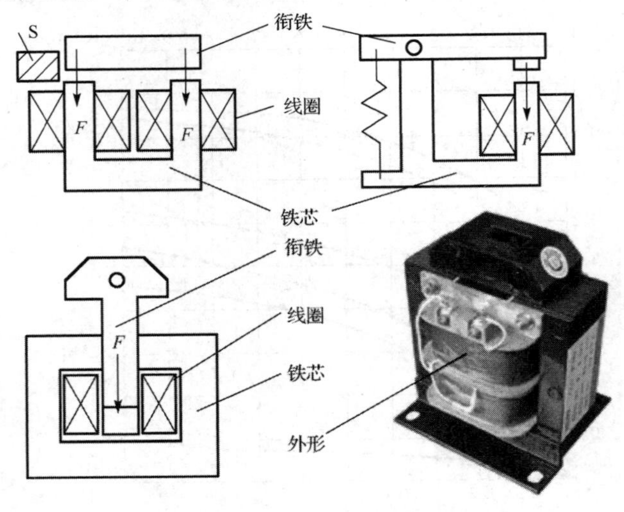

图 4-1-33　常见的几种电磁铁

1. 直流电磁铁

直流电磁铁的铁芯一般由整块的铸钢或纯铁制成，线圈中通有直流电来励磁，便制成了直流铁芯线圈。此时，在铁芯中的磁通是恒定的。磁路中的磁通与线圈通过电流的关系可由式（4-1-34）

$$\Phi = \frac{IN}{\dfrac{l}{\mu S}} = \frac{F}{R_{\mathrm{m}}}$$

得出。

经数学推导，作用在衔铁上的电磁吸力为

$$F = \frac{10^7}{8\pi} B^2 S \qquad (4\text{-}1\text{-}35)$$

式中，B 为铁芯中的磁感应强度，单位为特斯拉（T）；S 为无分支磁路中铁芯的截面积，单位为平方米（m^2）；F 为作用在衔铁上的电磁吸引力，单位为牛（N），是电磁铁的主要技术参数。

直流电磁铁的吸引力 F 与空气的间隙 δ 的关系为 $F = f(\delta)$，称为直流电磁铁的工作特性，可由实验得出，如图 4-1-34 所示。

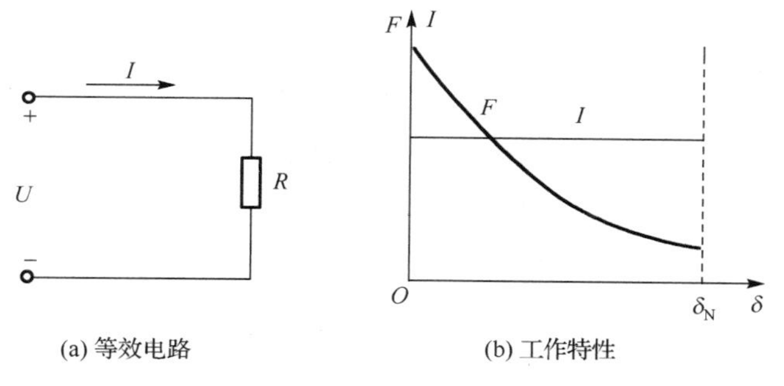

(a) 等效电路　　(b) 工作特性

图 4-1-34　直流电磁铁的等效电路及工作特性

由图 4-1-34(a)看出，直流电磁铁等效为直流电路。励磁电流 I 取决于电压 U 及线圈本身电阻 R，与衔铁运动过程即空气隙大小无关。

由图 4-1-34(b)看出，直流电磁铁的工作特性表现为电磁吸力的大小随空气隙的减小而增大。这是因为衔铁吸合过程，空气隙越来越小，磁阻变小，磁通不断增大使吸力增大的结果。所以，衔铁刚启动，吸力最最小，衔铁完全吸合，吸力最大。

另外，为防止线圈的自感作用所产生的高压对线圈绝缘造成损坏，通常在线圈的两端并联一个续流二极管起保护作用。

直流电磁铁主要技术参数除电磁吸力外，还有额定行程和额定电压等参数。

2. 交流电磁铁

交流电磁铁也是由励磁线圈、铁芯和衔铁组成的。但不同于直流电磁的是，其励磁电源为交流电，同时铁芯采用硅钢片叠装而成。这是因为交流电产生的磁场为交变磁场，会在铁芯和衔铁内产生磁滞和涡流损耗而使铁芯发热，采用软磁性材料并做成片状叠装的硅钢就是为了减小这种损耗。

由电磁理论推得，励磁电源电压与铁芯中的磁通关系可用

$$U = 4.44 fN\Phi_m$$

表示。式中表示铁芯线圈加上交流电压 u 后，在线圈匝数 N、外加电压 U 及频率 f 都一定时，铁芯中的磁通最大值 Φ_m 将保持基本不变。这个结论对于分析一般磁路，如交流电磁铁、电动机、变压器等电器的工作原理是十分重要的。

经数学推导，交流电磁铁作用在衔铁上的电磁吸力为

$$f = \frac{1}{2}F_m - \frac{1}{2}F_m \cos 2\omega t \tag{4-1-36}$$

在实际应用时，一般计算电磁吸力的平均值，即

$$F = \frac{1}{2}F_m = \frac{10^7}{16\pi}B_m^2 S \tag{4-1-37}$$

式中，F_m 为电磁吸引力的最大值，单位是牛（N）。

从式（4-1-36）可以看出，交流电磁铁的电磁吸引力 f 在零与最大值之间呈脉动变化，脉动频率为励磁电源频率的两倍，如图 4-1-35 所示。

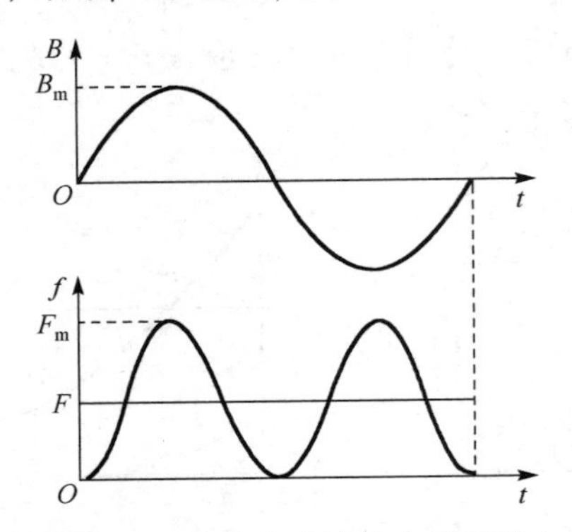

图 4-1-35　交流电磁铁的电磁吸引力

从图 4-1-35 中可以看出，交流电磁铁的吸力时大时小，使衔铁产生振动噪声。为了消除这个噪声，可以在固定铁芯磁极端面上嵌入短路铜环，如图 4-1-36 所示。

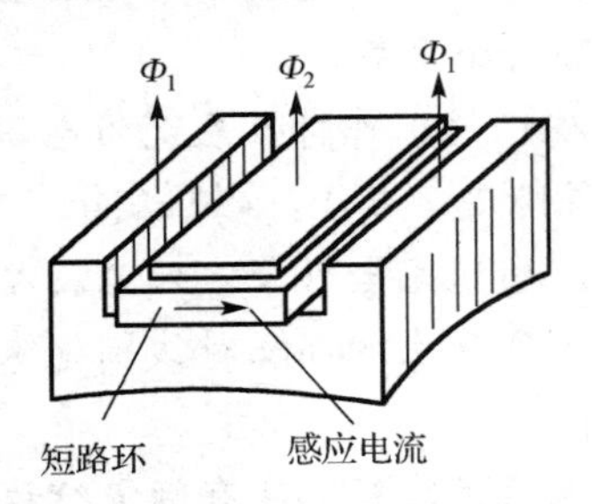

图 4-1-36　交流电磁铁的短路环

当磁极的主磁通 Φ_1 发生变化时，短路环中产生的感应电流和磁通 Φ_2，将阻碍主磁通的变化，使磁极两部分的磁通 Φ_1 与 Φ_2 之间产生一个相位差，磁极各部分的磁感应强度就不会同时为零，也就是说在任何时间磁极总是存在着电磁吸引力。

交流电磁铁的吸引力 F 与空气的间隙 δ 的关系为 $F = f(\delta)$，称为交流电磁铁的工作特性，可由实验得出，如图 4-1-37 所示。

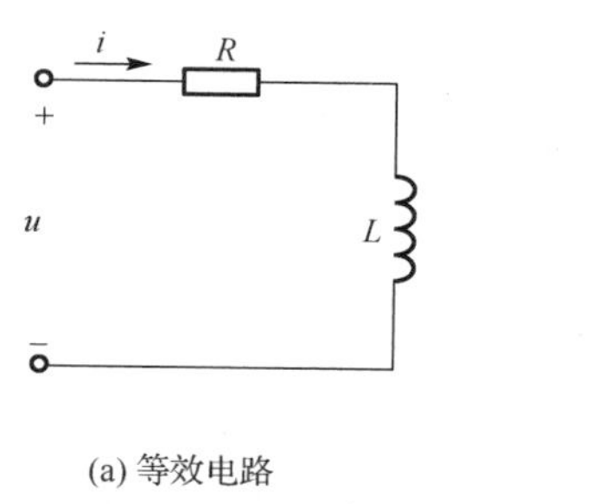

(a) 等效电路

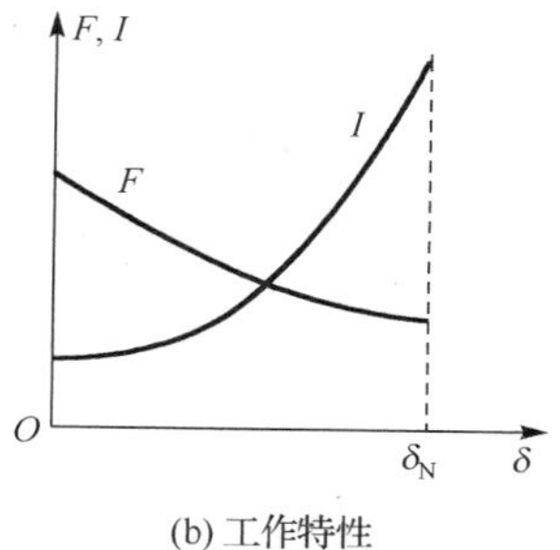

(b) 工作特性

图 4-1-37　交流电磁铁的等效电路与工作特性

由图 4-1-37(a)看出，交流电磁铁等效为电阻与电感串联的交流电路。励磁电流 I 取决于电压 U 及线圈阻抗 Z，与衔铁运动过程即空气隙大小关系密切。随着衔铁吸合的过程，线圈的电流从最大急剧减小到最小值。

由图 4-1-37(b)看出，交流电磁铁的工作特性表现为电磁吸力的大小随空气隙的减小而有所增大。这是因为衔铁吸合过程，空气隙越来越小，磁感应强度 B 有所增加的结果。

请读者自行比较交、直流电磁铁在铁芯结构、衔铁吸合过程等方面的不同特点。

例题 4-1-4　某交流电磁铁励磁线圈的额定电压 U_N=220V，f=50Hz，匝数 N=8000 匝，铁芯截面积 S=2.5cm^2。试估算电磁铁吸力的最大值和平均值。

解：① 由式（4-1-16）可以求出主磁通的最大值 Φ_m 为

$$\Phi_m = \frac{U}{4.44fN} = \frac{220}{4.44\times 50\times 4000} = 0.24\times 10^{-3}(\text{Wb})$$

② 气隙中最大的磁感强度 B_m 为

$$B_m = \frac{\Phi_m}{S} = \frac{0.00024}{2.5\times 10^{-4}} = 0.96\text{（T）}$$

③ 电磁吸力的最大值和平均值分别为

$$F_m = \frac{10^7}{8\pi}B_m^2 S = \frac{10^7}{8\pi}\times 0.96^2\times 2.5\times 10^{-4} = 91.7(\text{N})$$

$$F = \frac{1}{2}F_m = \frac{1}{2}\times 91.7 = 45.9(\text{N})$$

完成工作任务指导

一、工具、仪器仪表及器材准备

1. 工具

绕线机、螺丝刀、钢丝钳、电烙铁、木锤、游标卡尺、螺纹千分尺。

2. 仪器仪表

万用表、交流电流表、交流电压表、500V 兆欧表。

3. 器材

电工实验台、单相交流电源模块、Φ0.41mm、Φ1.04mm 规格漆包线、绝缘材料、焊锡、变压器铁芯及其他配件、1032 绝缘清漆、烘箱。

二、施工步骤

1. 阅读任务书

认真阅读工作任务书，理解工作任务的内容，明确工作任务的目标。根据施工单及施工图，做好工具及器材的准备，拟定施工计划。

2. 变压器计算与核算

已知数据：一次绕组工作电压 U_1=220V，二次绕组（双）输出电压及输出电流均为 12V/2A。

（1）计算 S_2、S_1、I_1

取 η＝0.8，

$$S_2 = U_{21}I_{21} + U_{22}I_{22} = 12\times2+12\times2 = 48(\text{VA})$$

$$S_1 = S_2 / \eta = 48/0.8 = 60(\text{VA})$$

$$I_1 = (1.1\sim1.2)\frac{S_1}{U_1} = (1.1\sim1.2)\times60/220 = 0.32(\text{A})$$

（2）计算铁芯截面积并预选硅钢片的型号

① 铁芯截面积的计算。

取 K_0=1.75

$$A_{\text{Fe}} = ab = K_0\sqrt{S_2} = 1.75\times\sqrt{48} = 12.1(\text{cm}^2)$$

② 硅钢片的预选。

根据计算所得的 A_{Fe} 值，可由 $A_{\text{Fe}} = a\times b$，$b$=(1～2)$a$ 及查表 4-1-5。预选表中所列的 GEI-30 型标准硅钢片，其有关尺寸：铁芯柱宽 a = 30mm；窗口高度 h = 53mm；窗口宽度 c = 19mm；铁芯净叠厚 $b=A_{\text{Fe}}/a=12.1\times10^2/30=40$mm。

铁芯叠成后实际的厚度为 b'=40/0.9=44.4mm。

（3）计算每伏匝数 N_0、绕组匝数及漆包线的规格型号

① 每伏匝数。

取 B_{m}=1T

$$N_0 = \frac{45}{B_{\text{m}}A_{\text{Fe}}} = \frac{45}{1\times12.1} = 3.72$$

② 绕组匝数。

一次绕组 $N_1=U_1N_0=220\times3.72=819$（匝）

二次绕组（双）$N_{21}=KU_{21}N_0=1.05\times12\times3.72=47$（匝），$N_{22}=N_{21}=47$（匝）

③ 漆包线的选型。

取电流密度 j = 2.5A/mm^2，可求得一次、二次绕组（双）的导线直径分别为

$$d_1 = 1.13\sqrt{\frac{I_1}{j}} = 1.13\sqrt{\frac{0.32}{2.5}} = 0.405(\text{mm})$$

$$d_{21}=1.13\sqrt{\frac{I_{21}}{j}}=1.13\sqrt{\frac{2}{2.5}}=1.01(\text{mm})$$

$$d_{22}=d_{21}=1.01(\text{mm})$$

查表 4-1-6 所列漆包线规格，分别得相近截面标准线规为：

一次绕组采用 QZ 型漆包线 d_1=0.41mm，d_1'=0.47mm

二次绕组（双）采用 QZ 型漆包线 d_{21}=d_{22}=1.04mm，$d_{21}'=d_{22}'$=1.15mm

（4）铁芯窗口的核算

根据绕组匝数、漆包线最大外径、绝缘纸厚度等数据来核算变压器绕组所占铁芯窗口的面积，它应小于窗口实际面积，以保证绕组能可靠放入。请读者自行完成核算任务。

3. 变压器的绕制

（1）绕线前的准备工作

① 导线选择。根据计算结果可知，选用相应的漆包线，一次绕组线径为 0.41mm，二次绕组线径为 1.04mm。检验时，要将外层漆膜去除后再用千分尺进行测量。

② 绝缘材料的选择。层间绝缘应用厚度为 0.08mm 牛皮纸，线包外层绝缘使用厚度为 0.25mm 的青壳纸。

③ 制作木芯子。芯子用来套在绕线机转轴上，支撑绕组骨架，以便进行绕线。

④ 选用骨架。绕线芯子及骨架除起支撑绕组的作用外，还对铁芯起到绝缘作用，它应具有一定的机械强度和绝缘强度。

（2）绕线

① 裁剪好各种绝缘纸。

② 起绕。起绕顺序大致：将骨架套上木芯子→将带芯子的骨架穿入绕线机转轴上，上好紧固件→将绕线机上的记数转盘调为零→起绕。起绕时，在骨架上垫好绝缘层，然后导线一端固定在骨架的引脚上；引线须紧贴骨架，用透明胶带将其贴牢；绕线时从引线的反方向开始绕起，以便压紧起始线头。

③ 绕线的方法。绕线时，要求导线绕的紧密、整齐，不允许有叠线现象。绕线时将导线稍微拉向绕线前进的相反方向约 5°，拉线的手顺绕线前进方向而移动，拉力的大小应根据导线粗细而掌握，这样导线就容易排列整齐，每绕完一层要垫层间绝缘。

④线尾的固定。方法是：在一组绕组绕制结束之前，要垫上一条对折的棉线→继续绕线到结束，将线尾插入对折棉线的折缝中→抽紧折棉线，固定线尾→将线尾绕在引脚上，多余的漆包线剪掉。

先绕低压绕组，再绕高压绕组。

⑤ 引出线的处理。由于线径大于 0.2mm 时，绕组的引出线可利用原线绞合后，再将表面的绝缘漆刮掉，最后将它引出焊在引角上即可。

⑥ 外层绝缘。线包绕制好后，外层绝缘用青壳纸缠绕 2～3 层，用胶水或透明胶粘牢。

（3）铁芯镶片

铁芯镶片，要求紧密、整齐，否则会使铁芯截面积达不到计算要求，造成磁通密度过大而发热，并使变压器在运行时硅钢片产生振动噪声。另外，镶片时更不能损伤线包，破坏绝缘。

镶片方法：镶片前先将夹板装上；镶片应从线包两边两片地交叉对插；当余下最后几片

硅钢片比较难插入时，需要用起子撬开两片硅钢片的夹缝才能插入，同时用木锤轻轻敲入，应避免损伤框架和线包。

4．变压器的测试

变压器的测试内容应包括绝缘电阻、空载电压、空载电流和温升的测试。

（1）绝缘电阻的测试

用 500V 兆欧表测量各绕组间及各绕组对铁芯的绝缘电阻。400V 以下的变压器其绝缘电阻值应不低于 90MΩ。

（2）空载电压的测试

当一次侧绕组加额定值电压 220V 时，测量二次侧绕组的输出电压，称为空载电压。空载电压允许误差为±5%。

（3）空载电流的测试

当一次侧绕组电压加到额定值时，其空载电流为 5%～8%的额定电流值。如果空载电流大于额定电流的 10%，变压器损耗较大；当空载电流超过额定电流的 20%时，它的温升超过允许值，即不能使用。

（4）温升测试

给变压器加上额定负载，通电数小时后，温升不得超过 40～50℃。

5．变压器的绝缘处理

绝缘处理的目的是为了防潮和增加绝缘强度。其方法是：将线包放在 80℃左右烘箱内预热，4 小时左右后取出→浸入 1032 绝缘清漆中，约半小时后取出→在通风处滴干→在 80℃烘箱内再烘 8 小时左右即可。小型变压器的检测如图 4-1-38 所示。

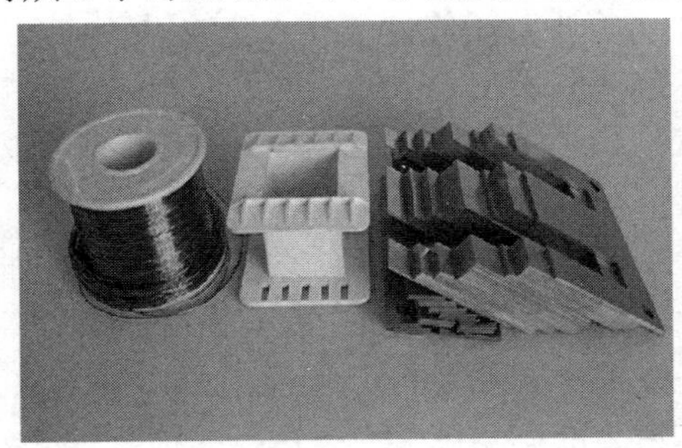

(a)变压器部分配件

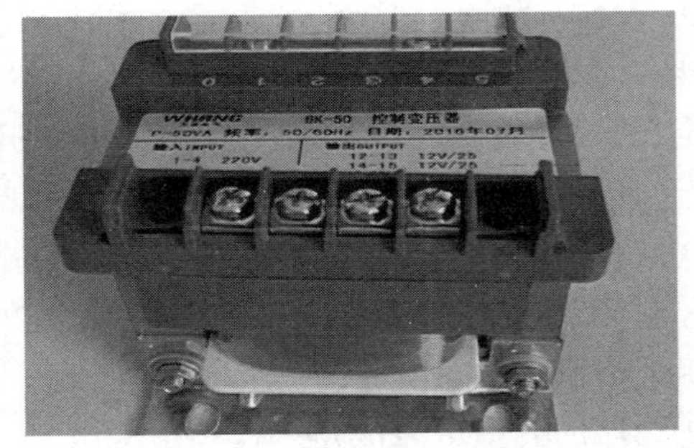

（b）变压器成品

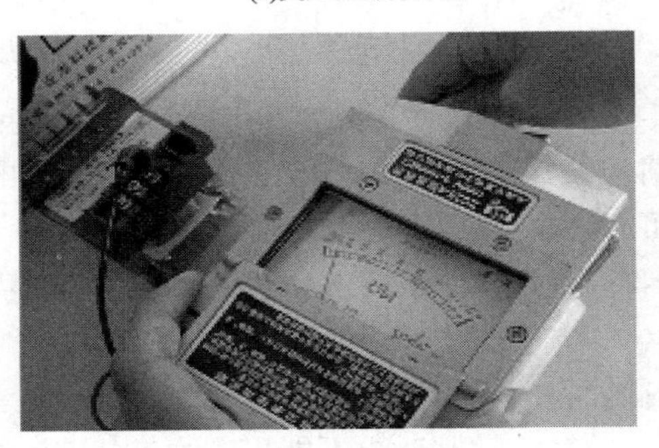

(c)绝缘电阻检测

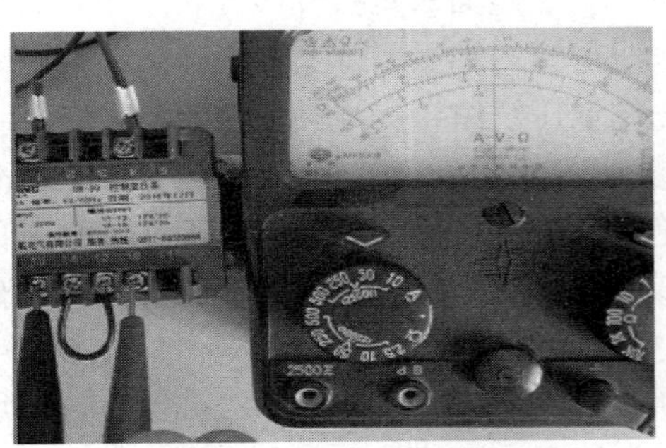

（d）空载电压检测

图 4-1-38　小型电源变压器的检测

安全提示：

在完成工作任务过程中，严格遵守实验室的安全操作规程。在线包绕制和铁芯镶片时要正确使用工具，防止在操作中发生伤手的事故。在通电测试之前，必须经指导教师检查电路，确认无误后才允许做参数检测实验。

连接电路、更改电路或测量完毕后拆卸电路，都必须在断开电源的情况下进行。

正确使用仪器仪表，保护设备及连接导线的绝缘，避免短路或触电事故发生！

三、工作任务评价表

请你填写小型电源变压器的制作工作任务评价表（表 4-1-7）。

表 4-1-7 小型电源变压器的制作工作任务评价表

序号	评价内容	配分	评价细则	自我评价	教师评价
1	准备工作	5	① 工具、仪器仪表少选或错选，扣 1 分/个 ② 器材少选或错选，扣 1 分/个 ③ 漆包线选择不正确，扣 2 分/组		
2	变压器计算	20	④ 一次、二次绕组匝数计算不准确，扣 2 分/组 ⑤ 一次、二次绕组导线线径计算不准确，扣 2 分/组 ⑥ 计算后的数据未进行核算，扣 10 分		
3	变压器绕制	40	⑦ 未裁剪好绝缘纸，扣 2 分/条 ⑧ 绕线方法、线尾的固定、引出线的处理及外层绝缘等不合理，4 分/个 ⑨ 铁芯镶片不符合要求，扣 5 分		
4	主要参数测试	15	⑩ 通电检测时，出现短路跳闸现象，扣 5 分/次 ⑪ 通电检测时，空载电流及输出电压不正常，扣 5 分/个 ⑫ 绝缘电阻检测，电阻值不符合要求，扣 5 分/个		
5	绝缘处理	10	⑬ 未经过绝缘处理直接使用的，扣 10 分 ⑭ 绝缘处理不到位的，酌情扣 5 分		
6	安全文明操作	10	⑮ 违反安全操作规程者，扣 5 分/次，并予以警告 ⑯ 作业完成后未及时整理实验台及场所，扣 2 分 ⑰ 发生严重事故者，10 分全扣，并立即予以终止作业		
合计		100			

思考与练习

一、填空题

1. 变压器是用来改变________大小的供电设备。它是根据________原理，把某一等级的电压变换成________的另一等级的电压，以满足不同负载的需要。

2. 实验表明，任何磁体都有两个磁极，一个是________极，另一个是________极；而且，磁极之间存在相互________，同名磁极相互________；异名磁极相互________。

3. 磁场的基本物理量主要是指________、________、________、________，分别用符号________、________、________、________表示。

4. 磁性材料具有________、________、________等性质。根据磁滞回线形状的不同，可以将铁磁性物质分为________材料、________材料和________材料三大类。

5．不论是闭合电路中的一部分导体做________运动，还是闭合电路中的________发生变化，都可以看成是穿过闭合电路的________发生变化，只要穿过闭合电路的________发生变化，闭合电路就会有________产生，这种利用磁场产生电流的现象称为________。

6．变压器的主要结构由________和________两部分组成。按铁芯的结构进行分类，变压器可分为________式变压器和________式变压器两种。变压器能改变________、________、________。

二、简答题

1．磁感线具有哪些特征？

2．以通电直导线为例，简述安培定则判定磁场方向的方法。

3．楞次定律的内容是什么？说一说如何应用楞次定律来判定感应电流方向？

4．什么叫涡流？举例说明涡流的有利一面和有害一面。

5．在完成小型电源变压器的制作过程中，应注意哪些问题？

6．什么叫磁化曲线？如何解释磁性材料具有磁饱和性？

三、计算题

1．有一匀强磁场，磁感应强度为 B=0.03T，计算介质为空气时该磁场的磁场强度；若介质为硅钢片，相对磁导率为 5000，则磁场强度又是多少？

2．有一小段通电导线长 10cm，电流强度为 4A，把它置入磁场中某点，受到的安培力为 0.2N，则该点的磁感应强度是多少？

3．如图 4-1-14 所示，闭合电路中的一段长度为 10cm 的导体在磁场中做切割磁感线运动，已知磁感应强度 B=0.8T，导体以 90cm/s 速度运动，且运动方向与 B 成 30° 角，求导体产生的感应电动势大小。

4．有一个 1200 匝的线圈，在 0.6s 内穿过它的磁通从 0.02Wb 增加到 0.04Wb，求线圈中的感应运动势。

5．有一理想变压器，一次绕组匝数是 900 匝，二次绕组是 180 匝，将一次侧接在 220V 的交流电源中，若二次侧负载阻抗是 20Ω，求：

（1）二次绕组的输出电压；

（2）一次、二次绕组中的电流；

（3）一次侧的输入阻抗。

6．已知理想变压器的主要技术数据：一次绕组额定电压 U_{1N} = 220V，二次绕组输出电压 U_{2N} = 24V，额定电流为 I_{2N} = 2A。求：

（1）额定输入功率 P_N、额定输入电流 I_{1N}；

（2）最大负载的阻抗值 Z_2；

（3）若 N_2=100 匝，那么 N_1 是多少？

7．有一铁芯线圈，其匝数为 N=500 匝，铁芯中的磁感应强度为 B_1=1.5T，磁路的平均长度为 L = 60cm。铁芯材料为硅钢片，其磁化曲线如图 4-1-32 所示。求：

（1）线圈的励磁电流 I_1 是多少？

（2）若要求铁芯中的磁感应强度降为 B_2=1.0T，那么线圈的励磁电流 I_2 又是多少？

（3）以上两种情况下，硅钢片的磁导率分别是多少？

8．有一直流电磁铁，铁芯材料为硅钢片，铁芯截面的长度是 20mm，宽度是 25mm；磁路平均长度为 L=20cm。已知铁芯中的磁感应强度 B=0.9T，直流电压 U = 220V，励磁电流 I = 0.25A。求：

（1）电磁吸力 F；

（2）励磁线圈的匝数 N 及其电阻 R；

（3）磁路的磁阻 R_m。

任务 4-2　变压器主要参数的测试

工作任务

根据图 4-2-1 所示变压器空载试验原理图和图 4-2-2 所示变压器短路试验原理图，请你完成以下工作任务。

（1）电路的连接

根据电路原理图，选择合适元器件，用导线连接器件分别完成两个电路的连接。

（2）电路的测试

① 变压器空载试验，测定变比 K、空载电流 I_0 和空载损耗 P_0，并求出励磁参数。

② 变压器短路试验，测定额定铜损 P_{Cu}、短路电压 U_K，并求出短路参数。

将测量数据填入相应的记录表中。

（3）实验数据分析

① 根据空载试验测量数据，计算变比、铁芯损耗、励磁参数等。

② 根据短路试验测量数据，计算铜损耗、短路参数等。

相关知识

为了掌握变压器运行性能，可以通过变压器的空载试验与短路试验中得出的技术参数来进行分析与检验。

一、单相变压器的空载试验

变压器空载试验的目的是要测定变比 K、空载电流 I_0 和空载损耗 P_0，并求出励磁阻抗 Z_m。空载试验时，低压侧（N_2）加电源，高压侧（N_1）开路。单相变压器的空载试验原理图如图 4-2-1 所示。

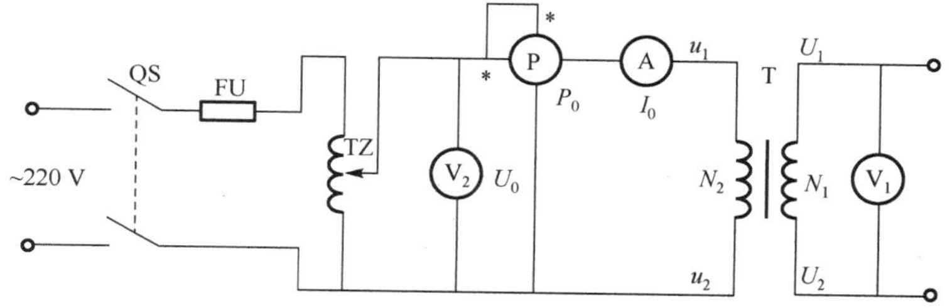

图 4-2-1　变压器空载试验原理图

由于空载试验时，外加电压是额定值，铁芯中的主磁通为正常运行时的数值，铁芯中的磁滞损耗和涡流损耗也是正常运行时的数值。考虑到空载电流 I_0 很小，铜损耗可以忽略不计，此时变压器不输出有功功率，所以，可以认为变压器空载运行时的输入功率 P_0 就等于变压器的铁芯损耗，$P_0 = P_{Fe} = I_0^2 R_m$。

根据空载试验的测量结果可以得到以下主要参数。

变比
$$K = \frac{U_1}{U_0} \tag{4-2-1}$$

励磁阻抗
$$Z_m = \frac{U_0}{I_0} \tag{4-2-2}$$

励磁电阻
$$R_m = \frac{P_0}{I_0^2} \tag{4-2-3}$$

励磁电抗
$$X_m = \sqrt{Z_m^2 - R_m^2} \tag{4-2-4}$$

这些公式都是在低压侧（N_2）做空载试验时得到的，所以测量和计算所得的励磁参数是低压侧的值。如果要折算到高压侧，则必须在计算数据上再乘以 K^2。

关于变压器的空载试验做以下几点说明。

① 空载试验无论在高压侧还是低压侧加额定电压，铁芯中的主磁通及铁芯损耗都相同。但低压侧加压不需要高电压，试验电源和试验设备要求比较容易满足，所以通常都在低压侧加试验电压。如果高压侧输出的电压很高，可以通过电压互感器进行测量，这点也是容易做到的。

② 因变压器空载时功率因数很低，故应采用低功率因数功率表；空载电流很小，阻抗很大，所以电流表应采用内接法，以减少误差。

③ 通过空载试验获得的 K、P_0、I_0 等数据，可以检查变压器铁芯材料、装配工艺的质量和绕组的匝数是否正确、有无匝间短路等问题。比如说，空载损耗 P_0 和空载电流 I_0 过大，则说明铁芯质量差，气隙太大；K 太小或太大，则说明绕组的绝缘或匝数有问题。

因此，通过空载试验，可以了解变压器的铁芯、线圈质量。

二、单相变压器的短路试验

单相变压器的短路试验原理图如图 4-2-2 所示。

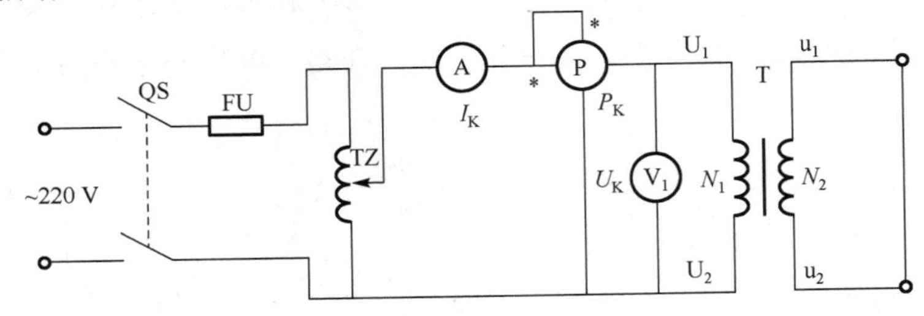

图 4-2-2　变压器短路试验原理图

变压器短路试验的目的是要测出变压器的额定铜损 P_{Cu}、短路电压 U_K、短路阻抗 Z_K 等参数。短路试验时，高压侧（N_1）加电源，低压侧（N_2）短路。

短路试验时二次侧短路，短路阻抗很小，为了避免过大的短路电流，一次侧加一个低电压，为额定电压的5%～10%。用调压器调节电压从零逐渐增大，直到一次侧电流达到额定电流 $I_K=I_{1N}$ 为止，测出所加电压 U_K 和输入功率 P_K 等数据。

由于短路试验时外加电压很低，主磁通很小，所以铁损和励磁电流均可忽略不计，这时输入的功率 P_K 可以认为完全消耗在绕组的电阻上，称为额定铜损 P_{Cu}。

取 $I_K = I_{1N}$ 时的数据计算室温下的短路参数。

根据短路试验的测量结果可以得到以下主要参数。

短路阻抗
$$Z_K = \frac{U_K}{I_K} \tag{4-2-5}$$

短路电阻
$$R_K = \frac{P_K}{I_K^2} \tag{4-2-6}$$

短路电抗
$$X_K = \sqrt{Z_K^2 - R_K^2} \tag{4-2-7}$$

这些测量数据是在室温下测得的，由于电阻 R 会随温度而改变，所以测得的电阻值应换算到75℃国家标准规定工作温度时的值。

$$R_{K\,75^\circ C} = R_K \frac{234.5+75}{234.5+t} \tag{4-2-8}$$

式中，t 为试验时的环境温度（℃）；R_K 为温度 t 时的短路电阻值（Ω）。

关于变压器的短路试验做以下几点说明。

① 短路试验要求在一侧短路另一侧加压至额定电流。高压侧加压电压值并不高，且额定电流较低压侧小很多。因此，短路试验多在高压侧加压而低压侧短路。

② 因变压器短路时阻抗很小，所以电流表应采用外接法，以减少误差。

③ 短路试验测出 $P_K=P_{Cu}$，可供变压器计算铜损用；测出 U_K 和 Z_K，它反映一次侧绕组在额定电流时的内部压降和内部阻抗，可以用它来分析变压器的运行性能。比如，U_K、Z_K 越小，电压调整率越低，输出电压就越稳定。

【阅读材料】

三相变压器

一、三相变压器的分类

在电力系统中，输送电能的变压器称为三相变压器。按冷却方式分，可分为油浸式变压器、风冷式变压器、自冷式变压器和干式变压器。这里仅介绍油浸式和干式变压器。

1. 油浸式变压器

如图 4-2-3(a)所示是油浸式三相变压器的外形结构图。其最大特点是将铁芯和绕组组成的器身置于一个盛满变压器油的油箱中，以变压器油作为冷却及绝缘介质。冷却方式有自冷、风冷和强迫油循环冷却。其优点是冷却效果好，可以满足大容量，瓦斯继电器可以及时反映出绕组的故障，保证系统的稳定运行。不足之处就是需要经常巡视，关注油温及油位的变化，并且要求每隔6个月要采样分析变压器油一次，检查变压器油是否已老化，正常颜色应为浅黄色。

油浸式变压器对环境没有特别的要求，所以它的应用范围很广，可以在户内，更适合于在户外。

2. 干式变压器

如图 4-2-3(b)所示是干式三相变压器的外形结构图。其特点是铁芯和绕组不浸渍在绝缘油中，以树脂或绝缘漆作为绝缘介质，依靠空气对流进行自然冷却或增加风机冷却。优点是免维护，缺点是容量受到限制。

由于干式变压器制造工艺较同电压等级同容量的油浸式变压器来说要复杂，成本也高，所以目前从用量来说还是油浸式变压器多。但因干式变压器的环保性、阻燃性及抗击性等优点，常用于室内高要求的供配电场所，如宾馆、办公楼、地铁、高层建筑等。

(a)油浸式变压器

(b)干式变压器

图 4-2-3　三相电力变压器

二、三相变压器的磁路系统

三相变压器的磁路系统一般有两种形式，一种是由三个单相变压器所组成的三相变压器组；另一种是由铁轭把三个铁芯柱连接在一起而构成的三相芯式变压器。

1. 三相变压器组的磁路

三相变压器组是由三台容量相同的单相变压器按一定的方式连接起来组成的，三相之间有电的联系而无磁的联系，如图 4-2-4 所示。其特点是：三相磁通各沿自己的磁路闭合，互不相关，而且各相磁路长度相等。当一次绕组加上三相对称电压时，三相主磁通必然也是对称的。

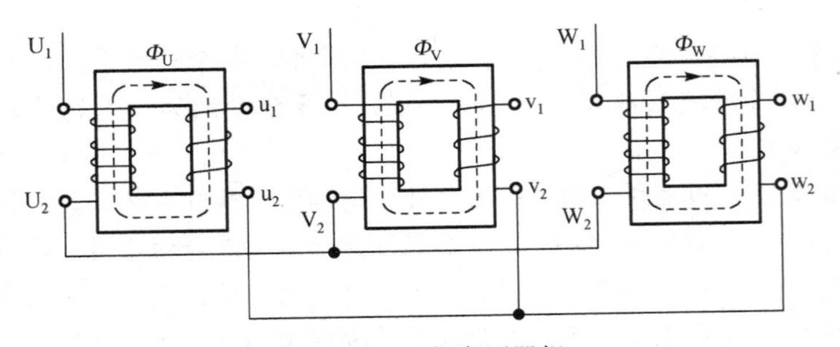

图 4-2-4　三相变压器组

磁路结构的优点是制造及运输方便，备用的变压器容量较小；缺点是硅钢片用量较多、价格较贵、效率较低、占地面积也较大，所以一般不采用，仅用于大容量及超高压的变压器中。

2. 三相芯式变压器的磁路

如图 4-2-5 所示是三相芯式变压器，它有 3 个铁芯柱，各套一相的一、二次侧绕组，一般低压绕组在里、高压绕组在外，各相磁路相互并联。其特点是三相主磁路相互关联，各相磁通要借另外两相磁路闭合，因此，三相磁路长度是不相等的。在外加三相对称电压时，三相空载电流不相等，在工程上一般取三相变压器空载电流的平均值作为励磁电流值。

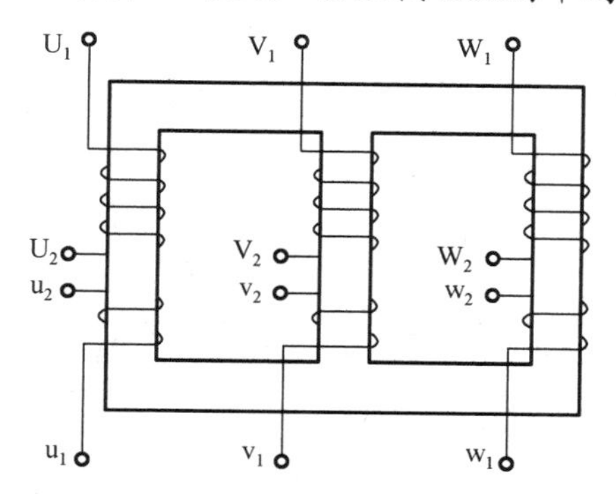

图 4-2-5 三相芯式变压器磁路

这种磁路结构具有用铁量少、效率高、价格便宜、维护方便、占地面积小等优点。

三相芯式变压器的铁芯是由 3 台单相变压器的铁芯合在一起演变而来的，如图 4-2-6 所示。将三个单相变压器的 3 个铁芯柱按图 4-2-6(a)靠拢在一起，做成一个中心铁芯柱，其他为相铁芯柱。当外加三相对称电压时，通过中心铁芯柱的磁通为三相磁通的相量和，而且恒等于零

$$\Phi_U+\Phi_V+\Phi_W=0 \tag{4-2-9}$$

因此，可以省去中心铁芯柱，如图 4-2-6(b)所示。为了使铁芯结构更为简单，节省材料和减少体积，将 V 相铁芯柱缩短，并将 U、V、W 相铁芯柱做成同一平面，如图 4-2-6(c)所示。

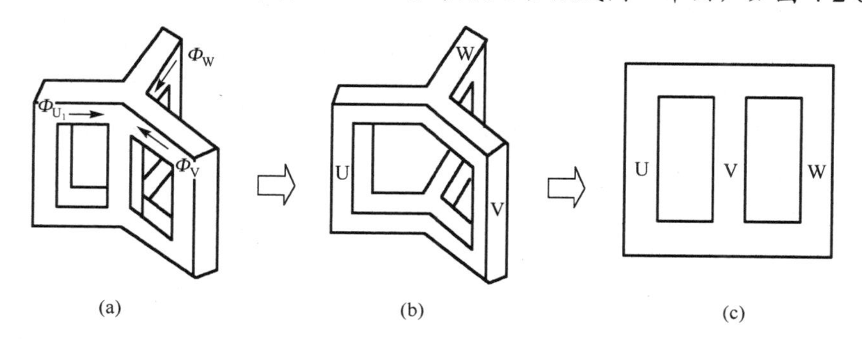

图 4-2-6 三相芯式变压器铁芯的演变

三、三相变压器的连接组别

1. 三相绕组的极性

三相绕组的极性也称同名端，它有两层含义：第一是同一相中一、二次绕组的极性，第

二是三个不同相中一次与一次（或二次与二次）绕组间的极性。

三相变压器每一相中的一、二次绕组都是绕在同一铁芯柱上的，其极性的定义与单相变压器是一样的；而三个不同相中的一次与一次（或二次与二次）绕组的极性是这样定义的：如图 4-2-5 所示，当电流分别从 U_1、V_1、W_1 端流入时，它们在各自铁芯柱上产生的磁通方向是一致的，均为向上，所以可以把 U_1、V_1、W_1 端视为同极性端，或称同名端。同理，u_1、v_1、w_1 端互为同名端。

三相变压器的绕组极性的判断方法可借用单相变压器，将 U 和 V 相一次绕组当做单相变压器的一、二次绕组来看，不难看出 U_1 与 V_1 端正好是单相变压器中的“异名端”。

2. 三相变压器绕组的连接方式

三相变压器的一、二次绕组可以根据需要分别接成星形或三角形连接，如图 4-2-7 所示。

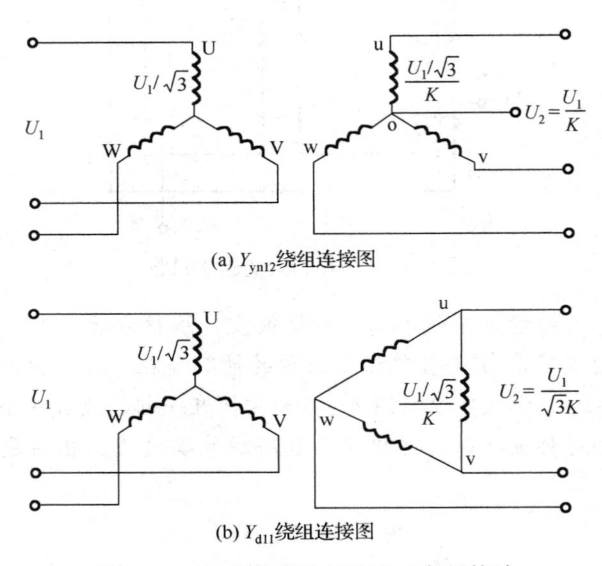

(a) Y_{yn12}绕组连接图

(b) Y_{d11}绕组连接图

图 4-2-7　三相绕组的星形和三角形接法

3. 三相变压器连接组别

变压器的连接组别就是变压器一次、二次绕组组合接线形式的一种表示方法。如“Y，y”、“D，y”、“Y，d”、“D，d”等四种连接组别。组别符号的含义：大写的“Y”、“D”分别表示一次绕组分别接成星形或三角形，小写的“y”、“d”分别表示二次绕组接成星形或三角形，星形接法中性点引出中线的用“YN”或“yn”表示。

（1）Yy 连接组别

以 Yy12 连接组别为例，Y 表示一次绕组星形连接，同名端（U_1、V_1、W_1）作为首端；y 表示二次绕组星形连接，同名端（u_1、v_1、w_1）作为首端，如图 4-2-8(a)所示。对应的相量图如图 4-2-8（b）所示。从相量图中看出，一次绕组线电压与二次线电压的相位是同相的，也就是说，如果一次绕组线电压相量指向时钟 12 字，那么二次绕组线电压也指向 12 字，这就是“12”的含义。

（2）Yd 连接组别

以 Yd11 连接组别为例，Y 表示一次绕组星形连接，同名端（U_1、V_1、W_1）作为首端；d

表示二次绕组三角形连接，如图 4-2-9(a)所示。对应的相量图如图 4-2-9（b）所示。从相量图中看出，二次绕组线电压比一次绕组线电压的相位要超前 30°，也就是说，如果一次绕组线电压相量指向时钟 12 字，那么二次绕组线电压指向 11 字，这就是“11”的含义。

理解三相变压器的连接组别对更进一步地了解三相变压器的并联运行有很大的帮助。

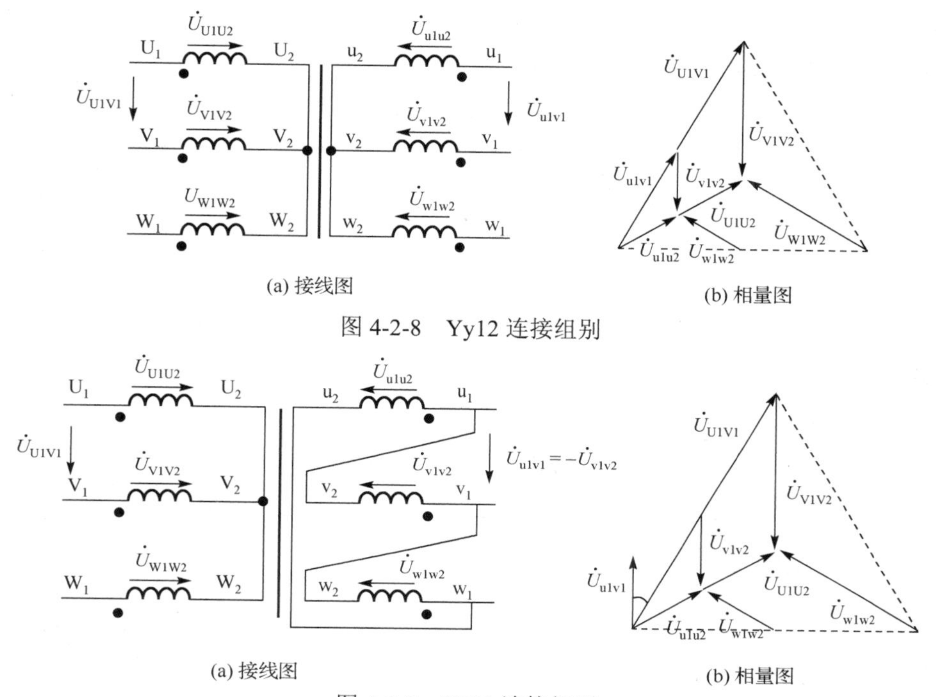

(a) 接线图　(b) 相量图

图 4-2-8　Yy12 连接组别

(a) 接线图　(b) 相量图

图 4-2-9　Yd11 连接组别

完成工作任务指导

一、电工仪表与器材准备

1. 仪器仪表

万用表、交流电压表、交流电流表、有功功率表、温度计。

2. 器材

DS-IC 型电工实验台、220V 可调交流电源、单相变压器（220V/24V/2A）、专用导线若干。

二、变压器空载试验

1. 电路的连接

① 根据工作任务书上的具体要求，正确选择元器件并检查外观及质量。
② 将选择好的元器件放置在实验台架上合理位置。
③ 按图 4-2-1 所示电路，接好试验电路。

2. 电路的测试

电路的测试步骤如下：

① 在不通电的情况下，将调压器旋钮逆时针转到底。

② 合上交流电源总开关，顺时针方向调节调压器旋钮，使变压器空载电源 U_0=1.2U_{2N}。

③ 然后，逐次降低电源电压，在 1.2U_{2N}～0.5U_{2N} 的范围内，测量空载时的低压侧电压 U_2、空载电流 I_0、空载损耗 P_0 和高压侧电压 U_1（U_{2N} 为必测点，在额定电压附近多测几次），共测取 6～7 组数据，测量结果记录在表 4-2-1 中。

④ 断开实验台电源总开关，整理实验台。

表 4-2-1 空载试验数据表

测量值 \ 序号	1	2	3	4	5	6	7
U_2/V							
I_0/A							
P_0/W							
U_1/V							

3．数据处理

① 计算变比：K=____________（取平均值）。

② 当 U_0=U_{2N} 时，U_1=________V，I_0=________A，P_{Fe}=________W。

③ 计算励磁参数：Z_m=________Ω，R_m=_______Ω，X_m=________Ω。

三、变压器短路试验

1．电路的连接

① 根据工作任务书上的具体要求，正确选择元器件并检查外观及质量。

② 将选择好的元器件放置在实验台架上合理位置。

③ 按图 4-2-2 所示电路，接好试验电路。

2．电路的测试

电路的测试步骤如下：

① 在不通电的情况下，将调压器旋钮逆时针转到底。

② 合上交流电源总开关，顺时针调节调压器旋钮，逐次增加输入电压，直到短路电流为 $I_K = 1.2I_{1N}$ 为止。

③ 在 0.5I_{1N}～1.2I_{1N} 的范围内，测量短路时的短路电压 U_K、短路电流 I_K、短路损耗 P_K（I_{1N} 为必测点，在额定电流附近多测几次），共测取 6～7 组数据，测量结果记录表 4-2-2 中。

试验时，为减小因线圈发热引起线圈电阻值的变化所产生误差，短路试验应尽快完成，并记下室温。

④ 断开实验台电源总开关，整理实验台。

表 4-2-2 短路试验数据表　　室温____/℃

测量值 \ 序号	1	2	3	4	5	6	7
U_K/V							
I_K/A							
P_K/W							

3. 数据处理

① 当 $I_K=I_{1N}$ 时，U_K=________V，P_{Cu}=________W。

② 计算短路参数：Z_K=________Ω，R_K=________Ω，X_K=________Ω。

③ 折算到75℃时的短路参数：$Z_{K(75°C)}$=________Ω，$R_{K(75°C)}$=________Ω。

安全提示：

在完成工作任务过程中，严格遵守实验室的安全操作规程。在完成电路接线后，必须经指导教师检查确认无误后，才允许通电试验。测量过程中若有异常现象，应及时切断实验台电源总开关，同时报告指导教师。只有在排除故障原因后才能申请再次通电试验。

搭建实验电路、更改电路或测量完毕后拆卸电路，都必须在断开电源的情况下进行。

正确使用仪器仪表，保护设备及连接导线的绝缘，避免短路或触电事故发生！

五、工作任务评价表

请你填写变压器主要参数的测试工作任务评价表（表4-2-3）。

表4-2-3　变压器主要参数的测试工作任务评价表

序号	评价内容	配分	评价细则	自我评价	教师评价
1	选用工具、仪表及器件	10	① 工具、仪表少选或错选，扣2分/个 ② 电路单元模块选错型号和规格，扣2分/个		
2	器件检查	10	③ 电气元件漏检或错检，扣2分/处		
3	仪表的使用	10	④ 仪表基本会使用，但操作不规范，扣1分/次 ⑤ 仪表使用不熟悉，但经过提示能正确使用，扣2分/次 ⑥ 检测过程中损坏仪表，扣10分		
4	电路连接	20	⑦ 连接导线少接或错接，扣2分/条 ⑧ 电路接点连接不牢固或松动，扣1分/个 ⑨ 不按电路图连接导线，扣10分		
5	电路参数测量	20	⑩ 电路参数少测或错测，扣2分/个 ⑪ 不按步骤进行测量，扣1分/个 ⑫ 测量方法错误，扣2分/次		
6	数据记录与处理	20	⑬ 不按步骤记录数据，扣2分/次 ⑭ 记录表数据不完整或错记录，扣2分/个 ⑮ 测量数据处理不完整，扣5分/处 ⑯ 测量数据处理不正确，扣10分/处		
7	安全文明操作	10	⑰ 未经教师允许，擅自通电，扣5分/次 ⑱ 未断开电源总开关，直接连接、更改或拆除电路，扣5分 ⑲ 实验结束未及时整理器材，清洁实验台及场所，扣2分 ⑳ 测量过程中发生实验台电源总开关跳闸现象，扣10分 ㉑ 操作不当，出现触电事故，扣10分，并立即予以终止作业		
合计		100			

思考与练习

一、填空题

1. 空载试验时，低压侧________、高压侧________；短路试验时，高压侧________、低压侧________。

2．通过空载试验可以测量________、________等实验数据，利用这些数据可以计算变压器的________、额定电压下的________、________等。

3．通过短路试验可以测量________、________、________等实验数据，利用这些数据可以计算变压器额定电流下的________、________、________等。

4．为了减小测量误差，变压器空载试验时，电流表必须接在电压表的________；短路试验时，电流表必须接在电压表的________。

5．通过变压器空载试验获得的实验数据，可以检查变压器________、________的质量和绕组的________是否正确、有无________等现象。

6．通过变压器短路试验获得的实验数据，可以反映出一次侧绕组在额定电流时的________和________，可以用它来分析变压器的运行性能。________值越小，说明变压器的输出电压越稳定。

二、简答题

1．为什么说空载试验可以测铁损耗，短路试验可以测铜损耗？

2．做变压器的空载试验和短路试验一般在哪一侧进行？为什么？

3．干式电力变压器和油浸式电力变压器的区别是什么？它们分别在什么场合应用？

4．在电力供配电系统中，什么时候用升压变压器？什么时候用降压变压器？

三、计算题

1．有一台单相变压器，U_{1N}=220V，U_{2N}=24V，I_{1N}=0.32A，I_{2N}=2A。在低压侧做空载试验，测出数据为 $U_0=U_{2N}$=24V，U_1=210V，I_0=0.4A，P_0=3.2W。在高压侧做短路试验，测出数据为 U_K=37.8V，I_K=0.32A，P_K=11.8W，室温为20℃。求变压器折算到高压侧的励磁参数和短路参数。

2．三相变压器绕组接线图如图4-2-10所示，试画出相应的相量图，并回答连接组别名称。

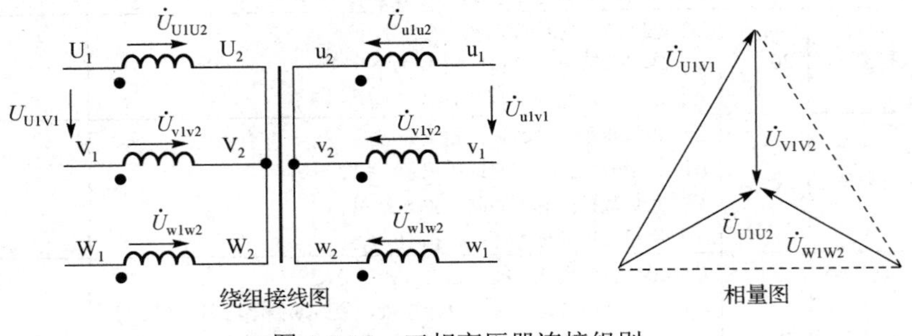

图4-2-10　三相变压器连接组别

电动机与控制电路（选学）

根据电磁感应定律，把电能转变为机械能的旋转装置称为电动机。现代各种生产机械都广泛应用电动机来拖动，特别是三相异步电动机。由电动机拖动的生产机械，可以提高生产效率和产品质量；能实现自动控制和远程操作，减轻繁重的体力劳动。

本模块通过完成电动机正反转控制电路的安装与调试、电动机降压启动控制电路的安装与调试这两项工作任务，了解电动机的主要结构与工作原理，了解三相异步电动机机械特性与运行特性，理解三相异步电动机降压启动电路的工作原理。学会识别、检验和正确使用常用低压电器元件的方法；学会阅读电气控制原理图，并能根据原理图进行电动机控制电路的安装与调试。

任务 5–1 电动机正反转控制电路的安装与调试

工作任务

某三相异步电动机采用低压电器接触控制方式，按下正转（或反转）启动按钮 SB2（或 SB3），电动机正转（或反转）启动。启动后，按下停止按钮 SB1，电动机停止转动；只有电动机停止转动后才能进行正反转的切换。电气控制电路原理图如图 5-1-1 所示。

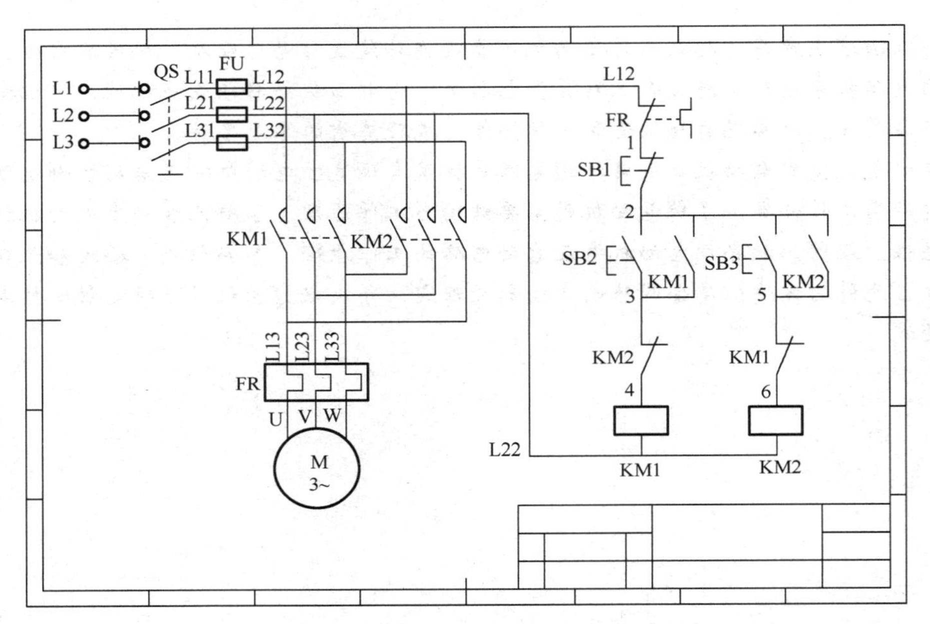

图 5-1-1 电动机正反转控制电路原理图

请根据以上要求，完成下列工作任务：

① 根据电气控制原理图正确选择和检测元器件，并合理摆放器件模块于实验台上。

② 按照电气控制原理图进行电路连接，接线工艺应符合规范要求。

③ 通电测试，实现控制要求的所有功能。

一、三相异步电动机

1．基本结构

三相异步电动机的基本结构主要是定子部分和转子部分，鼠笼式三相异步电动机的结构如图 5-1-2 所示。

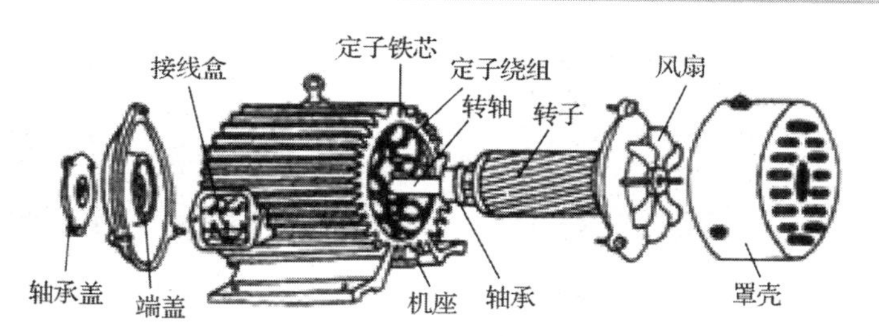

图 5-1-2 鼠笼式三相异步电动机的结构

（1）定子部分

定子是电动机的固定部分，主要由机座和装在机座内的圆筒形铁芯以及其中的三相定子绕组组成。机座是用铸铁或铸钢制成的，铁芯是由表面涂有绝缘漆的 0.5mm 厚的硅钢片叠成的。铁芯的内圆周表面均匀分布一定数量的槽孔，用以嵌置对称三相绕组，绕组有的连接成星形（U_2-V_2-W_2），有的连接成三角形（U_1-W_2、V_1-U_2、W_1-V_2），如图 5-1-3 所示。

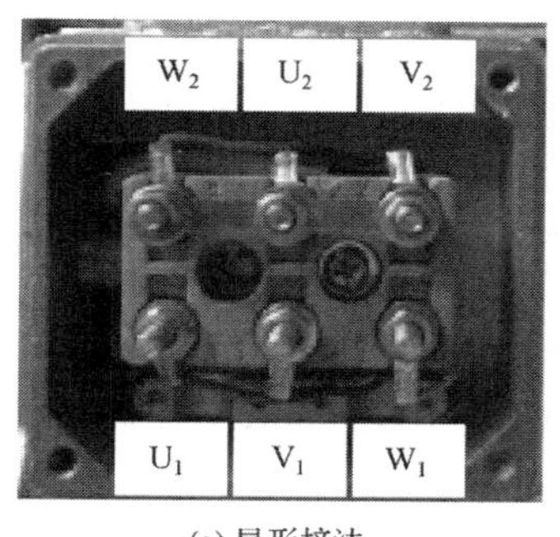

(a) 星形接法

(b) 三角形接法

图 5-1-3 三相异步电动机定子接线盒

当电源电压等于电动机每相绕组的额定电压时，绕组应作三角形连接；当电源电压等于电动机每相绕组额定电压的 $\sqrt{3}$ 倍时，绕组应作星形连接。我国生产的三相异步电动机，功率在 4kW 以下的定子绕组一般接成星形，4kW 以上的定子绕组接成三角形。

（2）转子部分

转子是电动机的旋转部分，主要由转子铁芯、转子绕组和转轴组成，根据结构上的不同分为鼠笼式和绕线式两种。转子铁芯是圆柱状，也用硅钢片叠成，表面冲有槽，铁芯固定在转轴上。

鼠笼式的转子绕组做成鼠笼状，就是在转子铁芯的槽内压进铜条，其两端用端环连接，如图 5-1-4 所示。或者在槽中浇铸铝液，连同端环及风扇叶片一次成形，这样的转子制造简单而且坚固耐用。目前，中小型鼠笼式电动机的转子很多是铸铝的。

绕线式的转子绕组同定子绕组一样，也是三相的，它连接成星形。三个绕组的末端相连，各相绕组的首端连接在三个铜制的滑环上，滑环固定在转轴上。环与环、环与轴是相互绝缘的，在环上用弹簧压着碳质电刷，如图 5-1-5 所示。

电动机正常工作时，转子绕组是闭合的，但在启动和调速时可在转子电路中串入启动电阻或调速电阻，以改善电动机的启动性能和调整性能。

鼠笼式与绕线式只是在转子的构造上有不同，它们的工作原理是一样的。

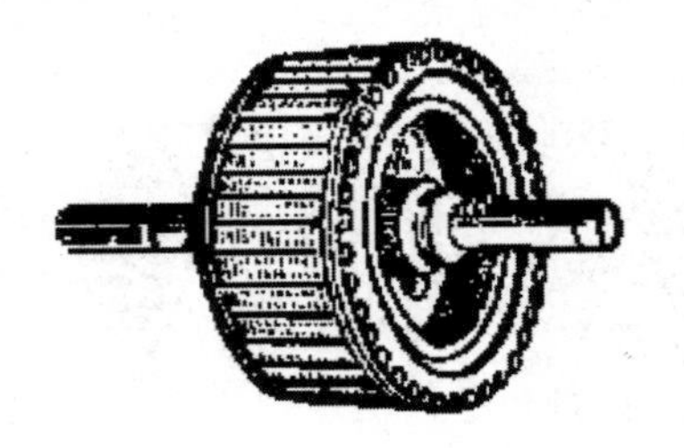

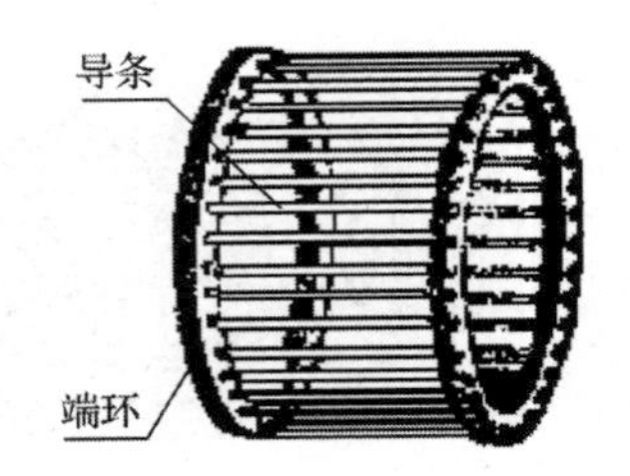

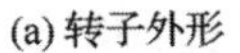

(a) 转子外形　　(b) 鼠笼式绕组

图 5-1-4　鼠笼式转子

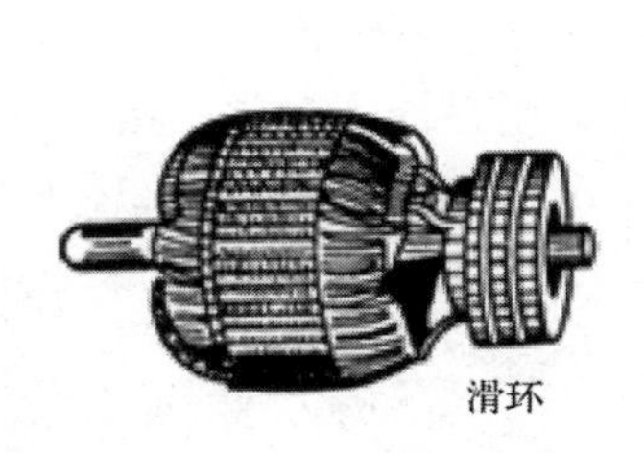

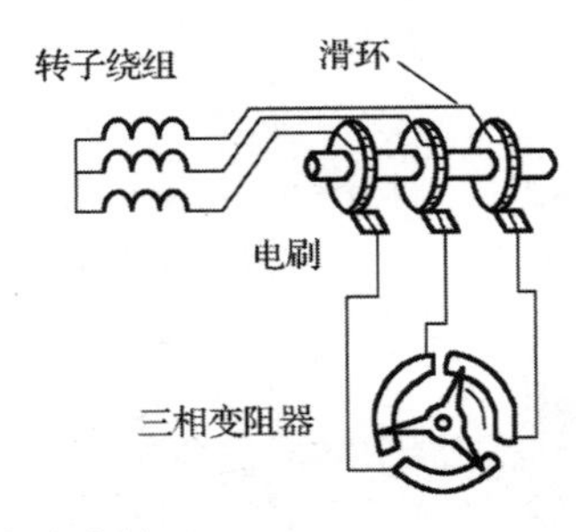

图 5-1-5　绕线式转子

2．铭牌与技术数据

每台异步电动机的机座上都装有一块铭牌，如图 5-1-6 所示。铭牌上标出该电动机的型号、额定值和有关的技术数据，只有了解这些数据的含义，才能正确选择、使用和维护电动机。

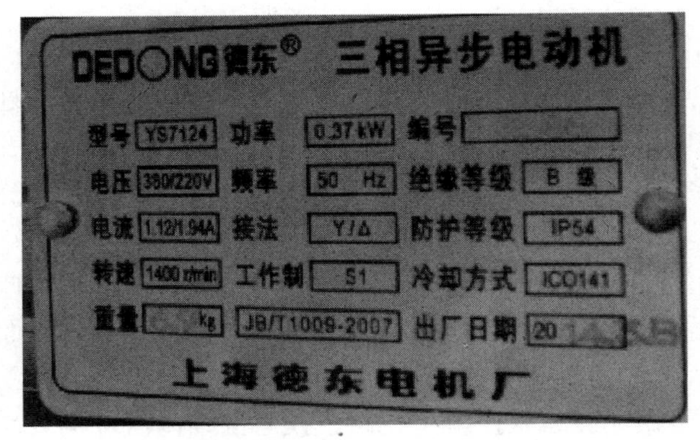

图 5-1-6　三相异步电动机铭牌

以 YS7124 型电动机为例，说明铭牌上各个数据的意义。

（1）型号

为了适应不同工作环境和不同用途的需要，电动机将制成不同的系列，每种系列都有对应的型号，例如 YS7124。其中，YS 表示小功率三相异步电动机，71 表示机座中心高（mm），2 表示铁芯长度代号，4 为电动机磁极数。

（2）接法

这是指定子三相绕组的接法。连接方法有两种：星形（Y）连接和三角形（△）连接。

一般鼠笼式电动机的接线盒中有 6 根引出线，标有 U_1、V_1、W_1（命名为首端），U_2、V_2、W_2（命名为尾端）的字样。在接电源之前，这 6 个根引出线相互间必须正确连接，正确的接法是：将 U_2、V_2、W_2 连接在一起，其余三端 U_1、V_1、W_1 分别与电源 L_1、L_2、L_3 相连接，构成星形接法；将 U_1-W_2、V_1-U_2、W_1-V_2 首尾端相连接，三个连接点再与电源 L_1、L_2、L_3 相连接，构成三角形接法，如图 5-1-7 所示。

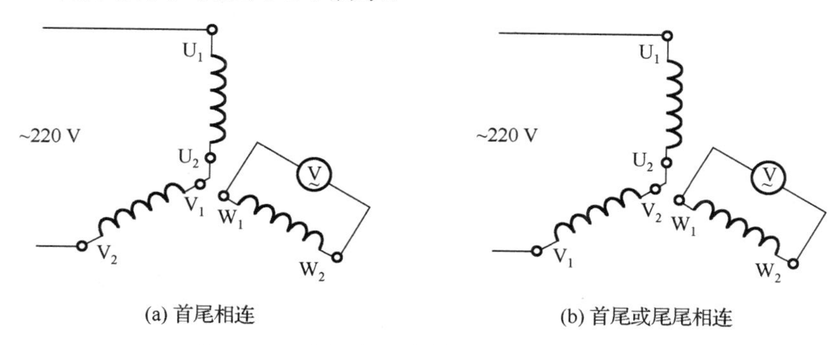

(a) 首尾相连　　(b) 首尾或尾尾相连

图 5-1-7　交流电压法判断三相绕组首尾端

如果这 6 根引出线端未标 U_1、V_1、…字样，则可用实验方法确定。先确定每相绕组的两个线端，而后用以下方法确定每相绕组的首尾端。

把其中一相的两端先标上 U_1 和 U_2，然后照图 5-1-7 所示的方法确定第二绕组的首尾端，如 V_1 和 V_2。同理，再确定第三绕组的 W_1 和 W_2。

如果连接成图 5-1-7(a)所示的情况，电压表有一定读数，说明与第一绕组的尾端（U_2）相连的是第二绕组的首端（V_1）；当连接成图 5-1-7(b)所示的情况时，电压表读数为零，说明与 U_2 相连的是 V_2。请读者自行分析，这是为什么？

判别三相绕组首尾端的实验方法还有直流电压法、剩磁感应法等。

（3）额定值

① 额定电压。铭牌上所标的电压值是指电动机在额定运行时定子绕组上应加的线电压值，单位为伏（V）。一般规定电动机的电压不应高于或低于额定值的 5%。380/220V 表示Y形接法，工作电压为 380V；△接法，工作电压为 220V。

② 额定电流。铭牌上所标的电流值是指电动机在额定运行时定子绕组的线电流值，单位为安（A）。1.21/1.94A 表示Y形接法，电流为 1.21A；△形接法，电流为 1.49A。

③ 额定功率与效率。铭牌上所标的功率值是指电动机在额定运行时轴上输出的机械功率值，单位为千瓦（kW）。

电动机在运行时，除了输出机械功率外，还有铜损、铁损及机械损耗等。因此，输出功率与输入功率不相等，我们把输出功率与输入功率的比值称为效率 η，即

$$\eta = \frac{P_2}{P_1} \times 100\% \tag{5-1-1}$$

式中，$P_1 = \sqrt{3} U_L I_L \cos\varphi$ 表示输入电功率，单位为千瓦（kW）；P_2 表示输出机械功率，单位为千瓦（kW）。

一般鼠笼式电动机在额定运行时的效率为 72%～93%，在额定功率的 75%左右时的效率是最高的。

④ 额定频率。额定频率是指电动机所用电源的频率，单位为赫兹（Hz），如 50Hz。

⑤ 额定转速。由于生产机械对转速的要求不同，需要生产不同极数的异步电动机，因此有同的转速等级。转速单位为转/分（r/min）。

（4）绝缘等级

绝缘等级是按电动机绕组所用的绝缘材料在使用时容许的极限温度来分级的。一共有 A、E、B、F、H、C、N、R 等级，各等级对应的极限温度见表 5-1-1。

表 5-1-1 绝缘等级

等级	A	E	B	F	H	C	N	R
温度/℃	105	120	130	155	180	200	230	240

（5）工作制

工作制是指电动机允许持续使用的时间，基本上可分持续、短时、断续三种工作制，分别用符号 S1、S2、S3 来表示。

（6）防护等级

防护等级是指电动机的外壳防水、防尘能力程度，表示为 IP□□。其中 IP 表示国际防护缩写，第 1 位数字表示防尘（固体）能力，第 2 位数字表示防水能力。防尘能力共有 7 级，防水能力共有 9 级，其分级规定见表 5-1-2。

表 5-1-2 三相异步电动机外壳的防护等级

	等级	名称	防护性能
第1位数字	0	无防护	没有专门防护
	1	防护大于 50mm 的固体	能防止直径大于 50mm 的固体异物进入壳内 能防止人体的某一大部分（如手）偶然或意外地触及壳内带电或转动部分，但不能防止有意识地接近这些部分
	2	防护大于 12mm 的固体	能防止直径大于 12mm、长度不大于 80mm 的固体异物进入壳内，能防止手指触及壳内带电或转动部分
	3	防护大于 2.5mm 的固体	能防止直径大于 2.5mm 的固体异物进入壳内 能防止厚度或直径大于 2.5mm 的工具、金属线等触及壳内带电或转动部分
	4	防护大于 1mm 的固体	能防止直径大于 1mm 的固体异物进入壳内 能防止厚度或直径大于 1mm 的工具、金属线或类似的物体触及壳内带电或转动部分
	5	防尘	不能完全防止尘埃进入，但进入量不足以达到妨碍电动机的运行程度 完全防止触及壳内带电或转动部分
	6	尘密	完全防止尘埃进入壳内，完全防止触及壳内带电或运动部分
第2位数字	0	无防护	没有专门防护
	1	防滴	垂直的滴水对电动机无有害的影响
	2	15° 防滴	与沿垂线成 15° 角范围内的滴水对电动机无有害的影响
	3	防淋水	与沿垂线成 60° 角或小于 60° 角范围内的滴水对电动机无有害的影响
	4	防溅	任何方向的溅水对电动机无有害的影响
	5	防喷水	任何方向的喷水对电动机无有害的影响
	6	防海浪或防强力喷水	强海浪或强力喷水对电动机无有害影响
	7	浸入	在规定压力和时间浸入水中对电动机无有害影响
	8	潜水	按规定条件，长期潜水对电动机无有害影响

除此之外，电动机铭牌上的数据还有功率因数、噪声等级、编号等。

3. 工作原理

我们知道，载流导体在磁场中会受到电磁力的作用，而力对线圈转轴形成电磁转矩，这个转矩会使线圈在磁场中转动。电动机就是根据这一原理工作的。

（1）旋转磁场的产生

以定子三相六槽结构为例，槽中嵌放着在空间上互差 120° 的三相对称绕组 U_1U_2、V_1V_2、W_1W_2。当绕组接通三相电源，则在三相绕组中有三相对称电流产生，如图 5-1-8 所示。三相交流电将产生各自的交变磁场，三相磁场将合成为一个两极旋转磁场，旋转磁场的产生过程分析方法见表 5-1-3。

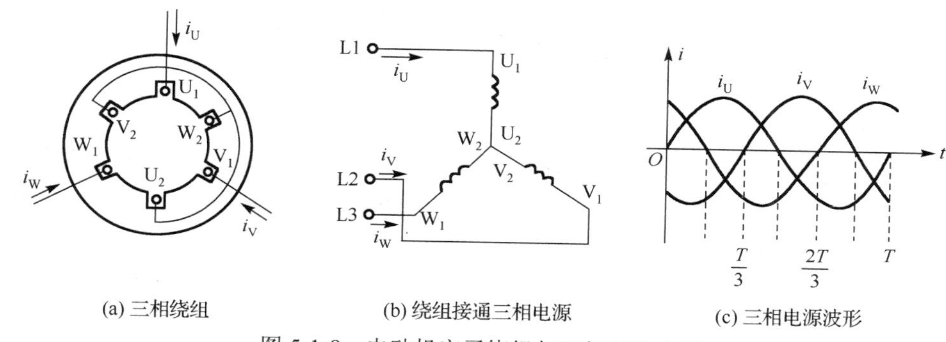

(a) 三相绕组　　(b) 绕组接通三相电源　　(c) 三相电源波形

图 5-1-8　电动机定子绕组与三相对称电源

设各绕组中电流参考方向为从首端流入末端流出，分别用⊗和⊙表示。下面分析交流电变化一周旋转磁场变化情况。

① 当 $t_1=0$ 时，$i_U=0$，U_1U_2 绕组没有电流；$i_V<0$，电流从末端 V_2 流入，首端 V_1 流出；$i_W>0$，电流从首端 W_1 流入，末端 W_2 流出。根据右手螺旋定则，合成磁场的方向如表 5-1-3 中图(a)所示。

表 5-1-3　两极的旋转磁场

波形图	i_u　i_V　i_W　i　O　t　T/3　2T/3　T			
时刻	$t=0$	$t=T/3$	$t=2T/3$	$t=T$
三相绕组电流	U_1 W_2 U_2 V_2 i_W i_V W_1 V_1	U_1 i_U W_2 U_2 V_2 i_W W_1 V_1	U_1 i_U W_2 U_2 V_2 W_1 V_1 i_V	U_1 W_2 U_2 V_2 i_W i_V W_1 V_1
旋转磁场	W_1 V_2 U_2 S N U_1 V_1 W_2 (a)	W_1 V_2 U_2 S N U_1 V_1 W_2 (b)	W_1 V_2 U_2 N S U_1 V_1 W_2 (c)	W_1 V_2 U_2 S N U_1 V_1 W_2 (d)

② 当$t_2=\dfrac{T}{3}$时，$i_V=0$，$i_U>0$，$i_W<0$，三相电流的合成磁场如表 5-1-3 中图(b)所示。这时的磁场已经在空间顺时针旋转了 120°。

③ 当$t_3=\dfrac{2T}{3}$时，$i_W=0$，$i_V>0$，$i_U<0$，三相电流的合成磁场如表 5-1-3 中图(c)所示。这时的磁场又在空间顺时针旋转了 120°。

④ 当$t_4=T$时，三相电流的合成磁场如表 5-1-3 中图(d)所示，又旋转了 120°，这时的磁场回到了$t_1=0$时刻图(a)所示位置。

由以上分析可知：电流变化一周期，两极旋转磁场在空间旋转一周。可以证明，定子旋转磁场为四极时，电流变化一周期，旋转磁场仅旋转半周。按类似方法，可推得具有 p 对磁极的旋转磁场转速，即同步转速为

$$n_1=\frac{60f_1}{p}\ \text{r/min} \tag{5-1-2}$$

由式（5-1-2）可知，旋转转速的转速 n_1 取决于电源频率 f 和电动机的磁极对数 p。我国工频 f_1=50Hz，根据此式可得出对应于不同磁极对数的转速见表 5-1-4。

表 5-1-4 同步转速

磁极对数 p	1	2	3	4	5	6
同步转速 n_1 r/min	3000	1500	1000	750	600	500

从对旋转磁场的产生过程分析还可知，旋转磁场转向与通入电动机电源相序一致。

（2）转动原理

如图 5-1-9 所示，设转子不动，旋转磁场以同步转速 n_1 顺时针方向旋转。这时，转子与旋转磁场有相对运动，即转子导体以逆时针方向切割磁感线，其结果在转子导体中产生感应电动势，方向可用右手定则判定。由于转子导体的两端由端环连通形成闭合回路，因而感应电动势将在转子导体中产生与感应电动势方向基本一致的感应电流。载有电流的转子导体，在旋转磁场中受到电磁力 F 的作用，其方向用左手定则确定。电磁力将对转轴产生电磁转矩 T，它使转子以速度 n 沿着磁场的旋转方向旋转。

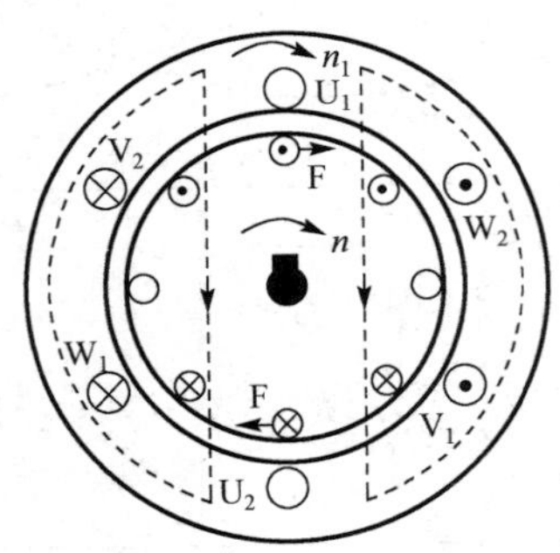

图 5-1-9 转动原理图

所以，三相异步电动机接通三相交流电源后就会转动起来，就是这个道理。

（3）转差率

电动机同步转速与电动机转速差$\Delta n=n_1-n$称为转差。转差与同步转速之比称为异步电

动机的转差率 s，即

$$s=\frac{n_1-n}{n_1}\times 100\% \tag{5-1-3}$$

转差率是异步电动机的重要指标，它表示异步电动机的异步程度，即 s 越大，n 与 n_1 差异越大。

在额定状态下运行时的转差率称为额定转差率，其值一般为 $s_N=0.02\sim0.07$。

例题 5-1-1　已知某三相异步电动机的转速 $n=975\text{r/min}$，电源频率 $f=50\text{Hz}$。求：①此电动机的磁极对数 p；②额定负载时的额定转差率 s 是多少？

解：① 磁极对数：因电动机的转速接近于同步转速运行，可推得同步转速为 n_1=975r/min。所以，磁极对数为 $p=60f/n_1=60\times50/1000=3$

② 额定转差率：$s=\frac{n_1-n}{n_1}\times100\%=\frac{1000-975}{1000}\times100\%=2.5\%$

4．电磁转矩与机械特性

（1）电磁转矩

三相异步电动机的电磁转矩 T 是由主磁通 Φ 和转子电流的有功分量 $I_2\cos\varphi_2$ 相互作用产生的，用公式表示

$$T=C_T\Phi I_2\cos\varphi_2 \tag{5-1-4}$$

式中表明，转矩 T 与 Φ、$I_2\cos\varphi_2$ 成正比。其中，C_T 是一与电动机结构有关的常数。

由于 I_2 和 $\cos\varphi_2$ 与转差率 s 有关，所以转矩 T 也与 s 有关。经数学公式推导，可得出转矩的另一个表达式：

$$T=C_T\frac{sR_2U_1^2}{R_2^2+(sX_{20})^2} \tag{5-1-5}$$

式中，R_2 表示转子每相绕组电阻，sX_{20} 表示转子每相绕组感抗，U_1 表示定子绕组每相电压。此式表明，转矩 T 还与定子每相电压 U_1 的平方成比例。所以，当电源电压有所变动时，对转矩的影响很大。此外，转矩 T 还受转子电阻 R_2 的影响。

当电源电压一定时，T 与 s 的关系曲线称为转矩特性曲线，如图 5-1-9 所示。

（2）机械特性

三相异步电动机的机械特性是指电动机转速 n 随负载转矩 T_L 的变化而变化的关系，即 $n=f(T_L)$，这条曲线称为电动机的机械特性曲线。将图 5-1-10 顺时针旋转 90°，便可得到 $n=f(T)$曲线，如图 5-1-11 所示。

在机械特性曲线图中，存在稳定工作区和不稳定工作区。在曲线 ABC 段，当作用在电动机轴上的负载转转矩 T_L 发生变化时，电动机能适应负载的变化而自动调节达到稳定运行。电动机从空载到满载运行过程，转子的转速下降很小，具有硬机械特性；在曲线 CD 段，因电动机工作在该区段时其电磁转矩不能自动适应负载阻转矩的变化，电动机运行中，当负载超出最大电磁转矩时，电动机运行状态进入不稳定区，转子转速急剧下降，甚至导致电动机堵转，此时堵转电流很大，堵转电流一般为额定电流的 4～7 倍。

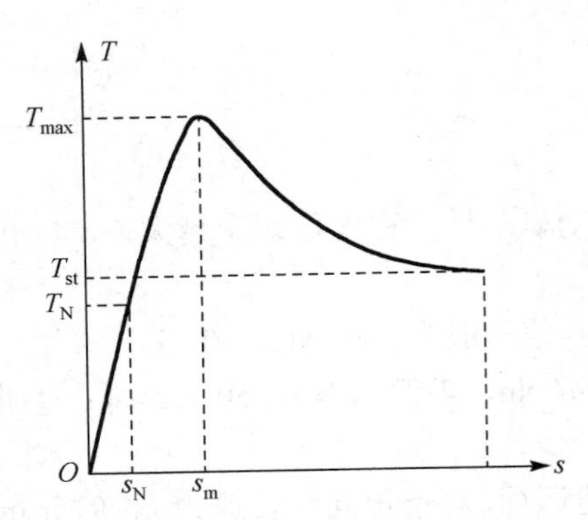

图 5-1-10　异步电动机的转矩特性曲线

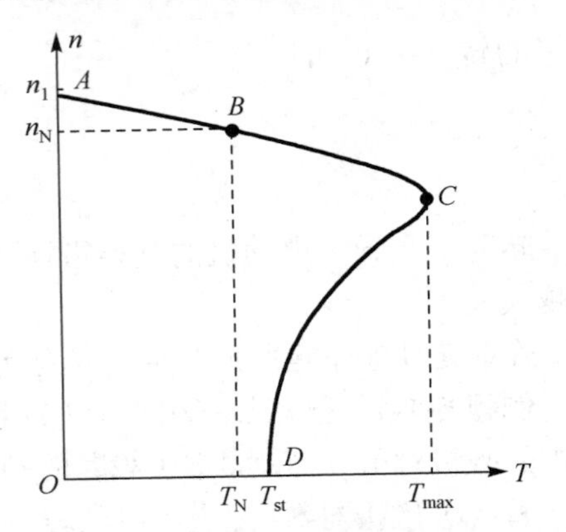

图 5-1-11　异步电动机的转矩特性曲线

在机械特性曲线上有三个重要转矩，是应用和选择电动机时应注意的。

① 额定转矩 T_N。

额定转矩是指电动机在额定状态下工作时，轴上输出的转矩。它可由下式计算：

$$T_N = 9550\frac{P_N}{n_N} \tag{5-1-6}$$

式中，T_N 为额定转矩，单位是牛·米（N·m）；P_N 为电动机的额定功率，单位是千瓦（kW）；n_N 为电动机的额定转速，单位是转/分（r/min）；9550 为常数。

② 最大转矩 T_{max}。

最大转矩是指电动机所能产生的最大电磁转矩值，它反映三相异步电动机的过载能力，用过载系数 $\lambda_m=T_{max}/T_N$ 来表示。一般取 $\lambda_m=1.6\sim2.5$。

③ 启动转矩 T_{st}。

启动转矩是指电动机启动瞬间，$n=0$，$s=1$ 时对应的转矩。它反映三相异步电动机带负载的启动能力，用启动倍数 $\lambda_{st}=T_{st}/T_N$ 来表示，一般取 $\lambda_{st}=1.4\sim2.2$。

由于电动机空载或轻载时的功率因数和效率都很低。因此，在选择电动机时应尽量避免用大容量的电动机去拖动小功率的机械负载。

（3）人为机械特性

由式（5-1-5）可知，异步电动机的电磁转矩是由电源电压、电源频率及定转子电路的电阻和电抗等参数决定的。因此，人为地改变这些参数就可得到不同的人为机械特性曲线，如图 5-1-12 所示。请读者自行分析三种不同情况下的机械特性特点。

二、电动机正反转的控制线路

有些生产机械需要两个相反方向的运动，如机床工作台的前进与后退、主轴的正转与反转、起重机的提升与下降等。这就要求电动机能以正、反两个方向旋转。

根据电动机转动的工作原理，只要将电动机接到三相电源的任意两根连线对调一下即可改变电动机的转向。图 5-1-1 所示电路就是电动机的正、反转控制电路，其控制过程分析如下。

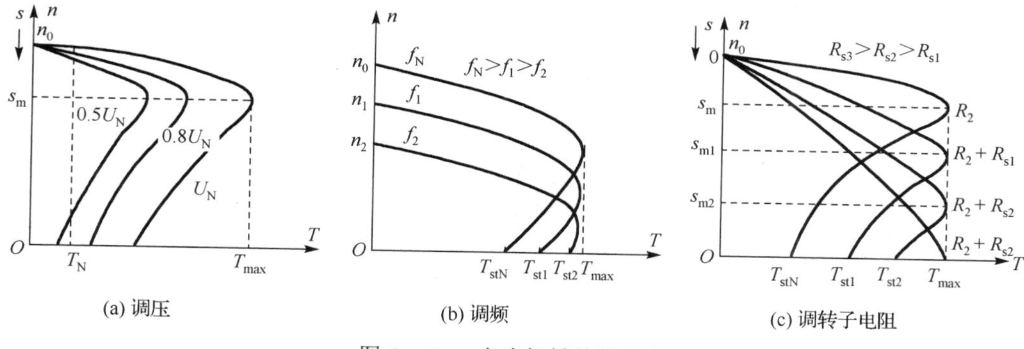

图 5-1-12　人为机械特性曲线

① 需要电动机正转时，按下正转启动按钮 SB2，正转接触器 KM1 动作，串在接触器 KM2 线圈回路中的互锁常闭触点 KM1 先断开，串在主电路中的主触点 KM1 及其自锁常开触点 KM1 闭合，实现电动机正转运行。

② 需要电动机反转时，先按下停止按钮 SB1，使接触器 KM1 复原，电动机停转。电动机停转后，再按下反转启动按钮 SB3，反转接触器 KM2 动作，串在 KM1 线圈回路中的互锁常闭触点 KM2 先断开，串在主电路中的主触点 KM2 及其自锁常开触点 KM2 闭合，实现电动机反转。

③ 需要电动机停止工作时，只需要按下停止按钮 SB1 即可。

该控制电路依靠两个交流接触器分别通电起到换相作用，从而实现电动机的正反转运行。显然，若在同一时间里两组触点同时闭合，就会造成电源相间短路。该电路中，由于两个接触器互锁常闭触点的互锁作用，两个接触器线圈不会同时通电，主电路不会发生两相间的短路事故。这种互锁形式称为电气互锁。

三、常用低压器概述

在现代生产过程中，对电路进行通、断控制，起保护和调节作用的，用于交流 1200V 以下或直流 1500V 以下电路中的电气设备称为低压电器。常用低电器有各种开关、接触器、继电器和主令电器等。常用低压电器简介见表 5-1-5。

表 5-1-5　常用低压电器简介

序号	名称	外形图	结构示意图	电路符号	说明
1	HK 系列开启式负荷开关		瓷柄 静触头 动触头 瓷底 胶盖 熔丝接头	QS	开启式开关，也称瓷底胶盖闸刀开关，由刀开关和熔断器组成。它用于照明、电热设备和功率小于 4.5kW 的异步电动机直接启动的控制电路中，供手动不频繁地接通或断开电路 刀开关的选用主要考虑负载类型、电压等级、所需触点及额定电流

续表

序号	名称	外形图	结构示意图	电路符号	说明
2	HH系列封闭式负荷开关		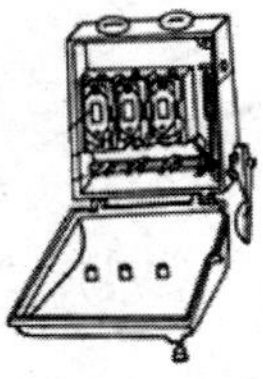	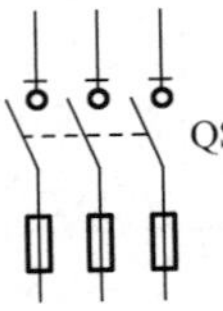 QS	封闭式负荷开关又称铁壳开关，主要用于手动不频繁地接通和断开带负载的电路，也可用于控制15kW及以下的交流电动机不频繁地直接启动和停止。适用于工矿企业、农业排灌、施工工地等场合
3	组合开关		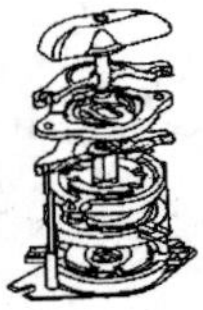	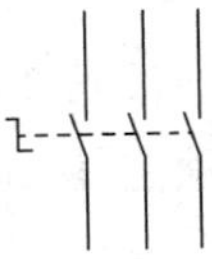 QS	组合开关也是一种刀开关，多用于机床控制电路作为电源引入开关，也可用于不频繁地接通和断开电路，切换电源和负载，以及控制小容量的电动机正反转或星-三角启动
4	低压断路器		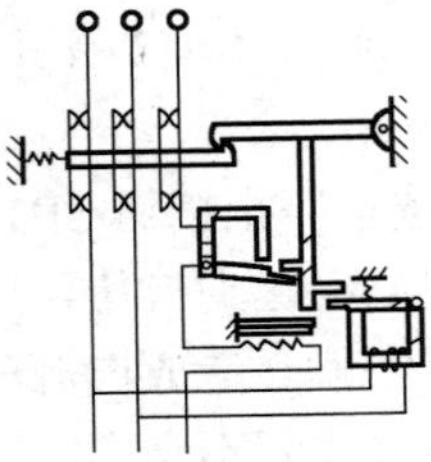	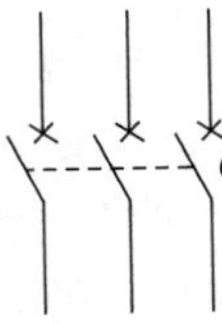 QF	低压断路器又叫自动空气开关，简称断路器。它集控制和多种保护功能于一体，当电路中发生短路、过载和失压等故障时，它能自动跳闸切断故障电路 断路器有塑壳式、框架式和漏电保护式
5	熔断器	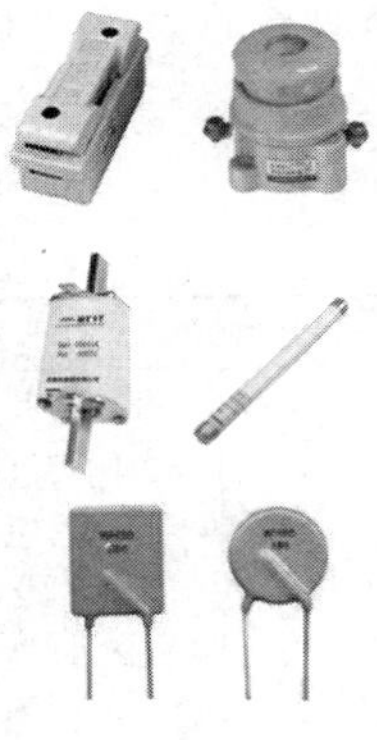	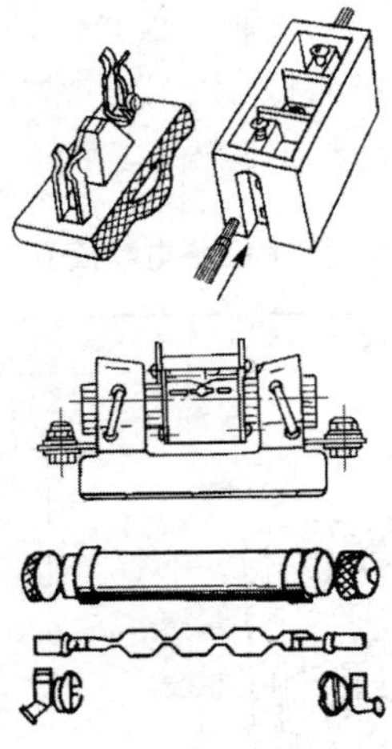	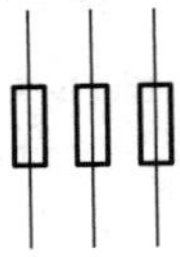 FU (三极)  FU (单极)	熔断器是低压电路和电动机控制电路中最简单、最常用的过载和短路保护电器。主要由熔体和熔管两部分组成。当电路发生过载和短路时，大电流将熔体迅速熔化，分断电路而起保护作用。常用的有瓷插式、螺旋式、无填料封闭式、有填料封闭式、自复式等几种 用于照明及电热设备的熔断器，其熔体额定电流应等于或大于负载的额定电流；用于单台电动机保护时，熔体电流为电动机额定电流的1.5～2.5倍；用于多台电动机时，熔体的额定电流应为最大一台电动机额定电流的1.5～2.5倍，再加上其余电动机额定电流的总和

续表

序号	名称	外形图	结构示意图	电路符号	说明
6	热继电器	 	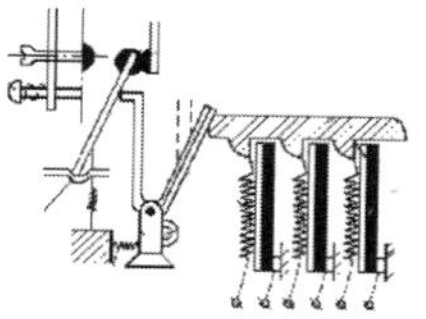	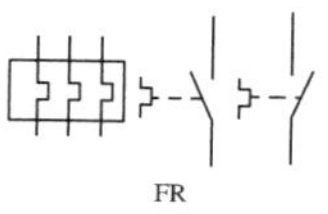 FR	热继电器主要由热元件、触点系统、动作机构、复位按钮和整定电流装置等组成。它利用电流的热效应原理来对电动机或其他用电设备进行过载保护 选型时，当电机定子绕组作Y形连接时选择两相或三相结构；而作△连接时选择三相带断相保护装置结构。额定电流可按电动机的额定电流的1.1～1.5倍选择，保护动作电流整定电流值一般应等于电动机的额定电流
7	时间继电器	 （空气阻尼式）  （电子式）	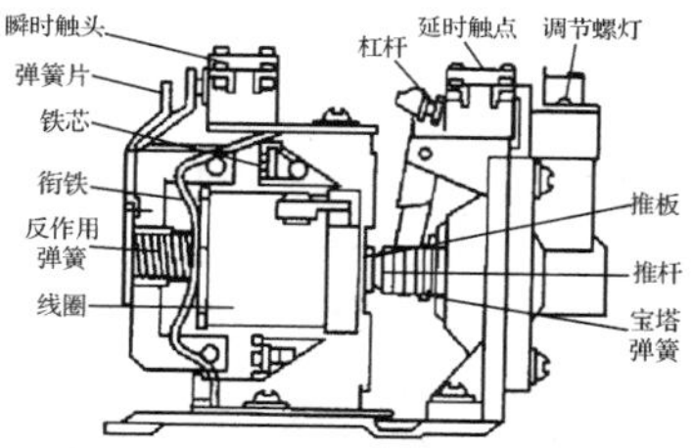 瞬时触头、弹簧片、铁芯、衔铁、反作用弹簧、线圈、杠杆、延时触点、调节螺钉、推板、推杆、宝塔弹簧	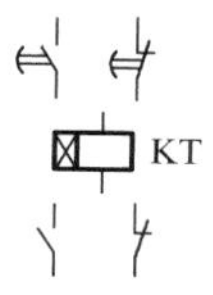 KT （通电延时型） 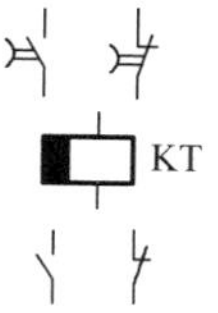 KT （断电延时型）	时间控制就是采用时间继电器控制两个电器的动作有一定的时间间隔，或需要延迟一定时间接通和分断某些电路。它利用电磁原理、电子线路或机械动作原理实现触点延时接通或断开。分通电型和断电型两种，按结构和工作原理不同，分空气阻尼式、电磁阻尼式、电动式和电子式等多种 空气阻尼式的延时时间的设定可通过旋转延时螺钉调节进气口的大小而得到不同的延时时间，电子式的延时时间则通过转动旋钮即改变RC充电时间来选择延时时间的长短
8	中间继电器		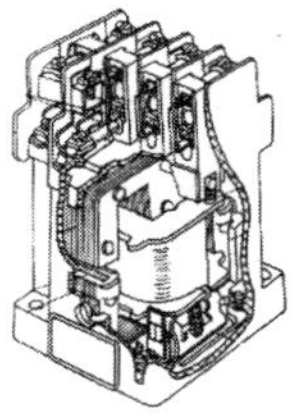	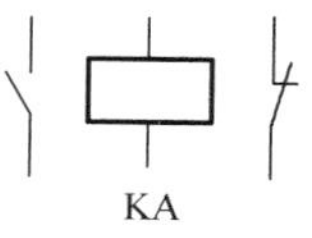 KA	中间继电器主要在电路中起信号传递与转换作用，用它可实现多路控制，并可将小功率的控制信号转换为大容量的触点动作。其结构与接触器的结构相同，不同的是触点数多，但触点容量小，没有主触点
9	交流接触器		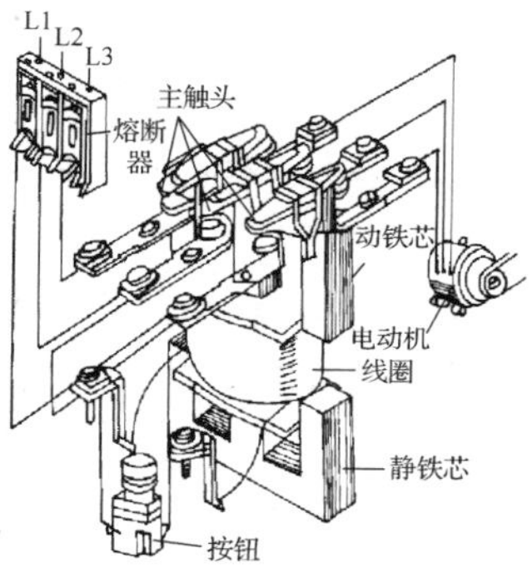 L1、L2、L3、主触头、熔断器、动铁芯、电动机、线圈、静铁芯、按钮	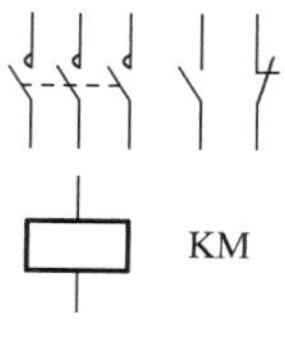 KM	交流电接触器是一种依靠电磁力的作用，可通过触点频繁地接通和分断电动机或其他用电设备电路的自动电器，具有动作迅速、操作方便、低电压释放和便于远程控制等优点，主要由触点系统、电磁系统、灭弧装置及辅助部件等组成 选用时，主触点额定电流应大于主电路的最大电流，线圈的额定电压应与控制回路电压一致

续表

序号	名称	外形图	结构示意图	电路符号	说明
10	控制按钮			SB	控制按钮是一种手动控制电器，它只能短时接通或分断 5A 以下的小电流电路，向其他电器发出指令性的信号，控制其他电器动作，由钮帽、复位弹簧、动断触点等组成
11	行程开关		滚轮 动触点 静触点 静触点	SQ	行程开关又称限位开关，是一种利用生产机械某些运动部件的碰撞来发出控制指令的主令电器，用于控制生产机械的运动方向、行程大小或位置保护 按其运行形式可分为直动式和旋转式两种

【阅读材料】

电工基本操作技能

一、电工用图

电工用图是根据国家标准局制定的图形符号和文字符号标准，按照规定的画法绘制出的图纸。电路和电气设备的设计、安装、调试与维修都要有相应的电工用图作为依据或参考。电气作业人员必须掌握识读电工用图的基本知识，具备照图施工和看图检修的能力。

电工用图的种类很多，在电气安装与维修中用得最多的有电气控制电路原理图、电器元件布置图和电气安装接线图等。

1. 电气原理图

电气原理图是采用国家标准图形符号和文字符号并按工作顺序排列，用于描述电路结构和工作原理的一种图纸。它标明了电路的组成，各电器元件相互连接的关系，但它不涉及电器元件的结构尺寸、安装位置、材料选用和配线方式等内容。绘制、识读原理图的一般原则如下。

① 原理图主要分为主电路和控制电路两大部分，电动机回路为主电路，一般画在左边；继电器、接触器线圈、PLC 等控制器为控制回路，一般画在右边。

② 同一电器的不同元件，根据其作用画在不同位置，但用相同的文字符号标注。

③ 多个同种电器使用相同的文字符号，但必须标注不同序号加以区别。

④ 图中接触器的触点按未通时的状态画出，按钮、行程开关等也是按未动作时的状态画出。

⑤ 元器件型号、有关技术参数有时可用小字号体注明在电器代号的相应地，以便识读和使用，如导线横截面、热继电器电流动作范围和整定值、电动机功率等。

2. 电器元件布置图

电器元件布置图是根据电器元件在控制板（盘）上的实际位置，采用简化的图形符号绘制的一种简图。它不涉及各电器的结构和原理等，用于表示电器元件的排列和位置。布置图中各元器件的文字符号必须与原理图和接线图的标注相同。

3. 电气安装接线图

电气安装接线图是根据原理图和布置图绘制的，是原理图的具体体现，主要用于电气设备的安装配线、线路检测和故障维修。绘制、识读接线图的一般原则如下。

① 各元器件均按实际安装位置给出，元件所占图幅按实际尺寸以统一比例绘制。

② 同一器件的不同元件均画在一起，并用点画线框起来。

③ 元器件、部件、单元、组件或成套设备都采用简化图形（如正方形、矩形、圆形），必要时也可用图形符号表示。

④ 元器件上凡需要接线的端子都应绘出，并予以编号。编号必须与原理图上的导线编号相同。

⑤ 接线图中的导线，可用连续线或中断线表示，走向相同的导线也可用总线形式表示。为了便于连接和检查，图中的导线一般应加以标记，其标记应符合《绝缘导线标记》（GB4884—1985）规定。

二、电路的检测

1. 电路检测方法

在完成电路接线后一定要做好电路通电前的检测工作，避免因发生短路或断路现象使电路无法正常工作。检测电路最简便的方法就是万用表电阻法。

测量检查时，首先把万用表的转换开关位置于倍率适当的电阻挡，然后按如图 5-1-13 所示的方法进行测量。

检测时，首先切断控制电路电源，然后按住按钮 S3，用万用表依次测量 1-2、1-3、1-7、1-8、1-9、1-0 各两点之间的电阻值，根据测量结果即可找出故障点。

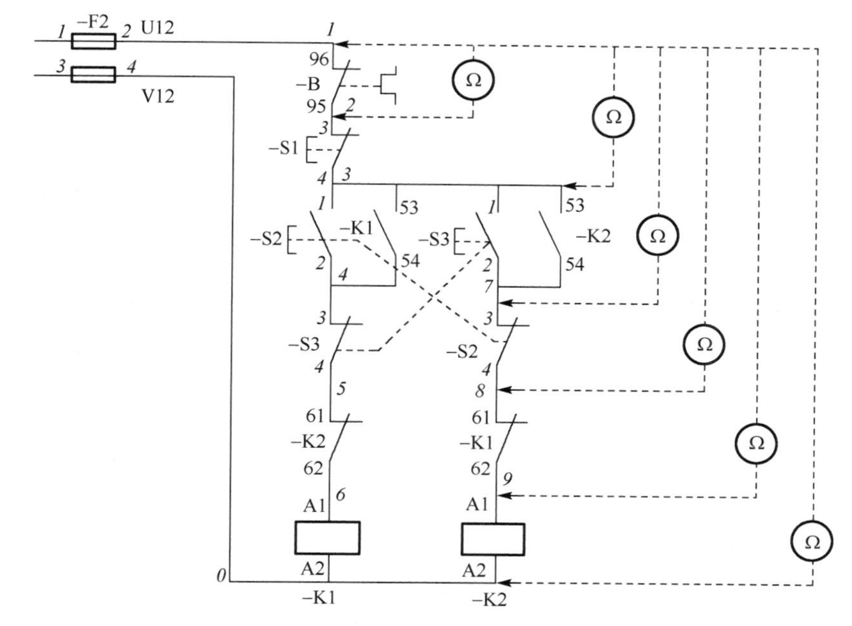

图 5-1-13　电阻分阶测量法

测量结果表明:

① 若检测 *1* 至 *2*、*3*、*7*、*8*、*9* 各点之间的电阻值均为 0，说明电路正常。

②若由 *1* 测至 *2*～*9* 的某一点时，电阻突然增大，说明从该测量点到前一测量点之间存在断路故障。

③在 *1*～*9* 各两点之间的电阻值均为 0 的情况下，继续测量 *1* 到 *0* 之间的电阻，若电阻值为 *R*（接触器线圈电阻），则电路正常；若电阻值为 0，说明线圈被短路；若电阻值为无穷大，说明电路存在断路故障。

同理，按住按钮 S2，用万用表依次测量 1-2、1-3、1-4、1-5、1-6、1-0 各两点之间的电阻值，根据测量结果即可找出故障点。

2. 注意事项

这种电阻测量法的优点是安全，缺点是测量电阻不准确时，容易造成判断错误，因此，要注意以下几点：

① 为安全起见，检测电路前，一定要确认电源已断开。

② 所测量电路若与其他电路并联时，必须将该电路与其他电路断开，以免受影响。

③ 测量高电阻元器件时，要将万用表的电阻挡调整到相应的挡位，否则电阻值超出量程时会造成错误判断——断路故障。

三、常用电工工具

电工工具是电气操作的基本工具。正确使用和妥善维护保养电工工具，既能提高生产效率和施工质量，又能减轻劳动强度，保障操作安全和延长工具的使用寿命。对电气作业人员，必须掌握电工工具的结构、性能和正确的使用方法。

常用电工工具根据用途的不同，可分为通用电工工具、线路装修工具、设备维修工具等。下面介绍几种常用的电工工具。

1. 电工工具包

电工工具包是电工随身携带的工具套包，如图 5-1-14 所示。电工工具包一般包括验电笔、螺丝刀、电工刀、各种钳子等常用工具，便于安装与维修用电线路和电气设备。

图 5-1-14　电工工具包

2. 测电笔

试电笔是检验线路和设备是否带电的工具，分低压和高压两种，低压测电笔通常制成钢笔式和螺丝刀式两种，其结构如图 5-1-15 所示。使用时，手指必须触及金属笔挂（钢笔式）或试电笔顶部的金属端盖（螺丝刀式），使电流由被测带电体经试电笔和人体与大地构成回路。只要被测带电体与大地之间电压超过 60V 时，氖管就会启辉发光，让观察孔背光且朝自己，便可观测氖管的亮暗程度。

低压试电笔的检测电压范围为 60～500V。

3. 螺丝刀

螺丝刀也叫改锥、旋凿或起子，用来坚固或拆卸螺钉。它的种类很多，按其头部形状不同可分为一字形和十字形两种，握柄材料有木柄和塑料，外形如图 5-1-16 所示。使用时应注意用力平稳，推压和旋转同时进行，一般顺时针方向为旋紧，逆时针方向为松出。

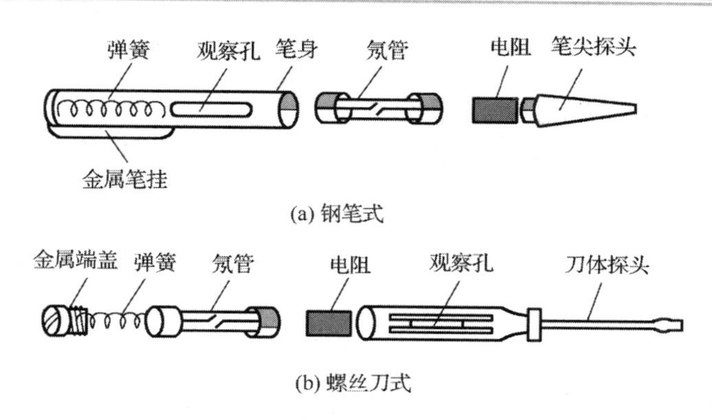

图 5-1-15　低压测电笔

一字形螺丝刀用刀体长度表示规格，常用的有 100、150、300mm 等几种规格；十字形螺丝刀按其头部旋动螺钉规格的不同，分为Ⅰ、Ⅱ、Ⅲ、Ⅳ四种型号，分别适用于直径为 2～2.5mm、3～5mm、6mm、10～12mm 的螺钉。

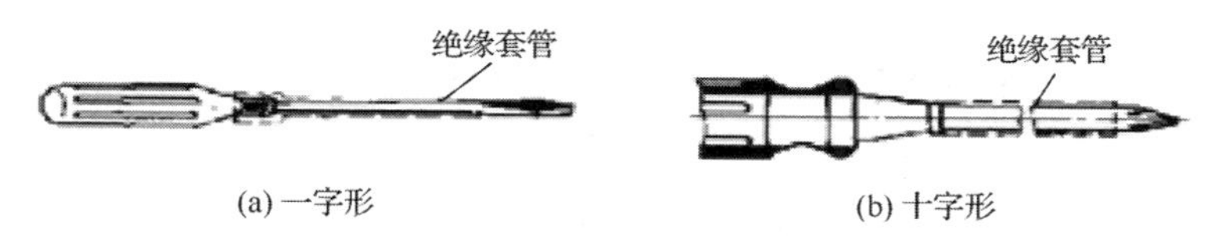

图 5-1-16　螺丝刀

4. 钳子

钳子的种类很多，按用途不同可分为钢丝钳、尖嘴钳、偏口钳、剥线钳等，如图 5-1-17 所示。

（1）钢丝钳

钢丝钳又称老虎钳，是电工使用频率最高的一种工具，常用于剪切或夹持导线、工件等。钢丝钳由钳头和钳柄两部分组成，钳头包括钳口、齿口、刀口和铡口。其中，齿口用于旋动螺钉螺母，刀口用于切断电线、起拔铁钉、削剥导线绝缘层等，铡口用于铡切钢丝等硬金属丝。

（2）尖嘴钳

尖嘴钳的头部尖细，适用于在狭小的空间操作，钳头用于夹持较小螺钉、垫片、导线，把导线端头弯曲成所需形状；小刀口用于剪切一些比较细的导线、金属丝等。

（3）偏口钳

偏口钳又称断线钳，其头部扁斜，钳柄采用绝缘柄，其耐压等级为 1000V，专门用来剪断较粗的金属丝、线材及电线电缆等。操作时，剪线线头应朝下，以免线头飞溅伤人眼部。

（4）剥线钳

剥线钳常用于剥除直径 3mm 及以下绝缘导线的塑料或橡胶绝缘层。它由钳口和手柄两部分组成，钳口分有 0.5～3mm 的多个直径切口，用于不同规格线芯的剥削。剥线钳可以带电操作，但工作电压一般不允许超过 500V。

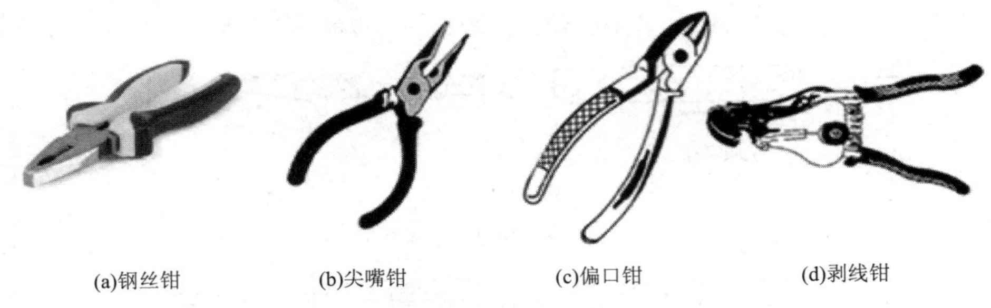

图 5-1-17　钳子

通用电工工具还有活络板手、电工刀、镊子等，如图 5-1-18 所示。

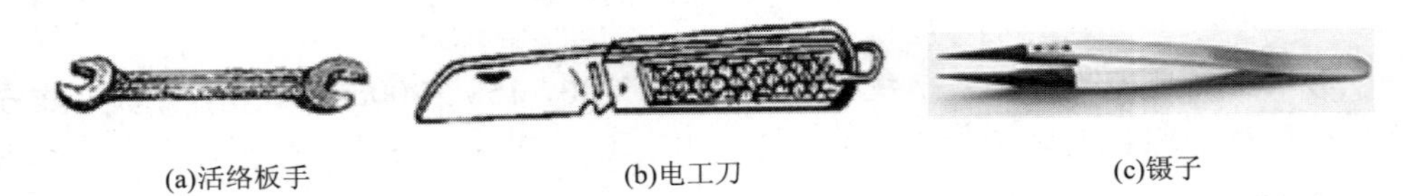

图 5-1-18　其他通用电工工具

常用的电工工具还有很多，比如线路装修用的冲击电钻、管子钳、紧线器、弯管器、切割器具、套丝器具等，如图 5-1-19 所示；设备维修用的拉具、套筒扳手、喷灯、电烙铁等，如图 5-1-20 所示。

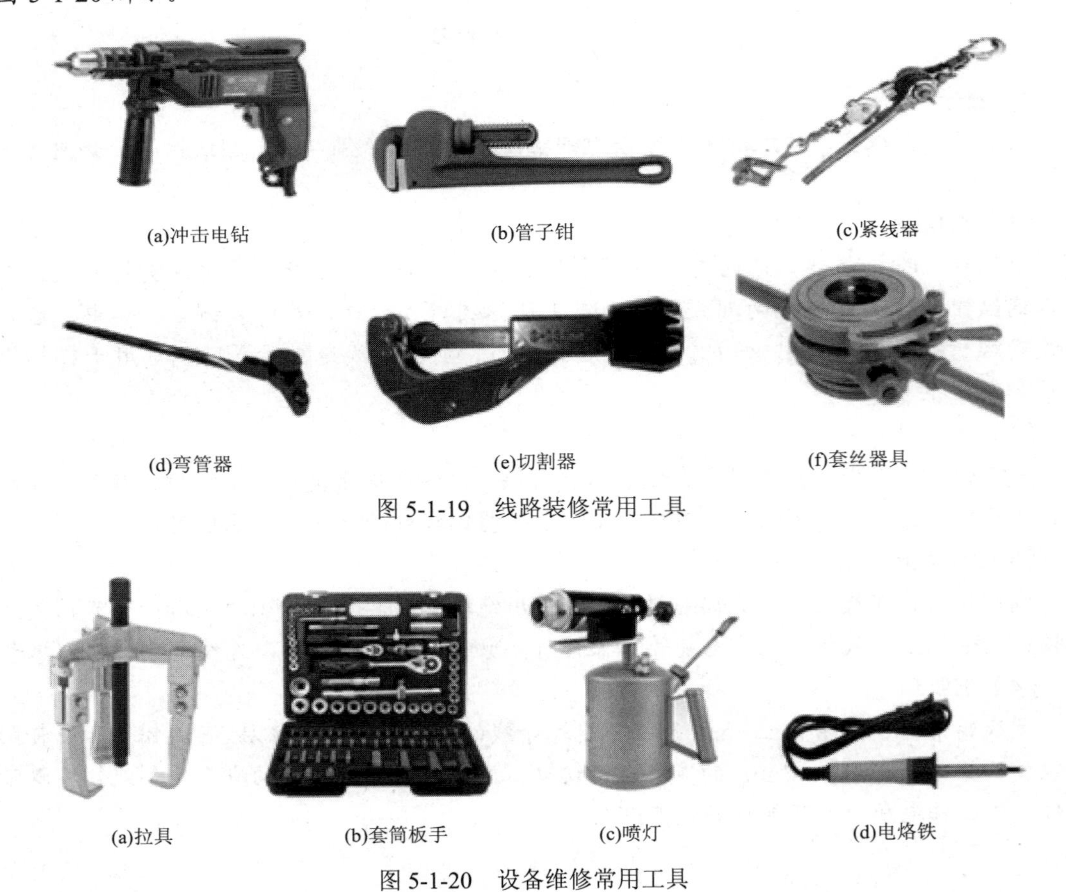

图 5-1-19　线路装修常用工具

图 5-1-20　设备维修常用工具

四、常用导线的连接

导线的连接是电工的一种最基本也是最关键的操作工艺，许多电气事故的根本原因，往往是由于导线线头加工不良而引起的，因此必须正确掌握其加工工艺。对导线连接的基本要求是：电接触良好，机械强度足够，接头美观，绝缘性能正常。

1. 导线绝缘层的剖削

直径为 0.1mm 以上的漆包线线头，宜用细砂纸（布）擦去漆层；直径在 0.6mm 以上的线头，可用薄刀刮削漆层。

线芯在 $2.5mm^2$ 及以下的塑料硬线，可用钢丝钳剖削。先在线头所需长度处，用钢丝钳口轻轻切破绝缘层表皮，然后左手拉紧导线，右手适当用力捏住钢丝钳头部，用力往外勒去绝缘层，如图 5-1-21 所示。

图 5-1-21　用钢丝钳去除导线绝缘层

线芯大于 $4mm^2$ 的塑料硬线的绝缘层，可用电工刀剖削。先根据线头所需长度，用电工刀刀口对导线成 45° 角切入塑料绝缘层，但不能伤及线芯，如图 5-1-22(a)所示。然后调整刀口与导线间的角度以 15° 角向前推进，将绝缘层削去一个缺口，如图 5-1-22(b)所示。接着将未削去的绝缘层向后翻，再用电工刀切齐，如图 5-1-22(c)所示。

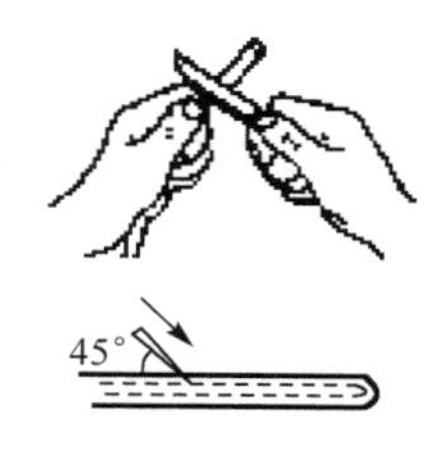

(a) 刀口以45° 角切入

(b) 刀口吧15° 角削去绝缘层

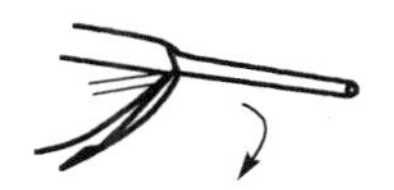

(c) 翻下剩余绝缘层

图 5-1-22　用电工刀去除导线绝缘层

2. 导线线头的连接

常用的导线按芯线股数不同，有单股、7 股和 19 股等多种规格，其连接的方法也各不相同。

（1）单股铜芯线的直线连接

截面积比较小的导线连接采用绞接法，先把两线端成×形相交，互相绞合 2～3 圈，然后扳直两线端，将每线端在线芯上紧密地绕到线芯直径的 6～8 倍长，多余的线端剪去，并钳平切口毛刺，如图 5-1-23 所示。

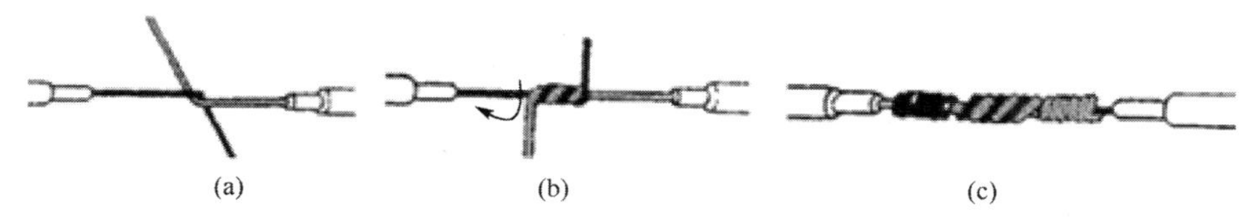

图 5-1-23　单股铜芯线直线连接

截面积比较大的导线连接采用缠绕法，先把两线端相对交叠，再用直径为 1.6mm 的裸铜线做缠绕线在其上进行缠绕。

（2）单股铜芯线的 T 形连接

单股芯线 T 形连接仍可用绞接法或缠绕法。绞接法是先将已除去绝缘层和氧化层的支路芯线与干路芯线削处的芯线十字相交，支路芯线根部留出 3～5mm 裸线，接着顺时针方向将支路芯线在干路上紧密缠绕 6～8 圈，最后再剪去多余线头，修整好毛刺，如图 5-1-24 所示。

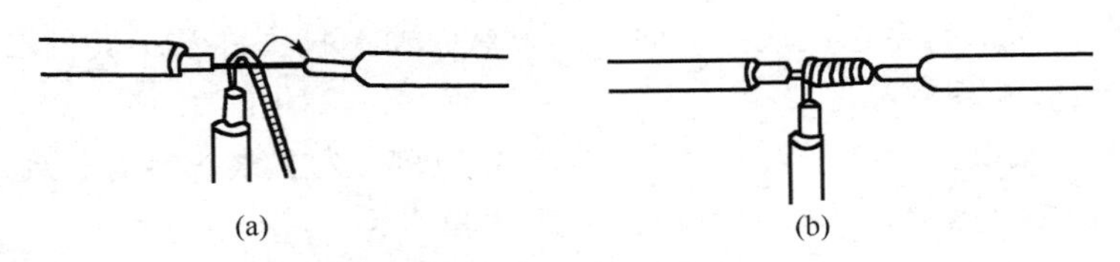

图 5-1-24 单股铜芯线 T 形连接

（3）7 股线芯的直线连接

7 股线芯的直线连接，如图 5-1-25 所示。

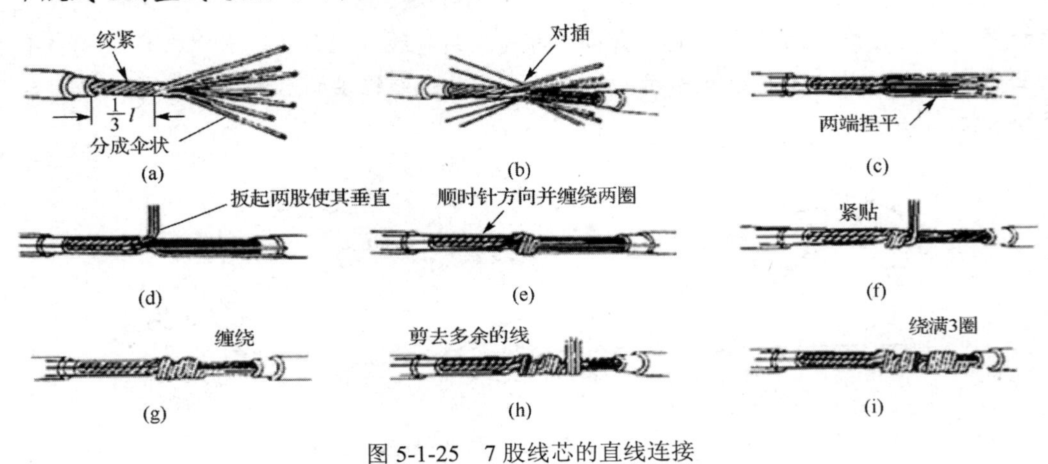

图 5-1-25 7 股线芯的直线连接

（4）7 股线芯的 T 形连接

7 股线芯的 T 形连接，如图 5-1-26 所示。

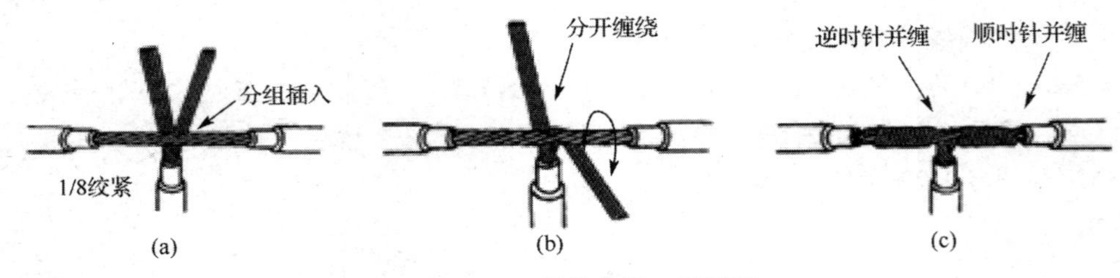

图 5-1-26 7 股线芯的 T 形连接

19 股铜芯线的直线连接和 T 形连接与 7 股铜芯线连接方法基本相同，这里不再介绍。

3. 导线绝缘层的恢复方法

在线头连接完成后，导线连接前破坏的绝缘层必须恢复，而且恢复后的绝缘强度一般不应低于剖削前的绝缘强度，才能保证用电安全。电力线上恢复线头绝缘层常用黄蜡带、涤纶薄膜带和黑胶带（布）三种材料。绝缘带的包缠方法如图 5-1-27 所示。

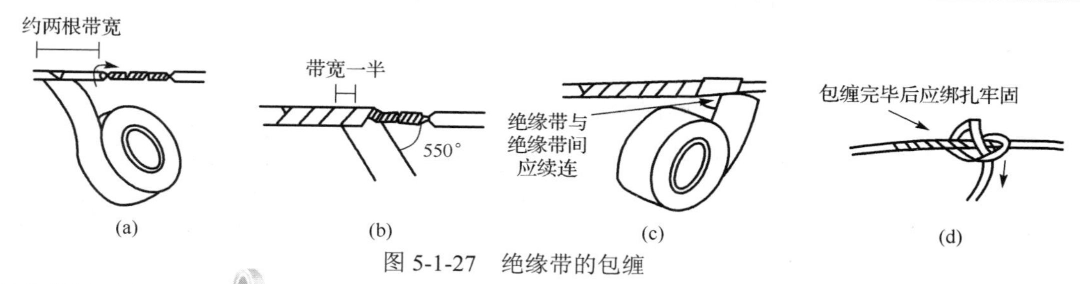

图 5-1-27　绝缘带的包缠

完成工作任务指导

一、电工工具及器材准备

1. 电工工具及仪表

测电笔、万用表。

2. 器材

电工实验台、三相交流电源模块、三相异步电动机（△接法，380V）、三相负荷开关（DS-C18）、按钮开关（DS-C17）、热继电器（DS-C12）、交流接触器 CJ20-10/380V（DS-C11）、专用导线若干。

二、实验方法与步骤

1. 器件选择与检测

根据如图 5-1-1 所示电气控制原理图，正确选择元器件，并检测器件外观，用万用表检测交流接触器线圈的电阻或器件触点的接触情况。

2. 控制电路的接线

① 根据电气控制原理图，合理放置元器件的位置。

② 按电路原理图进行接线。接线时，要求按一定顺序进行接线，先接主电路，再接控制回路。

3. 通电测试

① 在通电测试之前，务必用万用表的电阻挡检测电路的通断情况，检测是否有漏接、错接或短路存在。

② 电路检测正常后，接通实验台总电源开关，闭合三相负荷刀开关，将三相电源引入电动机控制电路，可以进行通电运行。

③ 按下图中 SB2（或 SB3）开关使电动机转动起来，观察电动机的旋转转向。

④ 在电动机正常运行情况下，按下 SB1 按钮，观察电动机是否立刻停止。

测试任务完成后，断开电源总开关，拆卸电路，整理实验台。

安全提示：

在完成工作任务过程中，严格遵守实验室的安全操作规程。在通电测试之前，必须经指导教师检查电路，确认无误后才允许通电测试。

连接电路、更改电路或实验结束后拆卸电路，都必须在断开电源的情况下进行。

正确使用仪器仪表，保护设备及连接导线的绝缘，避免短路或触电事故发生！

三、工作任务评价表

请你填写电动机正反转控制电路的安装与调试工作任务评价表（表 5-1-6）。

表 5-1-6　电动机正反转控制电路的安装与调试工作任务评价表

序号	评价内容	配分	评价细则	自我评价	教师评价
1	准备工作	10	① 工具、仪表少选或错选，扣 1 分/个 ② 电器元件选错型号和规格或少选，扣 1 分/个 ③ 电器元件漏检或错检，扣 2 分/个		
2	安装与接线	20	④ 器件位置布局不合理，扣 1 分/个 ⑤ 不按电路图接线，扣 2 分/条 ⑥ 布线不符合要求，如接点松动等，扣 2 分/条		
3	电路图识读	10	⑦ 不能识别电路图中器件的文字符号和图形符号，扣 1 分/个 ⑧ 电路工作原理的分析有错误或不完整，2 分/处		
4	排除故障	20	⑨ 停电不验电，扣 5 分/次 ⑩ 工具或仪表使用不当，扣 2 分/次 ⑪ 不能查出故障点，扣 5 分/个 ⑫ 查出故障但不能排除，扣 2 分/个 ⑬ 损坏元器件，扣 10 分/个		
5	通电试车	30	⑭ 热继电器未整定或整定错误，扣 5 分/次 ⑮ 熔体规格选用不当，扣 5 分/个 ⑯ 第一次试车不成功，扣 5 分 ⑰ 第二次试车不成功，扣 10 分 ⑱ 第三次试车不成功，扣 15 分		
6	安全文明操作	10	⑲ 违反安全操作规程者，扣 5 分/次，并予以警告 ⑳ 作业完成后未及时整理实验台及场所，扣 2 分 ㉑ 发生严重事故者，10 分全扣，并立即予以终止作业		
合计		100			

思考与练习

一、填空题

1．根据________定律，把________能转变为________能的旋转装置称为电动机。由电动机拖动的生产机械，可以提高________和________；能实现________控制和________操作，减轻繁重的体力劳动。

2．三相异步电动机的基本结构主要是________部分和转子部分，根据转子结构不同，三相异步电动机又分为________和________两种。

3．当电源电压等于电动机每相绕组的额定电压时，绕组应作________连接；当电源电压等于电动机每相绕组额定电压的 $\sqrt{3}$ 倍时，绕组应作________连接。

4．每台三相异步电动机的机座上都装有一块铭牌，铭牌上一般标有电动机的有关的技术数据：如________、________、________、________、额定功率、额定效率、额定频率、额定转速、绝缘等级、工作制、防护等级等（填写不少于 4 个）。

二、简答题

1．在电气安装与维修中所使用的电工用图一般有哪些？

2．简述低压断路器中的主要部件电磁脱扣器和热脱扣器的作用。

3．请你说一说，单股铜芯线的直接连接的方法与步骤。

4．在通电测试如图 5-1-1 所示电路时，发现：电动机正转运行时，按下停止按钮 SB1 电动机能停止；反转运行时停止按钮无效，只能断开电源总开关。这是为什么？

三、计算题

1．一台三相异步电动机的额定转速为 1440r/min，试求其同步转速、转子转差率及磁极对数。

2．已知某型号三相异步电动机的额定数据为：功率 45kW、效率 92.3%、功率因数 0.88、电压 380V、过载系数 2.2、启动倍数 1.9。试求：

（1）额定电流；

（2）额定转矩、最大转矩、启动转矩。

四、操作题

三相异步电动机控制电路如图 5-1-28 所示，请你完成以下工作任务：

（1）分析该电路工作原理。

（2）根据电路原理图正确选择并检测元器件，按原理图连接电路。

（3）通电试车，实现电路所有功能。

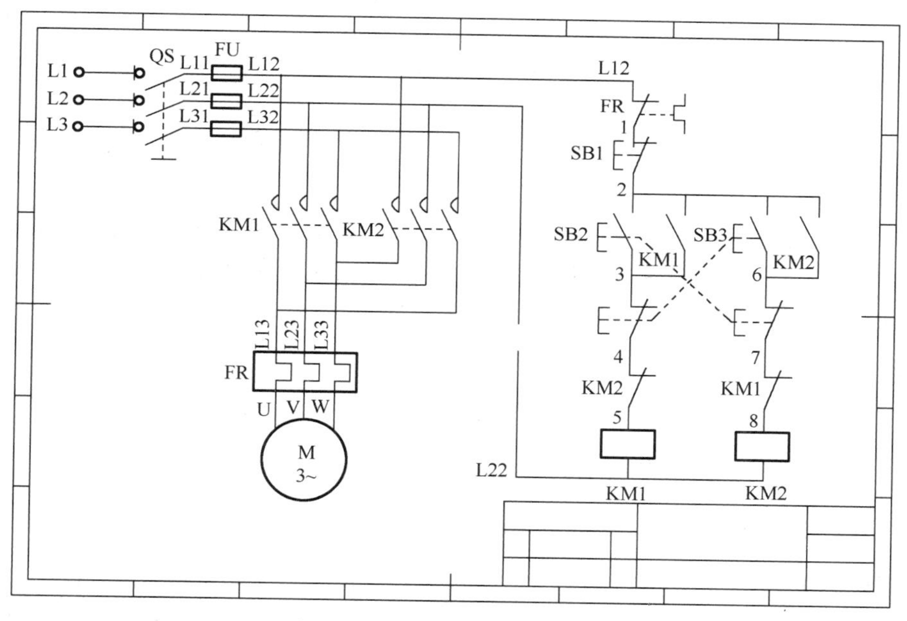

图 5-1-28　电动机控制电路图

任务 5-2　电动机降压启动控制电路的安装与调试

工作任务

某三相异步电动机采用低压电器接触控制方式，控制过程要求：按下启动按钮 SB2，电动机星形启动。延时 5 秒（时间继电器设定值）后，电动机三角形运行。运行中，按下停止按钮 SB1，电动机立即停止。电气控制电路原理图如图 5-2-1 所示。

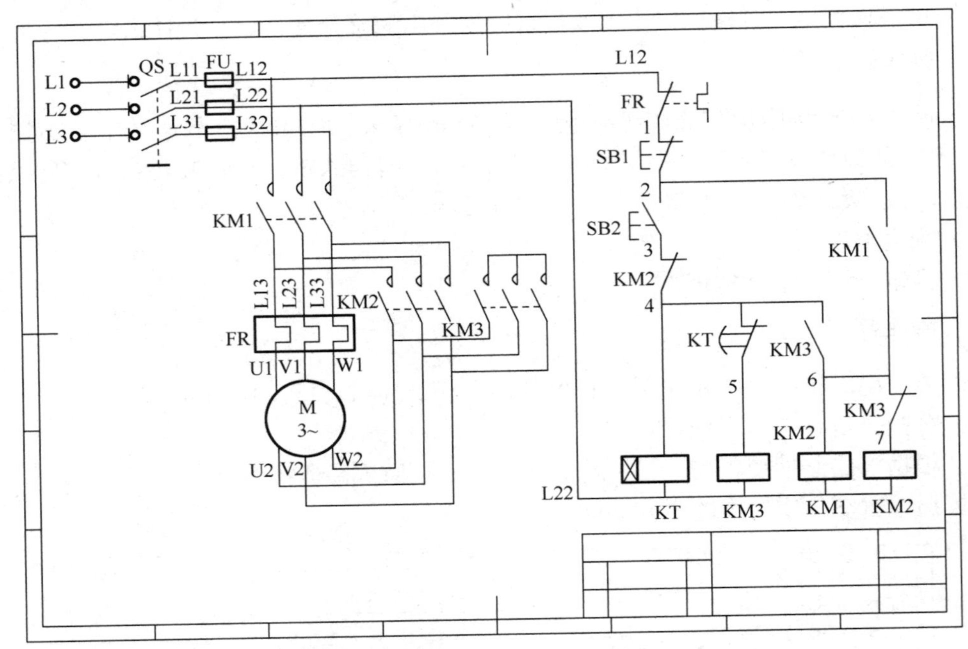

图 5-2-1 电动机正反转控制电路原理图

请根据以上要求，完成下列工作任务：

① 根据电气控制原理图正确选择和检测元器件，并合理摆放器件模块于实验台上。

② 按照电气控制原理图进行电路连接，接线工艺应符合规范要求。

③ 通电测试，实现控制要求的所有功能。

相关知识

一、三相异步电动机的启动

电动机从接通电源到稳定运行的过程称为启动。

1. 直接启动

直接启动，也称全压启动，就是指电动机启动时加在定子绕组上的电压为电动机的额定电压。它的优点是所用电气设备少，线路简单，维修量也少。比如，用闸刀开关、断路器或交流接触器将具有电动机额定电压的电源直接接到电动机绕组上使电动机启动运行。但是，直接启动时的启动电流较大，一般为额定电流的 4～7 倍。这样大的启动电流对于频繁启动的电动机将会造成绕组过热而烧坏。另外，在电源变压器容量不够大，而电动机功率较大的情况下，直接启动将会导致电源变压器输出电压下降，严重影响同一供电线路中其他电气设备的正常运行和增大线路上的损耗。

一般情况下，电源容量在 180kVA 以上，电动机功率在 7.5kW 以下的三相异步电动机可采用直接启动。

判断一台电动机能否全压启动，还可以用下面的经验公式来确定：

$$\frac{I_{ST}}{I_N} \leqslant \frac{1}{4}\left[3+\frac{S}{P}\right] \tag{5-2-1}$$

式中，I_{ST}—电动机全压启动电流，单位为 A；

I_N—电动机额定工作电流，单位为 A；

S—电源变压器容量，单位为 kV·A；

P—电动机功率，单位为 kW。

凡不满足直接启动条件的，均须采用降压启动。

2．降压启动

降压启动是指利用启动设备将电压适当降低后，加到电动机的定子绕组上进行启动，待电动机启动运转后，再将电压恢复至额定电压，使电动机在额定电压下运行。

（1）Y-△换接降压启动

电动机在正常运行时，定子绕组是三角形接法，但在启动时，先换接成星形（SA2 打下），待转子转速接近额定值时，再换成三角形接法（SA2 打上），如图 5-2-2 所示。

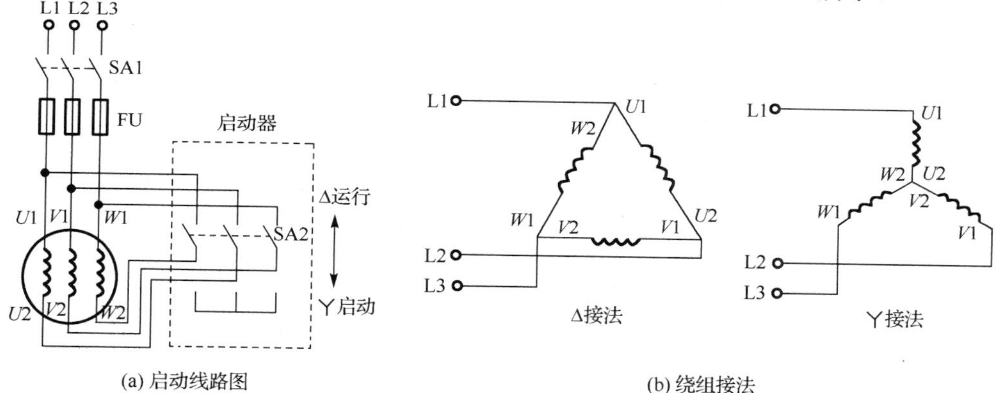

图 5-2-2 Y-△换接降压启动

电动机启动时，绕组接成Y形，每相绕组承受的电压只有△形接法时的$1/\sqrt{3}$，即电源的相电压；相电流也只有△形接法时的$1/\sqrt{3}$。所以，Y形接法时的启动电流（线电流）及启动转矩分别是

$$I_{stY}=\frac{1}{3}I_{st\Delta} \text{ 和 } T_{stY}=\frac{1}{3}T_{st\Delta} \tag{5-2-2}$$

这样，电动机的启动电流及启动转矩都减小了。这种Y-△降压启动方法适用于电动机的空载或轻载启动。

（2）定子绕组串电阻或串电抗降压启动

定子绕组串电阻降压启动电路如图 5-2-3 所示。启动时，将开关 SA1 闭合，三相电源电压经电阻接到三相交流电动机定子绕组上，电动机降压启动。待启动完毕后，再将开关 SA2 闭合，短接电阻器，将定子绕组直接与电源相连，使电动机全压运行。

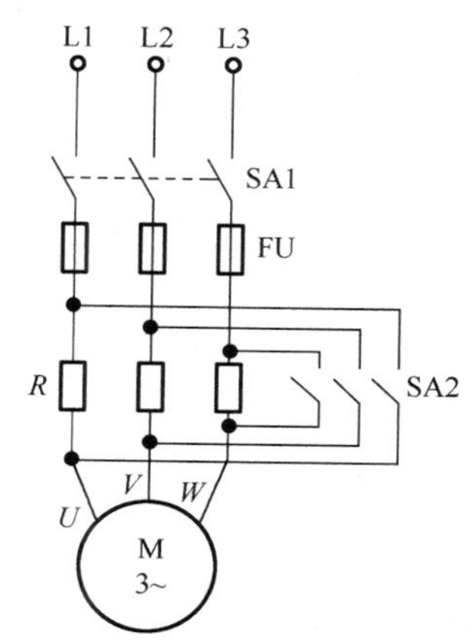

图 5-2-3 定子绕组串电阻降压启动

（3）自耦变压器降压启动

自耦变压器降压启动电路如图 5-2-4 所示。启动时，将 SA1 闭合，SA2 置于降压启动位置。这时，定子绕组承受的是自耦变压器的二次侧电压，所以电动机为降压启动；待电动机启动完毕后，再将开关 SA2 切换到全压运行位置上，使电动机全压运行。

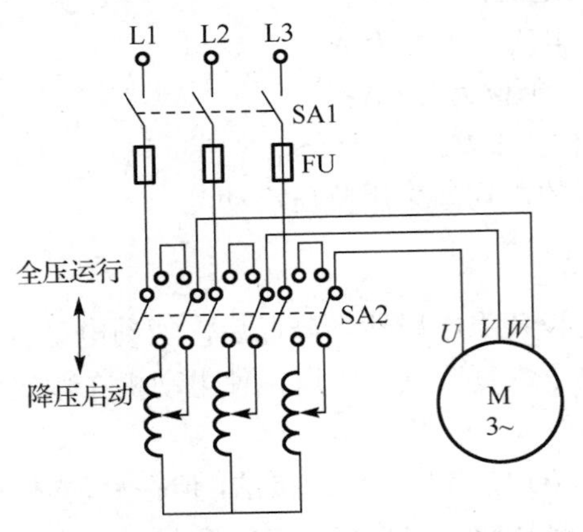

图 5-2-4　自耦变压器降压启动

对于一些需要重载启动的设备如卷扬机、起重机等，必须采用绕线式异步电动机来拖动。因为这种电动机采用转子串电阻方法启动，既达到降低启动电流目的，又能获得较大的启动转矩。请读者自行查找资料阅读，这里就不再叙述了。

例题 5-2-1　已知某三相异步电动机正常运行时是△接法，P_N=10kW、U_N=380V、n_N=1440r/min、I_N=20.0A、I_{st}/I_N=7、T_{st}/T_N=1.4、T_m/T_N=2。求：

（1）额定负载时的额定转矩、启动转矩及启动电流。

（2）若采用Y-△降压启动，求此时的启动转矩及启动电流。

（3）若负载为额定转矩为的 40%，该电动机能否采用Y-△降压启动？

解：（1）额定转矩 $T_N = 9550\dfrac{P_N}{n_N} = 9550\dfrac{10}{1440} = 66.3(\text{N·m})$

启动转矩 $T_{st}=7T_N=1.4\times66.3=92.8(\text{N·m})$

启动电流 $I_{st}=7I_N=7\times20.0=140(\text{A})$

（2）采用降压启动时，启动转矩 $T_{stY}=T_{st}/3=92.8/3=30.9(\text{N·m})$

启动电流 $I_{stY}=I_{st}/3=140/3=46.7(\text{N·m})$

（3）负载转矩 $T_L=40\%T_N=0.4\times66.3=26.5\text{N·m}<T_{stY}$，该电动机能启动。

二、三相异步电动机的制动

所谓制动，就是给电动机一个与转动方向相反的转矩使它迅速停止转动或限制其转速的方法。制动的方法一般分为机械制动和电气制动。

1. 机械制动

利用机械装置使电动机断开电源后迅速停止转动的方法叫机械制动。机械制动常用的方法有电磁抱闸制动器制动和电磁离合器制动两种。两者的结构其控制电路工作原理基本相同。以电磁抱闸制动器为例，说明机械制动器的结构及其工作原理。

电磁抱闸制动器结构如图 5-2-5(a)所示。主要结构为电磁铁和闸瓦制动器两部分，其中电磁铁含线圈、铁芯和衔铁，闸瓦制动器含轴、闸轮、闸瓦、杠杆及弹簧。

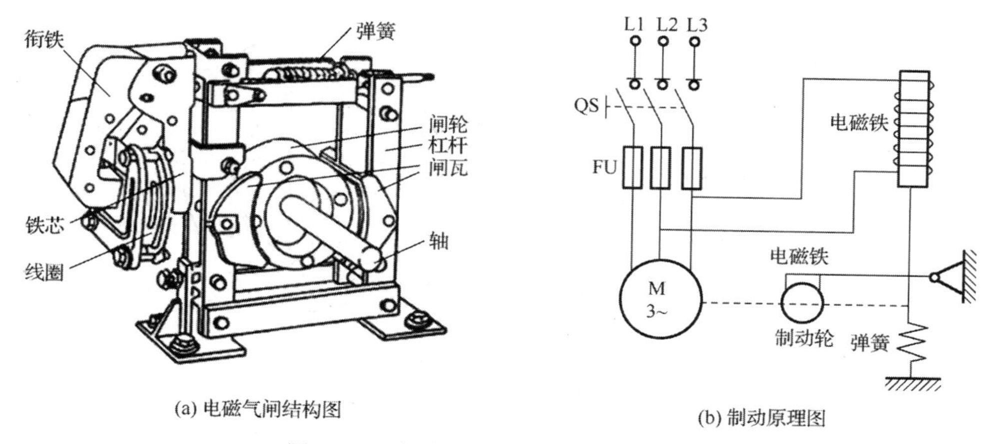

(a) 电磁气闸结构图　　(b) 制动原理图

图 5-2-5　电磁抱闸制动器及其工作原理

在自然状态下，闸瓦紧紧抱住闸轮。此时，与闸瓦制动器联轴运转的电动机处于制动状态而不能转动。当线圈通电后，线圈的电磁力与弹簧反作用力达到新的平衡，使闸瓦与闸轮分离，电动机就可以启动运行了。

如图 5-2-5(b)所示，当接通电源时，电磁铁得电动作而拉开弹簧，把抱闸提起，于是放开了装在电动机轴上的制动轮，这时电动机便可转动；当电源断开时，电磁铁衔铁落下，弹簧把抱闸压在制动轮上，于是电动机就被制动了。在起重机中采用了这种制动方法，还可避免由于工作过程中的断电而使重物滑下所造成的事故。

2．电气制动

使电动机在切断电源停转的过程中，产生一个和电动机实际旋转方向相反的电磁力矩，迫使电动机迅速制动停转的方法叫做电气制动。电气制动常用的方法有反接制动、能耗制动、发电反馈制动等。

（1）反接制动

在图 5-2-6(a)所示电路中，当 SA 向上闭合时，电动机定子绕组电源电压相序为 L1-L2-L3，电动机将沿旋转磁场，以 $n<n_1$ 的转速正常运转。旋转磁场方向如图 5-2-6(b)所示。当电动机需要停转时，拉下 SA 使电源断开，由于惯性，电动机仍然按原方向转动。随后，将 SA 迅速向下闭合，电动机定子绕组电源电压相序变为 L2-L1-L3，旋转磁场立刻反转，此时转子将以“$n+n_1$”的相对转速沿原转动方向切割旋转磁场，可以判断：此时电磁转矩的方向与电动机转向相反，起制动作用，使电动机迅速停止转动。

这种制动方法，必须在电动机转速接近零时及时切断电源，否则电动机将会反转。另外，这种制动比较简单，效果较好，但能量消耗较大。对有些中型车床和铣床的主轴的制动采用这种方法。

（2）能耗制动

在图 5-2-7(a)所示电路中，当 SA 断开切断电源时，电动机因惯性而继续按原方向转动；随后立刻将 SA 向下闭合，接通直流电源，电动机 V、W 两相定子绕组通入直流电而产生固定磁场，磁场方向如图 5-2-7(b)所示。可以判断：产生的电磁转矩方向与电动机转动方向相反，起制动作用，使电动机迅速停止转动。

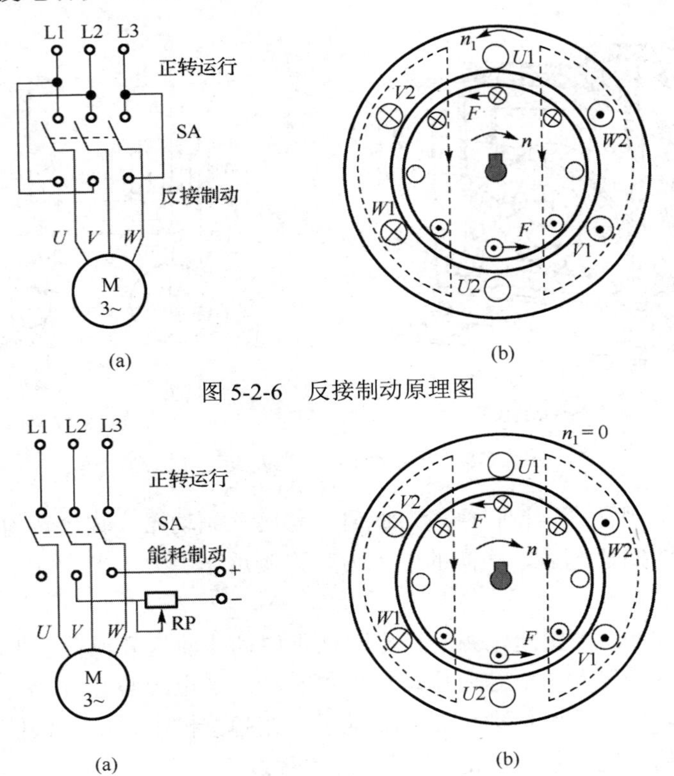

图 5-2-6　反接制动原理图

图 5-2-7　能耗制动原理图

因为这种方法是用消耗转子的动能来进行制动的，所以称为能耗制动。

这种制动能量消耗小，制动平稳，但需要直流电源。在有些机床中采用这种制动方法。

（3）发电反馈制动

如图 5-2-8(a)所示，当起重机快速下放重物，且速度 n 超过旋转磁场的转速 n_1 时，可以判断：这时的电磁转矩方向与电动机转动方向相反，起制动作用，如图 5-2-8(b)所示。因此，重物受到制动而等速下降。

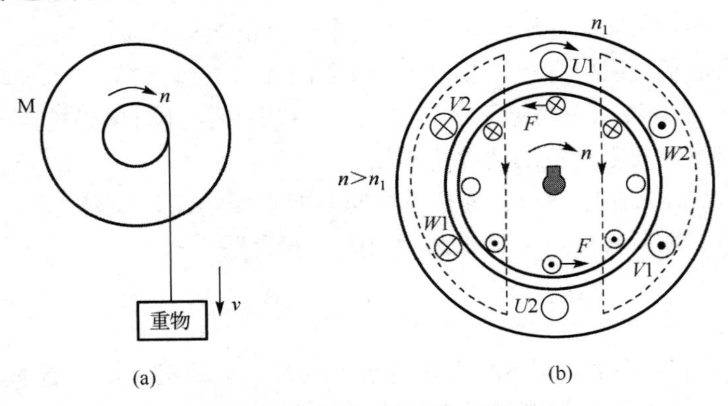

图 5-2-8　发电反馈制动原理图

在上述制动状态下，电动机已转入发电机运行，将重物的势能转换为电能而反馈到电网里去，所以称为发电反馈制动。这种制动方法常在起重、运输设备中使用。

另外，当将多速电动机从高速调到低速的过程中，同样也会发生这种发电反馈制动现象。

三、三相异步电动机的调速

调速就是在同一负载下能得到不同的转速，以满足生产过程的要求。三相异步电动机的调速控制在生产机械设备中应用非常广泛。

由式（5-2-2）、式（5-2-3）推得以下公式

$$n=(1-s)\frac{60f}{p} \qquad (5\text{-}2\text{-}3)$$

式中，n 为转子转速，s 为转差率，f 为电源频率，p 为定子绕组磁极对数。

从上式可知，改变电动机的磁极对数 p、电源频率 f 和转子转差率 s，都可以改变电动机的速度。前两者是鼠笼式电动机的调速方法，后者是绕线式电动机的调速方法。现分别讨论如下。

1．变极调速

变极调速通过改变旋转磁场的磁极对数 p 来达到改变电动机转速的目的。由式（5-2-3）可知，若磁极对数减小一半，则电动机转子转速将提高一倍。

双速电动机属于异步电动机变极调速，它通过改变定子绕组的连接方式（△/YY）来改变磁极对数，从而改变电动机的转速。

如图 5-2-9 所示的是定子绕组的两种接法。把 U 相绕组分成两半：线圈 U_1U_1' 和 U_2U_2'。图 5-2-9(a)中是两个线圈顺串连接，得出 $2p=4$；图 5-2-9(b)中是两个线圈反并连接，得出 $2p=2$。在换极时，一个线圈中的电流方向不变，而另一个线圈中的电流必须改变方向。

4/2 极双速异步电动机定子绕组△/YY接法如图 5-2-10 所示。三相绕组接成△时，电动机以 4 极运行，为低速；三相绕组接成YY时，电动机以 2 极运行，为高速。

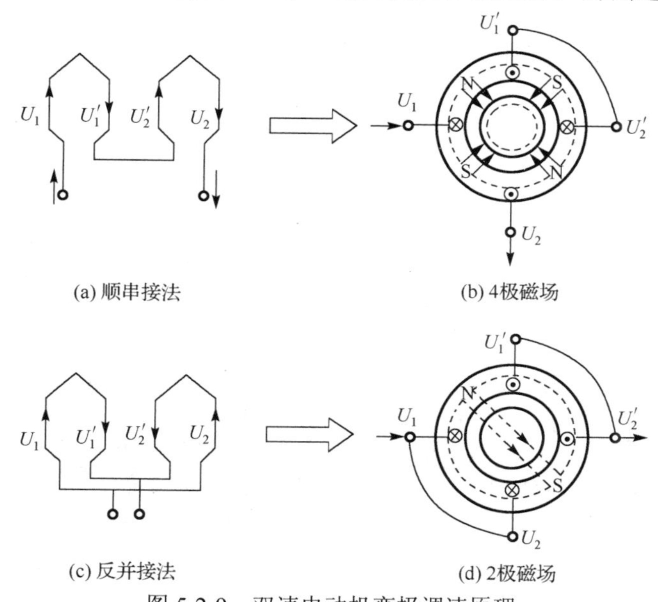

图 5-2-9　双速电动机变极调速原理

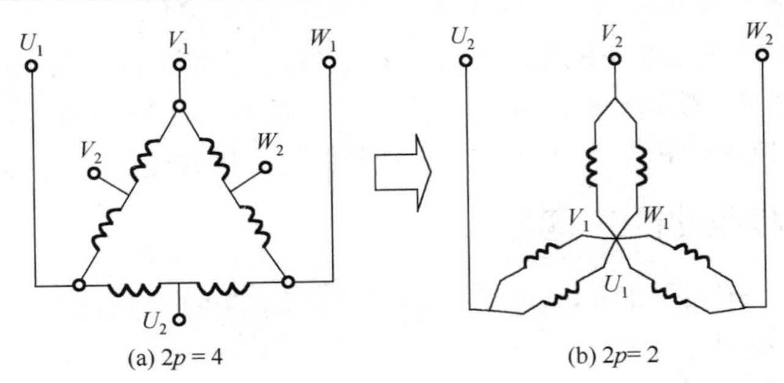

(a) $2p=4$　　(b) $2p=2$

图 5-2-10　△/YY双速电动机的定子绕组连接

当电动机的磁极数发生变化时，三相绕组的相序也跟着变化。$2p$=2 时，三相绕组在空间依次相差 0°、120°、240°；而 $2p$=4 时，对应空间位置的电角度依次变为 0°、240°、480°（相当于 120°）。所以，为了保证变极后电动机的转向不变，在改变定子绕组接线的同时，必须在三相绕组与电源相连接时，将任意两个出线头对调。

变极调速的优点是设备简单、操作方便、效率高，缺点是转速只能成倍变化，为有级调速。这种调速方法一般用在金属切削机床和不要求均匀调速的生产机械中。

2．变频调速

变频调速是通过改变电源频率 f 来达到改变电动机转速的目的。目前主要采用变频调速器将 50Hz 的交流电转变为电压及频率均可调的交流电，供给三相异步电动机。由此可得到电动机的无级调速，并具有硬的机械特性。

变频调速时，在额定频率以下，电压与频率成正比减小，定子与转子之间气隙磁通不变，属于恒转矩调速方式；在额定频率以上，频率上升，电压不变，定子与转子之间的气隙磁通减小，属于恒功率调速方式。恒转矩调速常用于起重设备，恒功率调速常用于切削机床中。

3．变转差率调速

只要在绕线式电动机的转子电路中接入一个调速三相电阻器，通过改变电阻的大小便可获得平滑调速。这种调速方法的优点是设备简单、投资少；缺点是能量损耗较大。

这种调速方法广泛应用于起重设备中。

【阅读材料】

单相异步电动机

单相异步电动机是由单相电源供电的小功率电动机。它常用在电风扇、洗衣机、空调器、电冰箱等家用电器及电动工具上。电容分相式和罩极式单相异步电动机的外形如图 5-2-11 所示。

(a)电容分相式

(b)罩极式

图 5-2-11　单相异步电动机

单相异步电动机的结构与三相鼠笼式异步电动机相似，转子是鼠笼式，而定子绕组是单相的。如图 5-2-12 所示是单相异步电动机的结构示意及磁场图。

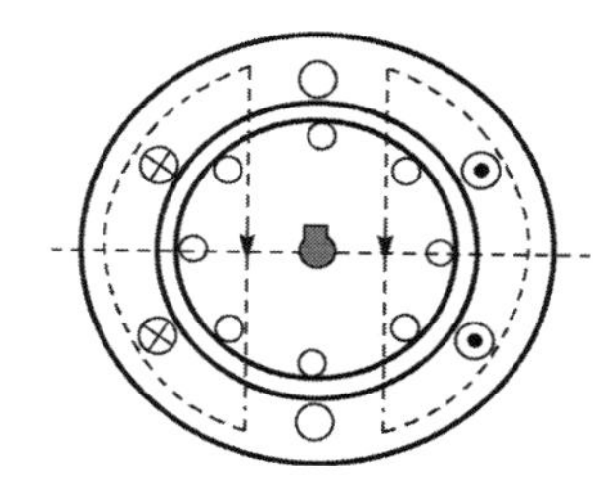

图 5-2-12　单相异步电动机结构示意及磁场图

当定子绕组通入单相交流电时，所产生的磁场是脉动的：磁场上半周方向向下，下半周方向向上，它的轴线在空间里是不变的。这样的磁场不可能使转子启动起来，因此，单相异步电动机必须有附加启动设备，才能使转子获得启动转矩。常用的启动方法有分相法和罩极法。

一、电容分相式单相异步电动机

电容分相式单相异步电动机的结构与接线如图 5-2-13 所示。它的定子铁芯内表面槽中嵌有两个绕组：一个为工作绕组 U_1U_2，一个与电容 C 相串联的启动绕组 V_1V_2，两个绕组在空间相差 90°。

当电动机接通单相交流电时，两个绕组分别流入相位差近似 90° 的两个电流，它们的合成磁场是旋转的，鼠笼式转子便在旋转磁场的作用下旋转起来，如图 5-2-14 所示。

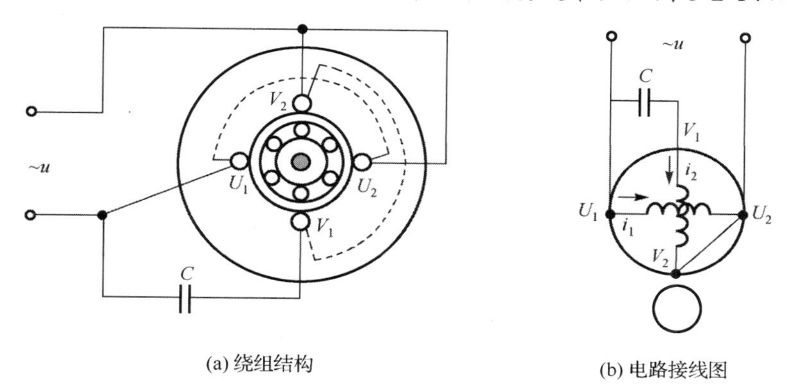

(a) 绕组结构　(b) 电路接线图

图 5-2-13　电容分相式单相异步电动机

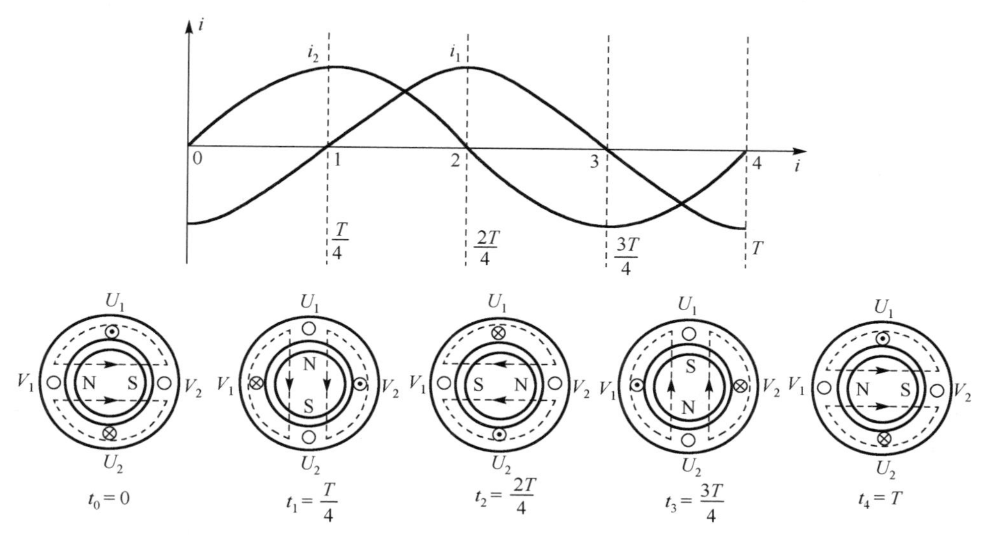

图 5-2-14　电容分相式单相异步电动机旋转磁场

若要改变电动机的旋转方向，可以通过切换开关把电容器改接到另一个绕组上，或将任一绕组的两端换接。

单相异步电动机采用分相法的还有电容启动、电容启动及运行、双值电容、电阻启动等。其他类型单相异步电动机的电路接线图如图 5-2-15 所示。

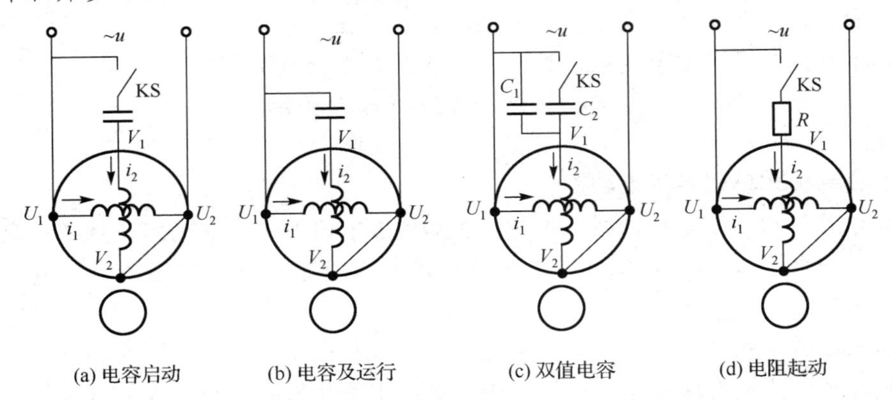

(a) 电容启动　(b) 电容及运行　(c) 双值电容　(d) 电阻起动

图 5-2-15　其他类型单相异步电动机的电路接线图

二、罩极式单相异步电动机

罩极式单相异步电动机的构造如图 5-2-16 所示。转子仍为鼠笼式，而定子磁极上开有一槽口，将磁极分成大小两部分，在较小磁极上套有一金属短路环，称为罩极。在磁极上绕有单相绕组，当通入单相交流电时，铁芯中便产生交变磁通。在交变磁通的作用下，铜环中产生感应电流。感应电流的磁场总是阻碍原磁场的变化，使罩极穿过的磁通在时间上滞后于未罩铜环部分穿过的磁通，就好像磁通总是从未罩部分向罩极方向移动。总体上着，好像磁场在旋转，从而获得启动转矩，转子便沿着磁场移动的方向旋转起来。

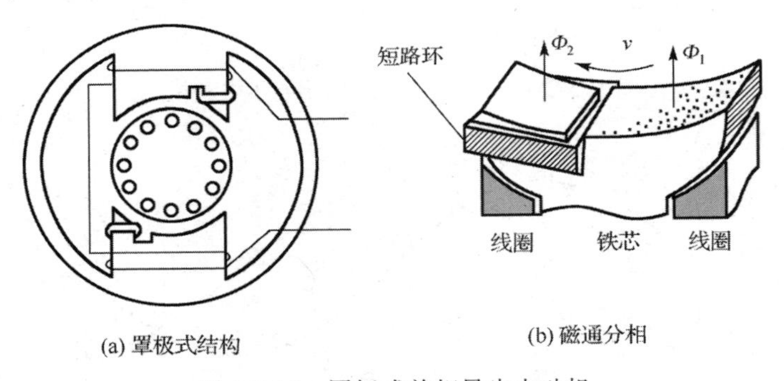

(a) 罩极式结构　(b) 磁通分相

图 5-2-16　罩极式单相异步电动机

罩极上的铜环是固定的，而磁场总是从未罩部分向罩极方向移动，所以磁场的旋转方向是不变的。因此，罩极式单相异步电动机不能改变转向。

罩极式单相异步电动机的启动转矩较电容分相式的启动转矩小，一般用在空载或轻载启动的台扇、排风机等设备中。

在单相异步电动机中，容量最小的是罩极式异步电动机，功率一般为 30～40W；电阻分相式的异步电动机，容量一般为几十至几百瓦；电容分相的异步电动机容量最大，功率可达几千瓦。

三、小功率三相电动机改为单相电动机运行

在生产中，如果有单相电动机突然损坏而无备件时，可以将小功率三相电动机改接成单相电动机使用（常用于 1kW 以下）。只是改接后的电动机运行状态不在最佳状态，输出功率比原来的小。

电动机从原来的三相运行变成单相运行，必须依靠串接电容器来移相，才能产生旋转磁场。电容器与定子三相绕组的接法很多，常用的接法有星形接法和三角形接法两种。其接线图及运行电容器的电容量和电压的计算公式见表 5-2-1。

表 5-2-1　三相异步电动机改接成单相异步电动机运行

接法	电路接线图	电容量 C/μF	电容电压 U_C/V
星形接法	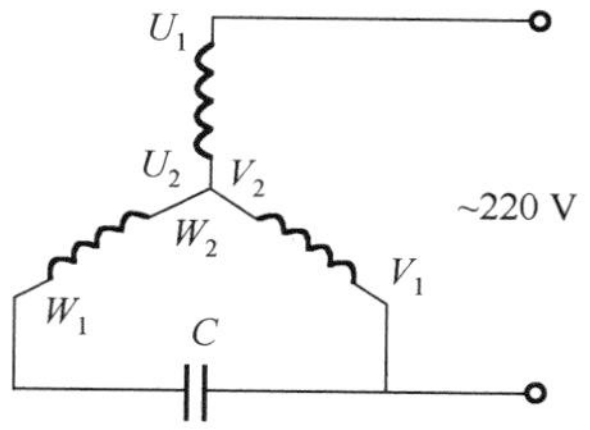 U_1 U_2 V_2 W_2 V_1 W_1 C ~220 V	（800～1600）I/U	1.6U
三角形接法	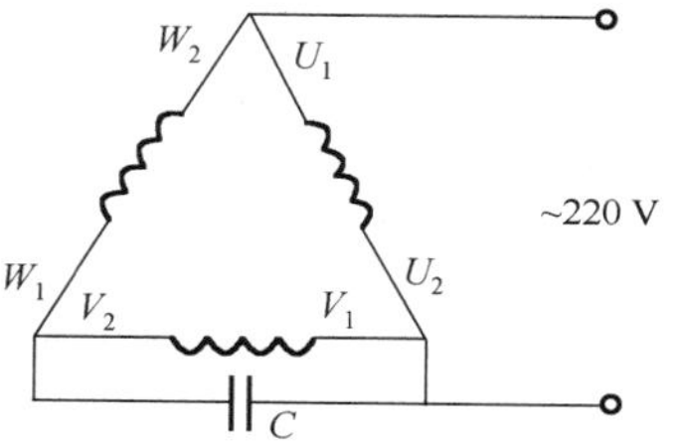 W_2 U_1 ~220 V W_1 V_2 V_1 U_2 C	（2400～3600）I/U	1.6U
备注	U 为电动机绕组上的电压，一般为 220V；I 为三相电动机相电流额定值，单位安培（A）		

完成工作任务指导

一、电工工具及器材准备

1. 电工工具及仪表

测电笔、万用表。

2. 器材

电工实验台、三相交流电源模块、三相异步电动机（△接法，380V）、三相负荷开关（DS-C18）、按钮开关（DS-C17）、热继电器（DS-C12）、交流接触器 CJ20-10/380V（DS-C11）、时间继电器（DS-C14）专用导线若干。

二、实验方法与步骤

1. 器件选择与检测

根据如图 5-2-1 所示电气控制原理图，正确选择元器件，并检测器件外观；用万用表检测器件线圈电阻或器件触点质量情况。

2. 控制电路的接线

（1）根据电气控制原理图，合理放置元器件的位置。

（2）按电路原理图进行接线。接线时，要求按一定顺序进行接线，先接主电路后再接控制回路。

3. 通电测试

① 在通电测试之前，务必用万用表的电阻挡检测电路的通断情况，检测是否有漏接、错接或短路存在。

② 电路检测正常后，接通实验台总电源开关，闭合三相负荷刀开关，将三相电源引入电动机控制电路，可以进行通电运行。

③ 按下启动按钮 SB2，使电动机星形启动；延时一段时间（设定值为 5 秒）后，电动机进入三角形运行。注意观察各接触器、继电器的工作情况。

④ 在电动机正常运行情况下，按下 SB1 按钮，观察电动机是否立刻停止。电动机控制过程用查线读图法分析如下：

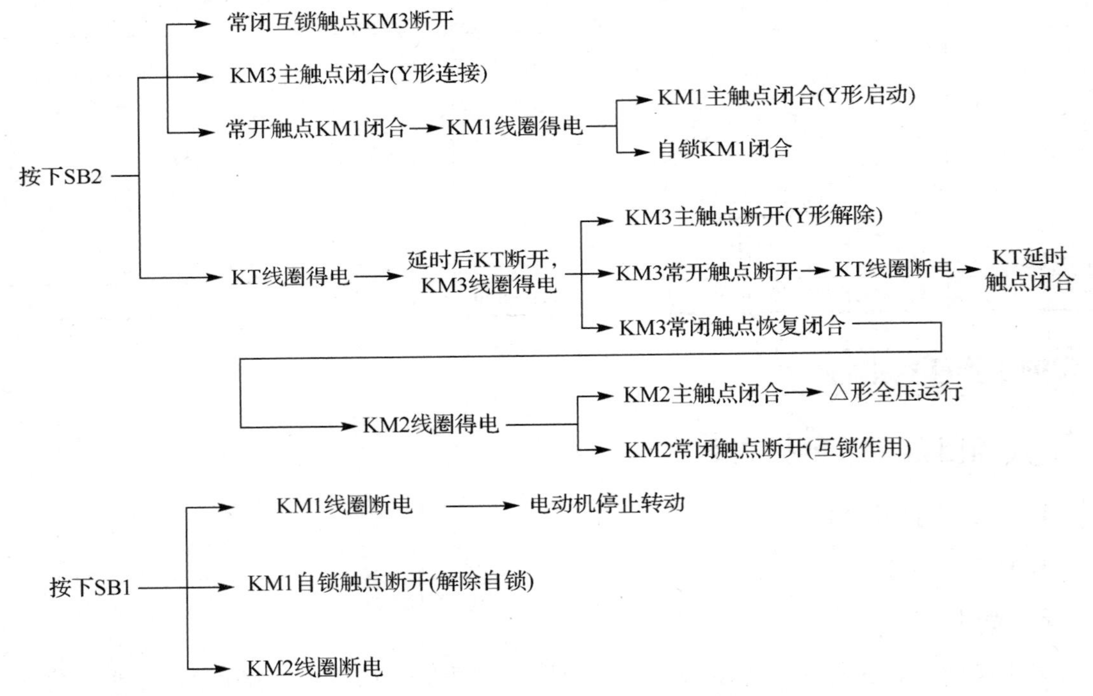

测试任务完成后，断开电源总开关，拆卸电路，整理实验台。

安全提示：

在完成工作任务过程中，严格遵守实验室的安全操作规程。在通电测试之前，必须经指导教师检查电路，确认无误后才允许通电测试。

连接电路、更改电路或实验结束后拆卸电路，都必须在断开电源的情况下进行。

正确使用仪器仪表，保护设备及连接导线的绝缘，避免短路或触电事故发生！

三、工作任务评价表

请你填写电动机降压启动控制电路的安装与调试工作任务评价表（表 5-2-2）。

表 5-2-2　电动机降压启动控制电路的安装与调试工作任务评价表

序号	评价内容	配分	评价细则	自我评价	教师评价
1	准备工作	10	① 工具、仪表少选或错选，扣 1 分/个 ② 电器元件选错型号和规格或少选，扣 1 分/个 ③ 电器元件漏检或错检，扣 2 分/个		
2	安装与接线	20	④ 器件位置布局不合理，扣 1 分/个 ⑤ 不按电路图接线，扣 2 分/条 ⑥ 布线不符合要求，如接点松动等，扣 2 分/条		
3	电路图识读	10	⑦ 不能识别电路图中器件的文字符号和图形符号，扣 1 分/个 ⑧ 电路工作原理的分析有错误或不完整，2 分/处		
4	排除故障	20	⑨ 停电不验电，扣 5 分/次 ⑩ 工具或仪表使用不当，扣 2 分/次 ⑪ 不能查出故障点，扣 5 分/个 ⑫ 查出故障但不能排除，扣 2 分/个 ⑬ 损坏元器件，扣 10 分/个		
5	通电试车	30	⑭ 热继电器未整定或整定错误，扣 5 分/次 ⑮ 熔体规格选用不当，扣 5 分/个 ⑯ 第一次试车不成功，扣 5 分 ⑰ 第二次试车不成功，扣 10 分 ⑱ 第三次试车不成功，扣 15 分		
6	安全文明操作	10	⑲ 违反安全操作规程者，扣 5 分/次，并予以警告 ⑳ 作业完成后未及时整理实验台及场所，扣 2 分 ㉑ 发生严重事故者，10 分全扣，并立即予以终止作业		
合计		100			

思考与练习

一、填空题

1．电动机从接通电源到________的过程称为启动。直接启动时的启动电流较大，约为额定电流的________倍。

2．在电源变压器________不够大，而电动机________较大的情况下，直接启动将会导致电源变压器输出电压________，严重影响同一供电线路中其他电气设备的________和增大线路上的________。

3．判断一台电动机能否全压启动，可以用公式：________来确定。

4．利用启动设备将电压适当降低后，加到电动机的定子绕组上进行启动，待电动机启动运转后，再将电压恢复至额定电压，使电动机在额定电压下正常运行，这个过程称为________。

5．常用的降压启动方法有：________、________、________；绕线式电动机采用________的方法启动以减小启动电流并获得较大的启动转矩。

6．制动就是给电动机一个与运动方向________的转矩使它迅速停止转动或限制其________的方法。电气制动包括：________、________和________三种。

7．电动机常用的三种调速方法是：________、________和________。

二、简答题

1．单相异步电动机的磁场与三相异步电动机磁场有什么不同？

2．一般在什么情况下，三相异步电动机可能直接启动？

3．在完成三相异步电动机星-三角降压启动控制电路的安装与调试任务中，是否出现以下电路故障现象？若有，你是如何检测和排除的？

（1）接通电源后，按下启动按钮 SB2，电动机无法启动。

（2）电动机启动后，延时一段时间，电动机又停止下来了。

（3）电动机启动后，一直保持在星形启动状态而无法进入全压运行状态。

4．什么叫机械制动？简述电磁抱闸制动器的结构及其工作原理。

三、计算题

1．已知某三相异步电动机正常运行时是△接法，P_N=10kW、U_N=380V、n_N=1450r/min、I_N=19.9A、I_{st}/I_N=7、T_{st}/T_N=1.4、T_m/T_N=2。求：

（1）额定负载时的额定转矩、启动转矩及启动电流。

（2）若采用Y-△降压启动，求此时的启动转矩及启动电流。

（3）若负载为额定转矩为的 60%，该电动机能否采用Y-△降压启动？

2．某三相异步电动机额定功率为 1.1kW，绕组星形接法额定电流为 2.5A，现要将它改接为单相运行，采用表 5-2-1 所列三相绕组三角形接法，单相电压为 220V。求：运行电容器的电容量及其耐压值。

四、操作题

三相异步电动机控制电路如图 5-2-17 所示，请你完成以下工作任务：

（1）分析该电路工作原理。

（2）根据电路原理图正确选择并检测元器件，按原理图连接电路。

（3）通电试车，实现电路所有功能。

（4）电路中需要设定哪些参数，为什么？

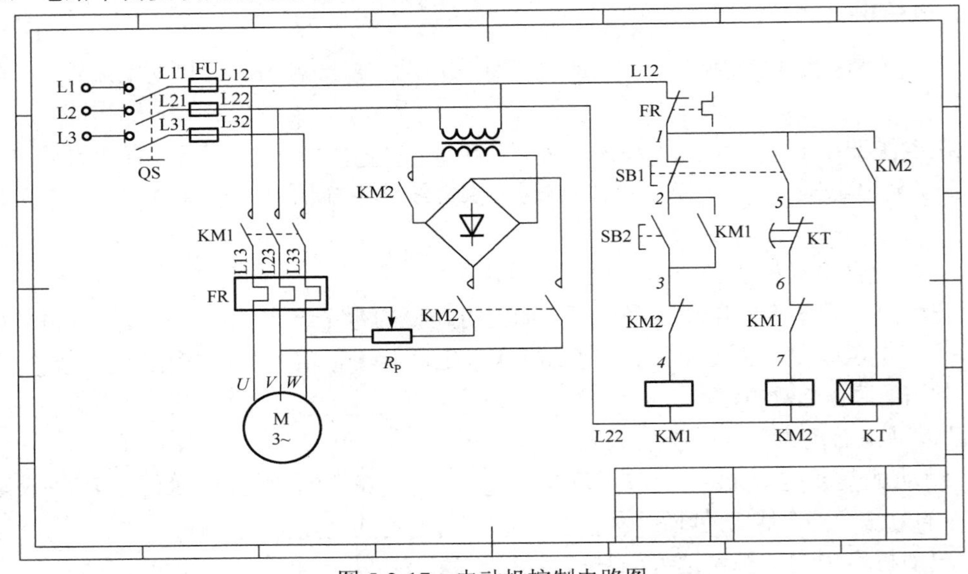

图 5-2-17　电动机控制电路图

附录1 电路仿真软件 EWB 简介

EWB 软件是专门用于电工、电子电路设计与仿真的计算机辅助工具。该软件具有界面简洁、功能强大、易学易懂等许多特点。下面简单介绍用于电工技术辅助教学中的仿真软件 EWB 的使用与操作方法。

一、EWB 的基本界面

1. EWB 主窗口

启动 EWB 程序，屏幕出现 EWB 主窗口，如图附录 1-1 所示。该窗口主要由菜单栏、工具栏、元器件库栏、仿真电源开关、暂停/恢复开关、电路工作区及电路描述区等组成。其中，菜单栏用于选择电路仿真所需的各种命令，工具栏包括常用的操作按钮，元器件库栏包含各种元器件和常用测试仪器仪表，主窗口右上角的“暂停/恢复”、“启动/停止”开关用于控制仿真实验的操作进程。

2. EWB 工具栏

工具栏包括常用的操作按钮，其图标及含义说明见表附录 1-1。

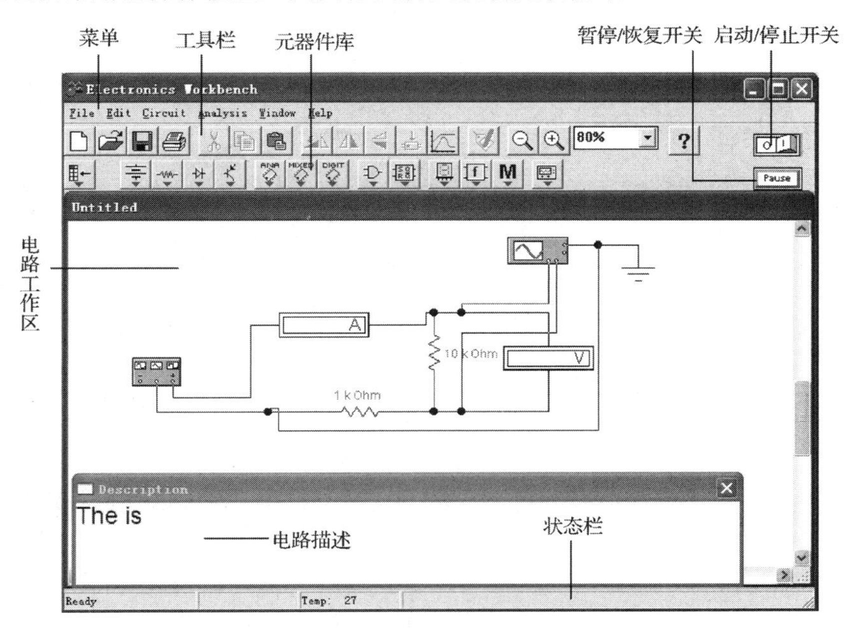

图附录 1-1 EWB 主窗口

表附录 1-1　EWB 工具栏图标与含义

序号	图标	含义	序号	图标	含义
1		新建	10		垂直翻转
2		打开	11		子电路
3		保存	12		分析图
4		打印	13		元器件特性
5		剪切	14		缩小
6		复制	15		放大
7		粘贴	16	80%	缩放比例
8		旋转	17	?	在线帮助
9		水平翻转			

3．EWB 元器件库栏

EWB 元器件库栏如图附录 1-2 所示，其图标及含义见表附录 1-2。单击元器件库栏中某个图标即可打开该库。EWB 提供上千种元器件和数字式万用表、函数信号发生器、示波器、扫频仪、数字信号发生器、逻辑分析仪、逻辑转换器 7 种仪器，以及电压表和电流表，为仿真实验带来很大的方便。

图附录 1-2　EWB 元器件库栏

表附录 1-2　EWB 元器件库栏图标与含义

序号	图标	含义	序号	图标	含义
1		自定义器件库	8	DIGIT	数字集成电路库
2		电源库	9		逻辑门库
3		基本器件库	10		数字器件库
4		二极管库	11		显示器件库
5		晶体管库	12	f	控制器件库
6	ANA	模拟集成电路库	13	M	其他器件库
7	MIXED	混合集成电路库	14		仪器库

二、EWB 的基本操作

实验电路的搭建与运行包括以下几个步骤：放置元器件、对元器件进行赋值、设置元器件标号、调整器件在电路工作区的位置和方向、连接电路、放置测试仪器和运行电路与仿真分析。

打开测试仪器窗口就可以观察仿真结果，也可以利用 EWB 提供的各种分析工具对电路进行分析，或打开图标观察仿真结果。

1．元器件的操作

（1）元器件的放置与调整

用鼠标单击元器件库，在图中将光标移动到所需的元件上，按住鼠标左键将该元件拖至工作区中，便完成元器件的放置。

可以根据需要适当调整元器件的位置和方向，以使工作区的电路更整齐。方法是：用鼠标拖动元件，可以调整元件的位置。单击元件后，工具栏中的旋转、水平旋转和垂直旋转工具被激活，单击元件即可作相应的旋转。如果元件已连接在电路中，调整元件位置或方向时，连接线也不会断开，它会跟着元件一起移动。

（2）元器件的属性设置

用鼠标双击元件，出现该元件属性对话框，如图附录 1-3 所示。此时可以进行元器件标号、标称值或元器件的模型、故障模拟、显示方式和分析设置等属性设置。

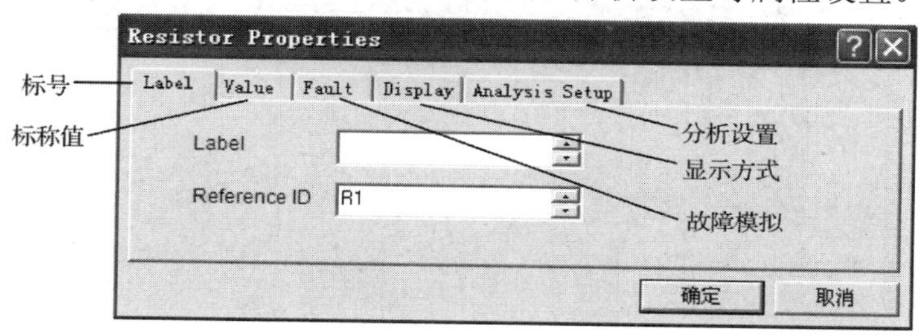

图附录 1-3　元器件属性设置对话框

2．连接电路

（1）连接导线

将光标指向一个元件的连接时，在连接点处会出现一个小黑点，按住鼠标左键，移动鼠标，使光标指向另一个元件的连接点，在该连接点处会出现另一个小黑点，放开鼠标，这两个元件对应的连接点就会连接在一起。

当光标指向连接线时，按住鼠标左键，移动鼠标可以调整连接线的位置；当光标指向连接线的一个端点，出现一个黑点，按住鼠标左键，移动鼠标即可删除该连接线。

（2）连接仪器

电路设计完毕就可以将仪器接入，以供实验使用。将光标移动到所需的仪器上，按住鼠标左键将仪器拖入工作区，并放在适当位置上，连上连接线即可。连线时应分清楚输入端、输出端和接地端，同时将仪器上的不同连接线设置为不同颜色。

3．运行电路与仿真分析

单击仿真电源开关，电路则开始运行。双击仪器可以打开仪器窗口，如双击示波器，则打开示波器窗口，在示波器的显示窗口中可以观察到测试结果。

如图附录 1-4 所示是纯电阻交流电路及双踪示波器测试的波形图。图中两路波形分别表示电阻电流与电压的波形，测试结果表明纯电阻交流电路中电流与电压同相位。

三、常用仪器及仪表的使用

1．电压表和电流表的使用

EWB 提供如图附录 1-5 所示的电压表和电流表，可以从显示器件库中调用，表头的位置可以通过旋转操作改变，双击时，可以设置表头的参数，如图附录 1-6 所示。测量时可以直接从表头读出数据。

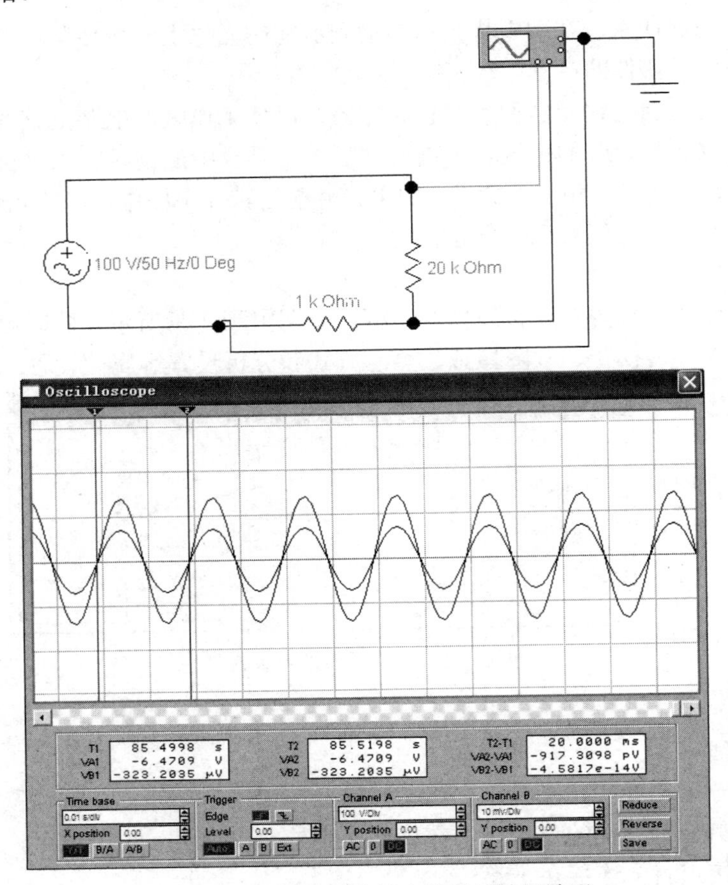

图附录 1-4　纯电阻交流电路及示波器波形

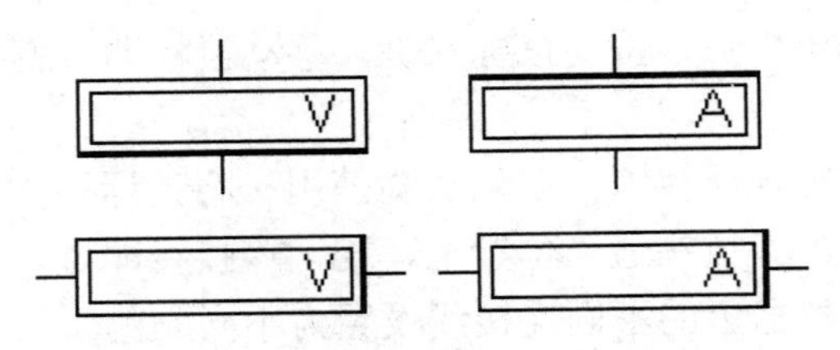

图附录 1-5　电流表与电压表

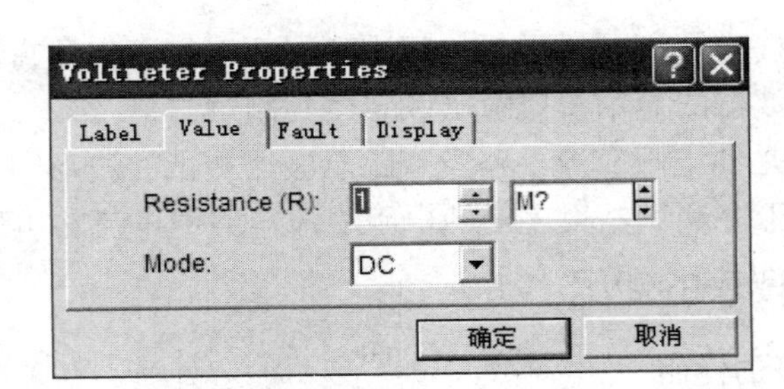

图附录 1-6　表头参数设置

2. 数字式万用表

数字式万用表的图标及虚拟面板如图附录 1-7 所示。它可以测试电流、电压、电阻和分贝值，可以测直流或交流信号。利用设置按钮（Settings）可设置电压表内阻、电流表内阻、电阻表内阻及分贝标准电压。

图附录 1-7　数字式万用表的图标及虚拟面板

3. 函数发生器

函数发生器的图标及虚拟面板如图附录 1-8 所示。它可以产生正弦波、三角波和方波信号，可以设置占空比、幅度、频率。该仪器的“+”端子与“Common”端子之间输出的信号为正极性信号；而“−”端子与公共端子之间输出的信号为负极性信号。连接电路时，必须把公共端子与公共接地符号连接。

图附录 1-8　函数发生器的图标及虚拟面板

4. 示波器

示波器的图标及虚拟面板如图附录 1-9 所示。EWB 提供的示波器与实际的示波器在外观和操作方法上基本相同。利用示波器可以观察一路或两路信号的波形，可以分析被测周期信号的幅值和频率，可以比较两路信号波形的相位关系。

若要显示示波器的动态波形，只要单击操作界面右上角的“启动/停止”按钮即可；若要将所显示的波形定格，则单击操作界面右上角的“暂停/恢复”按钮。

在示波器面板上可以直接单击示波器的各功能项或进行参数的选择。示波器展开面板图如图附录 1-10 所示。功能主要如下。

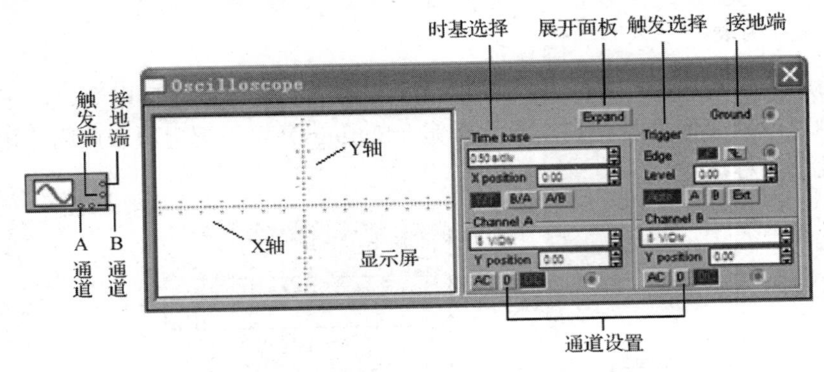

图附录 1-9　示波器的图标及虚拟面板

① 扩展：可以使示波器的显示屏幕扩大成大屏幕显示。

② 时间基准：设置显示波形时 X 轴的刻度及起始位置等内容。

③ 触发：设置 X 轴的触发信号、触发电平及边沿等。

④ 通道 A 和通道 B：设置通道 A（B）的 Y 轴刻度、Y 轴的位置，以及耦合方式——AC（交流耦合）、0（接地）、DC（直流耦合）。

调整示波器的时间基准，将时间轴设在 Y/T 的位置，合理设置通道 A 和通道 B，打开仿真开关，这时就会在示波器的观察窗口中看到输出信号的波形。

图中指针 1 处读数中的“T1”表示当前位置的时刻，“VA1”表示当前位置通道 A 的电压值，“VB1”表示当前位置通道 B 的电压值；“T2-T1”表示两读数轴间的时间差，用于测量信号周期等；“VA2-VA1”(“VB2-VB1”)表示两读数轴处通道 A(B)波形的电压差，用于测量信号的幅值或峰-峰值等。

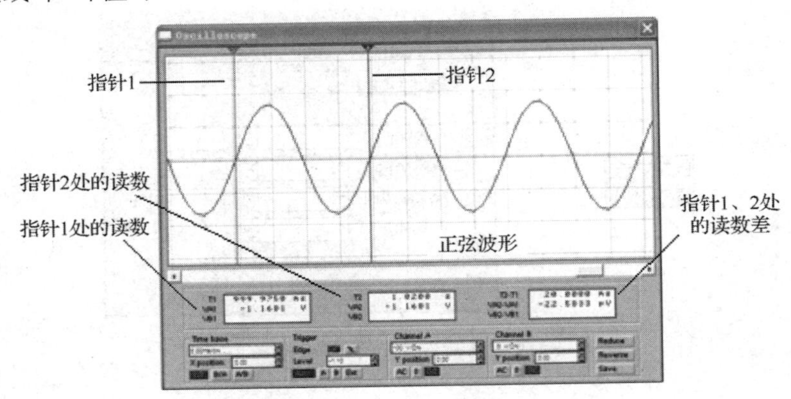

图附录 1-10　示波器展开面板图

附录 2　非正弦周期波

模块二、三所探究的都是正弦交流电路，其中的电压和电流都是按正弦规律变化的。在生产上主要采用的是正弦交流电。但在不少的实际应用中，我们也会遇到这样的电压或电流，它们虽然是周期性变化，但不是按正弦规律变化的。

例如，信号发生器除了产生正弦波外，还有产生矩形波、锯齿波、尖脉冲等；在晶体管交流放大电路中，各部分的电压和电流也不是正弦波，它们是直流分量和交流分量的叠加；在含有非线性元件电路中，即使在正弦电压作用下，在电路中产生的电流也不是正弦波，二极管整流电路就是典型一例。

不按正弦规律变化作周期性变化的电流、电压或电动势，称为非正弦周期波。常见的非正弦周期波如图附录 2-1 所示，三个波形分别为矩形波、锯齿波和尖脉冲。

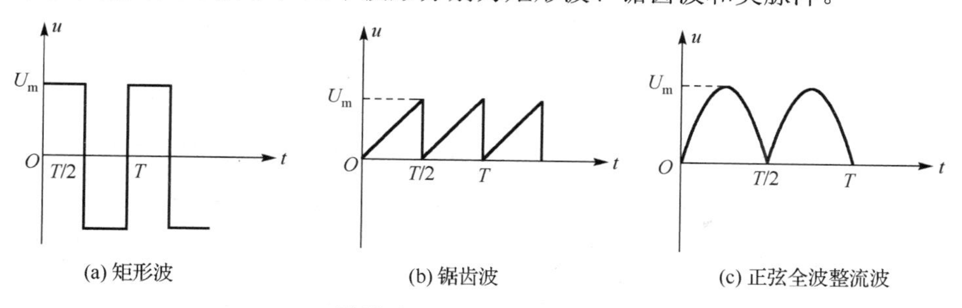

图附录 2-1　非正弦周期波

产生非正弦周期波电流或电压的主要原因：电路中有不同频率的电源（含直流）共同作用，或电路中存在非线性元件。最常见的是一个直流电源和一个正弦交流电源串联起来，外接一个线性电阻。这样电路的电流就是一种非正弦周期电流，如图附录 2-2(a)所示。另外，在二极管半波整流电路中，输入波形为正弦波，输出波形为非正弦波，如图附录 2-2(b)所示。

一、谐波分析

由图附录 2-2(a)可知，两个频率不同的正弦波可以合成为一个非正弦波；反之，一个非正弦波也可分解成几个不同频率的正弦波。这个过程称为谐波分析。

由数学理论推导知，非正弦周期函数可以展开为傅里叶三角级数：

$$f(t) = A_0 + A_{1m}\sin(\omega t + \varphi_{01}) + A_{2m}\sin(\omega t + \varphi_{02}) + \cdots + A_{km}\sin(\omega t + \varphi_{0k})$$

上式，A_0 表示不随时间变化的常数，称为直流分量，也就是一个周期内的平均值；第 2 项

$A_{1m}\sin(\omega t+\varphi_{01})$ 的频率与非正弦周期函数的频率相同，称为基波或一次谐波；其余各项的频率为周期函数的频率的整数倍，称为高次谐波。k=2、3…的各项，分别称为二次、三次谐波等。

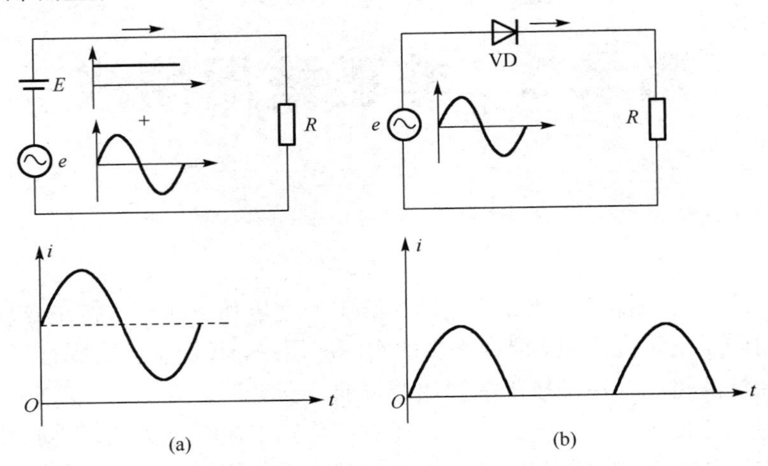

图附录 2-2　产生非正弦周期波的电路

图附录 2-1 中所示的矩形波电压、锯齿波电压、正弦全波整流波电压，都可以用数学方法分解成傅里叶三角级数，相应的表达式如下。

① 矩形波：$u(t)=\dfrac{4U_m}{\pi}\left(\sin\omega t+\dfrac{1}{3}\sin 3\omega t+\dfrac{1}{5}\sin 5\omega t+\cdots\right)$

② 锯齿波：$u(t)=\dfrac{U_m}{2}-\dfrac{U_m}{\pi}\left(\sin 2\omega t+\dfrac{1}{2}\sin 4\omega t+\dfrac{1}{3}\sin 6\omega t+\cdots\right)$

③ 正弦全波整流波：$u(t)=\dfrac{4U_m}{\pi}\left(\dfrac{1}{2}-\dfrac{1}{3}\cos 2\omega t-\dfrac{1}{15}\cos 4\omega t-\dfrac{1}{35}\cos 6\omega t+\cdots\right)$

可以看出，各次谐波的幅值是不等的，频率越高，则幅值越小。直流分量、基波及接近基波的高次谐波是非正弦周期量的主要组成部分。

若取矩形波的一次、三次谐波两项进行叠加，合成后的波形可借助于 EWB 仿真实验呈现，合成波形 u 与基波 u_1 对比情况如图附录 2-3 所示。

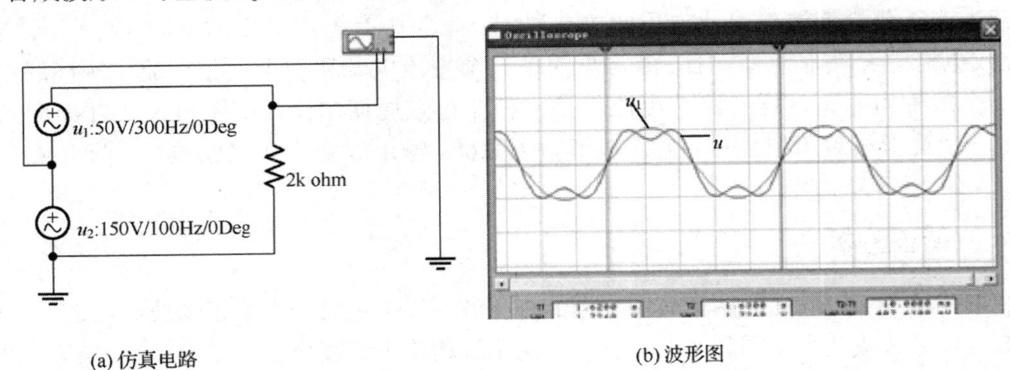

图附录 2-3　非正弦周期波的合成

二、非正弦周期量的有效值

有效值的公式：

$$I=\sqrt{\frac{1}{T}\int_0^T i^2\mathrm{d}t}=\sqrt{\frac{1}{2\pi}\int_0^T i^2\mathrm{d}(\omega t)}$$

不仅适用于正弦周期量，而且也适用于非正弦量周期量。

经数学公式推导，得非正弦周期量的有效值为

$$I=\sqrt{I_0^2+I_1^2+I_2^2+\cdots+I_k^2}$$

式中，$I_1=\frac{I_{1\mathrm{m}}}{\sqrt{2}}$，$I_2=\frac{I_{2\mathrm{m}}}{\sqrt{2}}$，…，各为基波、二次谐波等的有效值。

三、非正弦周期电流电路中的平均功率

计算非正弦周期电流电路中的平均功率和在正弦交流电路中一样，也可应用下列公式：

$$P=\frac{1}{T}\int_0^T p\mathrm{d}t=\frac{1}{T}\int^T ui\mathrm{d}t$$

经数学推导，得平均功率为

$$P=P_0+\sum_{k=1}^{\infty}U_k I_k\cos\phi_k=P_0+\sum_{k=1}^{\infty}P_k=P_0+P_1+P_2+\cdots$$

可见，非正弦周期电流电路中的平均功率等于直流分量和各正弦谐波分量的平均功率之和。

附录 3　万用表的组装与调试

万用表实质上是电压表、电流表、欧姆表的有机组合，使用时根据需要，通过测量选择开关进行转换。万用表最基本的功能：测量交直流电流、电压与电阻。

一、万用表的测量电路

万用表的表头是一块直流微安表，被测量的电流、电压、电阻等，都会被转换成微安级的直流电流，通过指针的偏转显示被测量的大小，因此表头是不同测量的共用部分。微安表头有两个重要参数：内阻 R_g 和满偏电流 I_g。

1. 直流电流测量电路

测量直流电流时，通过测量选择开关的转换，使电路构成电流表，如图附录 3-1(a)所示。图中表头 R_g 与分流器 R 并联，根据电阻并联分流公式可得表头电流为

$$I_g = \frac{R}{R_g + R} I$$

式中，R 为分流器电阻，R_g 为表头内阻，I 为被测量的电流，I_g 为流过表头的电流。被测电流 I 被分配成表头电流 I_g 和分流器电流（I-I_g）两部分，分配比例由表头内阻 R_g 与分流器电阻 R 的阻值比的倒数决定，表头读数按比例指示被测电流的大小。改变表头和分流器的电阻大小，即可改变电流分配比例，实现量程的转换。

如图附录 3-1(b)所示是直流电流测量实际电路，当被测电流 I=I_1 从①端输入时，表头支路电阻为 R_g，分流器支路电阻为 R_1+R_2+R_3；而当被测电流 I=I_3 从③端输入时，表头支路电阻为 R_g+R_1+R_2，分流器支路的电阻为 R_3。由此可见，当表头指示值相同时，I_3>I_1，扩大了电流量程。

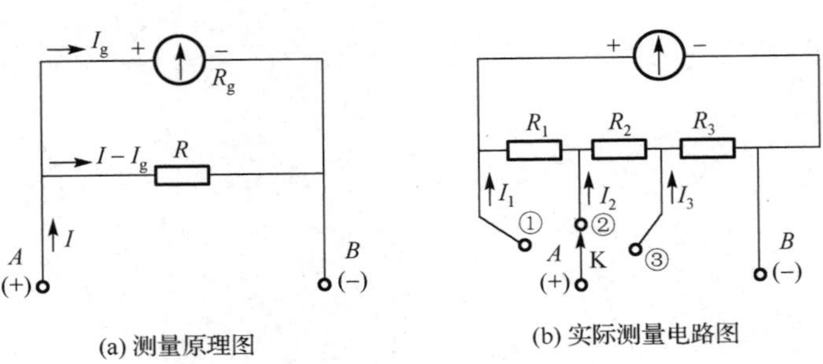

(a) 测量原理图　　(b) 实际测量电路图

图附录 3-1　直流电流测量电路

直流电流表读数时，表针在满刻度（刻度线在最右边）等于所选量程挡位数，根据表针指示位置可以折算出测量结果。例如，当测量选择开关位于“10mA”时，指示值为 8mA；指针在同样位置时，当量程为“50mA”挡时，指示值应为 40mA；依次类推。

2．直流电压测量电路

测量直流电压时，通过测量选择开关的转换，使电路构成电压表，如图附录 3-2(a)所示。图中，表头 R_g 与分压器 R 串联，根据电阻串联分压公式可得表头分电压为

$$U_g = \frac{R_g}{R_g + R} U$$

式中，U 为被测量的电压，U_g 为表头上分压。被测电电压 U 被分配成表头电压 U_g 和分压器电压（$U–U_g$）两部分，分配比例由表头内阻 R_g 与分压器电阻 R 的阻值比决定，表头读数按比例指示被测电压的大小。改变表头和分压器的电阻大小，即可改变电压分配比例，实现量程的转换。

如图附录 3-2(b)所示是直流电压测量实际电路，当被测电压 $U = U_3$ 接于③端与 B 端之间时，表头分压 U_g，分压器电压为 $U_3–U_g = I_gR_3$；而当被测电压 $U = U_1$ 接于①端与 B 端之间时，表头分压 U_g，分压器电压为 $U_1–U_g = I_g(R_1+R_2+R_3)$。由此可见，当表头指示值相同时，$U_1 > U_3$，扩大了电压量程。

直流电压表的读数方法与直流电流表的读数方法相同。

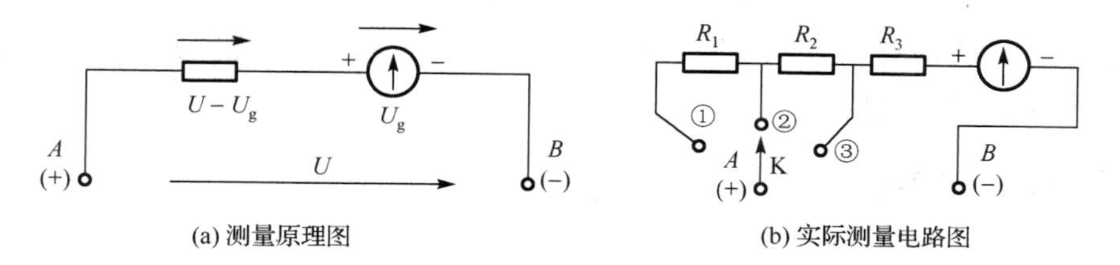

图附录 3-2　直流电压测量电路

3．交流电压测量电路

测量交流电压时，通过测量选择开关的转换，使电路构成交流电压表，如图附录 3-3 所示。图中，分压器经过两个二极管与表头串联，交流电正半周 VD_1 导通；交流电负半周 VD_2 导通（半波整流）。

交流电压测量原理、量程转换原理及读数方法均与测量直流电压时相同。

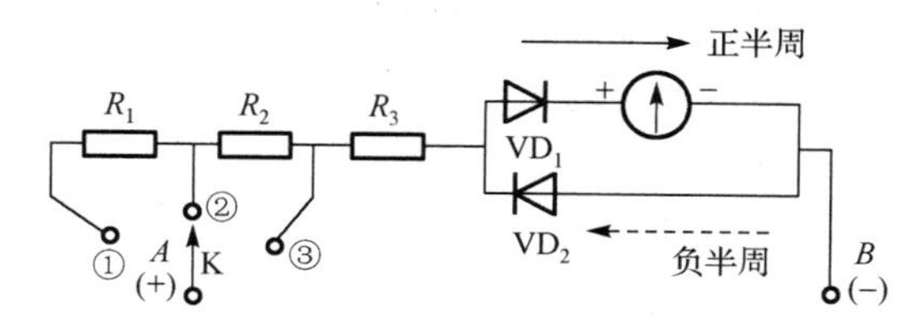

图附录 3-3　交流电压测量电路

4．电阻测量电路

测量电阻时，通过测量选择开关的转换，将电路构成欧姆表，如图附录 3-4(a)所示。测量电路由表头、分流器 R_1、调零电位器 RP 和电池 E 等组成。

当万用表正、负表笔对接（图中 A、B 两端短接）时，表头 R_g 与调零电位器 RP 左边串联；分流器 R_1 与调零电位器右边串联，两支路的并联电阻记为 R_g'。调节 RP 可使表头指针满刻度，即为“0Ω”。

当万用表正、负表笔（图中 A、B 间）接入被测电阻 R_X 时，回路电流减小，R_X 越大，回路电流则越小。当 $R_X=R_g'$ 时，回路电流减小为原来的一半，这时的 R_X 值称为中心阻值。

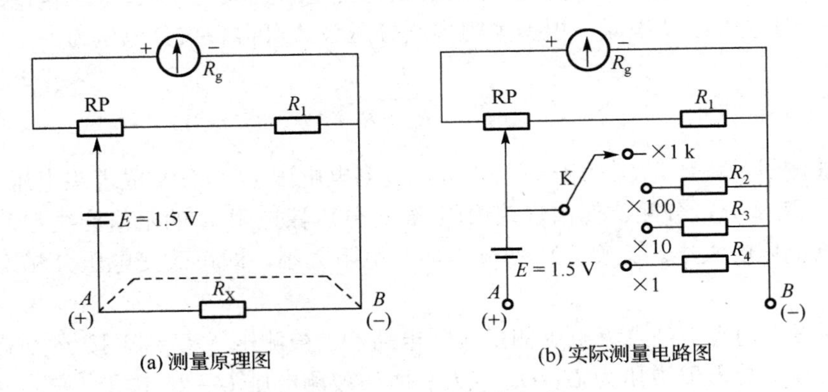

(a) 测量原理图　　(b) 实际测量电路图

图附录 3-4　电阻测量电路

如图附录 3-4(b)所示为实际测量电路图。改变换挡开关的位置，即可通过改变分流器的阻值来改变回路电阻 R_g'，从而改变了中心阻值，也就改变了量程。

欧姆表的刻度线最右边为“0Ω”，最左边为“∞”，而且为非线性刻度。读数的方法是：表针所指数值乘以量程挡位，即为被测电阻的阻值。

二、万用表的组装

1．元器件检测

根据电路原理图，核对元器件的数量、型号规格。然后对元器件进行检测，检测内容主要为：①电阻检测；②二极管检测；③电容检测；④表头检测。

2．元器件焊接

完成了所有器件的检测任务后，就可以进行元器件的焊接。

元器件焊接顺序：

① 焊接二极管、电阻、电位器、可调电阻和电解电容等。焊接时，应注意电阻的阻值、二极管的极性、电解电容极性等是否正确无误。

② 焊接 4 只表笔输入插管。

③ 安装和焊接熔断器、晶体管插座。

④ 焊接连接线。

3．万用表的整机组装

万用表的整机组装顺序：

① 安装电路板，将电路板安卡在万用表壳内。

② 安装 1.5V 电池夹，将一根红导线和一根黑导线分别焊接在 1.5V 电池夹的焊位上，将

两个电池夹卡在面板的卡槽内，注意电池的正负极（正极接红色导线，负极接黑色导线）；将红黑两极引线分别焊接在电路板上对应的焊盘上。

用同样方法，焊接 9V 电池扣。

③ 焊接表笔线，注意表头的正负极。

④ 安装转换开关电刷，将电刷安装到转换开关旋钮转轴上，电刷的电极方向应与旋柄的指向一致，用螺母将其固定好。

⑤ 安装调零电位器旋钮，最后将后盖盖上，完成万用表整机组装。

三、万用表的调试

万用表的调试项目一般指机械调零、电阻调零及误差测试。

1．机械调零

调节机械调零旋钮，指针能左右灵活摆动，能准确停在零位。

2．电阻调零

调零时，两根表笔对接，指针能在 0Ω 位置附近灵活摆动，能准确停在 0Ω 位置。

3．误差测试

取一块标准万用表，分别在 1k、10k 及电流、电压挡对给定的电阻、电流、电压进行测量，然后用自装的万用表再次测量这些参数。求出测量绝对误差与相对误差，若相对误差过大（通常相对误差小于 5%），则应检测调换相关的电阻。

注意：在完成万用表的组装与调试工作任务的全过程中，必须严格遵守实验室的规章制度，注意安全用电、规范操作及文明生产。

MF47 型万用表电路原理图如图附录 3-5 所示。

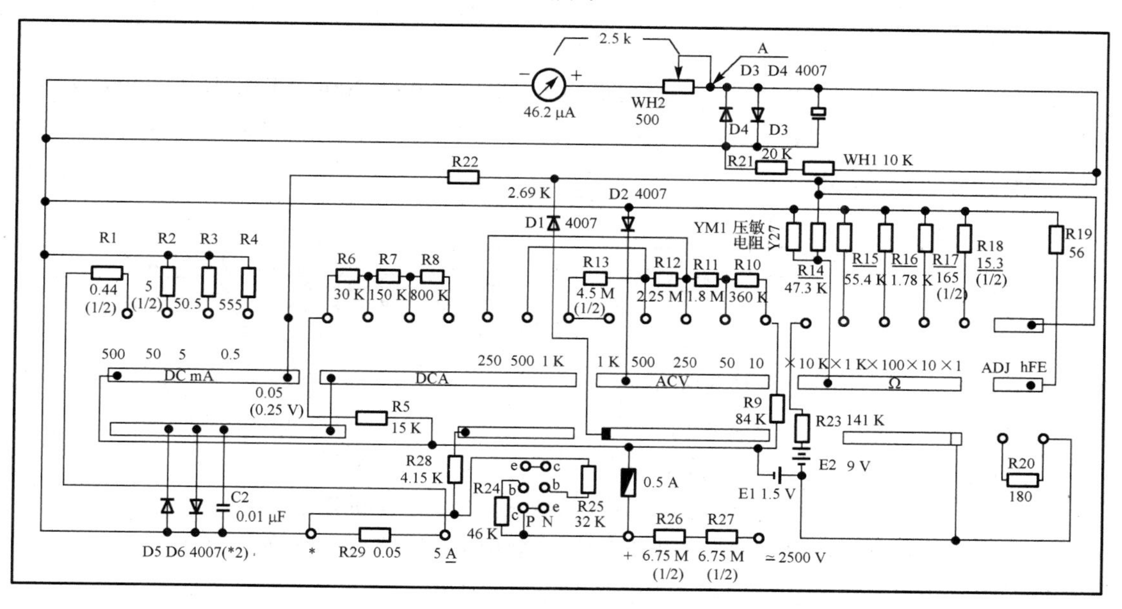

图附录 3-5 MF47 型万用表印电路原理图

附录 4　认识电工实训（实验）室与用电安全教育

一、认识电工实训（实验）室

熟悉电工实训（实验）室总电源开关的位置。了解总配电盘组成及电能分配。

了解电工实训台的电源配置，注意区分电源 220V 和 380V 插座的位置，以免错用。

认识常用的电工仪器仪表、电工工具的使用方法。

认真学习并严格遵守电工实训（实验）室有关操作规程：

① 实验、实训前必须仔细阅读工作任务书，明确工作任务的内容和目标。

② 在确保断电情况下，按实验、实训要求和步骤进行操作，要注意仪器仪表的正确连接方法，以免损坏仪器设备。

③ 经现场指导教师的同意，方可通电进行实验、实训。实验、实训中，若发现测试数据有明显错误或不合理，应断电后再检查。

④ 实验、实训完成后，必须填写工作单或书写实验（实训）报告。书写时要求字迹清楚，图表整洁，结论正确。

⑤ 在实验、实训全过程中，应保持工作学习环境的安静与卫生。在实验、实训结束后，应整理好各自工位卫生，清点器材、工具等并填写设备使用情况表。

二、用电安全教育

了解安全电压等级。国家标准《安全电压》（GB/T3805—2008）规定我国安全电压额定值的等级为 42V、36V、24V、12V 和 6V，应根据作业场地、操作员条件、使用方式、供电方式、线路状况等因素选用。

了解安全用电标识的含义：

了解并严格遵守安全用电基本原则：

① 不靠近高压带电体，不接触低压带电体。

② 不用湿手扳开关、插入或拔出插头。

③ 安装、检修电路时应穿绝缘鞋，站在绝缘体上，且要断开电源。

④ 禁止用铜丝代替熔丝，禁止用橡皮胶、透明胶等代替电工绝缘胶布。

⑤ 在电路中安装漏电保护器，并定期检验其灵敏度。

⑥ 不在架有高压电线的下面放风筝和进行球类活动；雷雨时，不使用收音机、电视机等通信网络设备，且拔出电源插头或天线。

参 考 文 献

[1] 秦曾煌. 电工学（上册电工技术）. 7 版. 北京：高等教育出版社，2009.

[2] 周德仁. 电工技术基础与技能（项目式教学）. 北京：机械工业出版社，2009.

[3] 陈振源. 电工电子技术与技能. 北京：人民邮电出版社，2010.

[4] 周绍敏. 电工技术基础与技能. 北京：高等教育出版社，2010.

[5] 俞艳. 电工技术基础与技能. 北京：人民邮电出版社，2010.

[6] 周万平，王辉. 电工技能与实训. 天津：天津科学技术出版社，2009.

[7] 白公. 维修电工技能手册. 北京：机械工业出版社，2006.

[8] 张中洲. 电工技能训练. 北京：高等教育出版社，2002.

[9] 徐政. 电机与变压器. 北京：中国劳动社会保障出版社，2008.

[10] 秦钟全. 电工基础一点就透. 北京：化学工业出版社，2014.

[11] 门宏. 图解电工技术快速入门. 北京：人民邮电出版社，2006.